U0191919

高等职业教育系列教材

嵌入式系统与Qt程序开发

沙 祥 主编
张洪明 参编

机械工业出版社

本书主要讲述了基于Qt的嵌入式图形化界面程序的开发，从准备工作开始讲述直到网络程序的开发。本书主要分为三大部分：第1部分包含了第1章，主要讲述了虚拟机和Qt的安装、配置和使用，为后续章节做好准备；第2部分包含了第2～4章，每章都用两种方法实现相同的功能，从而引导读者入门；第3部分包含了第5、6章，实现了串口通信和网络通信两个实例。

本书可作为高职高专院校电子信息类相关专业学生的教材，也适合作为Qt图形化界面开发初学者的参考书。

本书配有授课电子课件，需要的教师可登录www.cmpedu.com免费注册，审核通过后下载，或联系编辑索取（QQ：1239258369，电话：010-88379739）。

图书在版编目（CIP）数据

嵌入式系统与Qt程序开发 / 沙祥主编. —北京：机械工业出版社，2016.7
（2020.8重印）
高等职业教育系列教材
ISBN 978-7-111-55364-9

Ⅰ. ①嵌… Ⅱ. ①沙… Ⅲ. ①微型计算机－系统设计－高等职业教育－教材 ②软件工具－程序设计－高等职业教育－教材 Ⅳ. ①TP360.21 ②TP311.56

中国版本图书馆CIP数据核字（2016）第272934号

机械工业出版社（北京市百万庄大街22号 邮政编码100037）
策划编辑：和庆娣 责任编辑：和庆娣
责任校对：张艳霞 责任印制：常天培

涿州市般润文化传播有限公司印刷

2020年8月第1版 • 第2次印刷
184mm×260mm • 14.25印张 • 340千字
3001－4000册
标准书号：ISBN 978-7-111-55364-9
定价：45.00元

电话服务
客服电话：010-88361066
010-88379833
010-68326294

网络服务
机 工 官 网：www.cmpbook.com
机 工 官 博：weibo.com/cmp1952
金 书 网：www.golden-book.com
机工教育服务网：www.cmpedu.com

高等职业教育系列教材

电子类专业编委会成员名单

出 版 说 明

《国家职业教育改革实施方案》（又称“职教 20 条”）指出：到 2022 年，职业院校教学条件基本达标，一大批普通本科高等学校向应用型转变，建设 50 所高水平高等职业学校和 150 个骨干专业（群）；建成覆盖大部分行业领域、具有国际先进水平的中国职业教育标准体系；从 2019 年开始，在职业院校、应用型本科高校启动“学历证书+若干职业技能等级证书”制度试点（即 1+X 证书制度试点）工作。在此背景下，机械工业出版社组织国内 80 余所职业院校（其中大部分院校入选“双高”计划）的院校领导和骨干教师展开专业和课程建设研讨，以适应新时代职业教育发展要求和教学需求为目标，规划并出版了“高等职业教育系列教材”丛书。

该系列教材以岗位需求为导向，涵盖计算机、电子、自动化和机电等专业，由院校和企业合作开发，多由具有丰富教学经验和实践经验的“双师型”教师编写，并邀请专家审定大纲和审读书稿，致力于打造充分适应新时代职业教育教学模式、满足职业院校教学改革和专业建设需求、体现工学结合特点的精品化教材。

归纳起来，本系列教材具有以下特点：

1）充分体现规划性和系统性。系列教材由机械工业出版社发起，定期组织相关领域专家、院校领导、骨干教师和企业代表召开编委会年会和专业研讨会，在研究专业和课程建设的基础上，规划教材选题，审定教材大纲，组织人员编写，并经专家审核后出版。整个教材开发过程以质量为先，严谨高效，为建立高质量、高水平的专业教材体系奠定了基础。

2）工学结合，围绕学生职业技能设计教材内容和编写形式。基础课程教材在保持扎实理论基础的同时，增加实训、习题、知识拓展以及立体化配套资源；专业课程教材突出理论和实践相统一，注重以企业真实生产项目、典型工作任务、案例等为载体组织教学单元，采用项目导向、任务驱动等编写模式，强调实践性。

3）教材内容科学先进，教材编排展现力强。系列教材紧随技术和经济的发展而更新，及时将新知识、新技术、新工艺和新案例等引入教材；同时注重吸收最新的教学理念，并积极支持新专业的教材建设。教材编排注重图、文、表并茂，生动活泼，形式新颖；名称、名词、术语等均符合国家标准和规范。

4）注重立体化资源建设。系列教材针对部分课程特点，力求通过随书二维码等形式，将教学视频、仿真动画、案例拓展、习题试卷及解答等教学资源融入到教材中，使学生的学习课上课下相结合，为高素质技能型人才的培养提供更多的教学手段。

由于我国高等职业教育改革和发展的速度很快，加之我们的水平和经验有限，因此在教材的编写和出版过程中难免出现疏漏。恳请使用本系列教材的师生及时向我们反馈相关信息，以利于我们今后不断提高教材的出版质量，为广大师生提供更多、更适用的教材。

机械工业出版社

前　言

近年来，嵌入式系统得到了飞速的发展，应用范围遍布人们生产、生活的各个领域。在嵌入式操作系统中，嵌入式 Linux 的应用非常广泛，人们也希望使用界面友好的图形化界面程序，那么怎样来开发嵌入式 Linux 中的图形化界面程序呢？使用 Qt 是一个很不错的选择。

由于嵌入式系统本身资源的限制，需要一些额外的工作来搭建相关的开发平台。

本书将介绍怎样搭建嵌入式 Qt 开发平台和基于 Qt 的嵌入式图形化界面程序的开发。

第 1 章介绍交叉编译工具链、虚拟机和 Qt 的安装与配置。

第 2 章用两种方法实现“你好，Qt！”，了解 C++和 Qt 的入门知识。

第 3 章用两种方法实现信号与连接，了解 Qt 的内省机制。

第 4 章用两种方法实现窗口部件的布局，了解 Qt 的布局。

第 5 章介绍嵌入式串口通信程序的实现。

第 6 章介绍嵌入式网络通信程序的实现。

本书由淮安信息职业技术学院沙祥主编，张洪明参编。在本书编写过程中，得到了淮安信息职业技术学院的领导和同仁们的大力支持，在此向他们表示衷心的感谢。

由于编者水平有限，本书中必然存在不足之处，恳请广大读者批评指正。

编　者

目　　录

第1章　嵌入式系统与Qt

绝大多数 Linux 软件开发都是以本地方式进行的，即本机（HOST）开发、调试，本机运行的方式。这种方式通常不适合嵌入式系统的软件开发，因为对于嵌入式系统的开发，没有足够的资源在本机运行开发工具和调试工具。

通常的嵌入式系统的软件开发采用交叉编译的方式。

1.1　交叉编译简介

1．概念

简单来说，交叉编译就是在一个平台体系上生成另一个平台体系上的可执行代码。这个概念的出现和流行是和嵌入式系统的广泛发展同步的。我们常用的计算机软件都需要通过编译的方式，把使用高级计算机语言编写的代码（例如 C 语言代码）编译成计算机可以识别和执行的二进制代码。

例如，在 Windows 平台上，可使用 Visual C++开发环境，编写程序并编译成可执行程序。在这种方式下，我们使用 PC 平台上的 Windows 工具开发针对 Windows 本身的可执行程序，这种编译过程称为“native compilation”，中文可理解为本机编译。

然而，在进行嵌入式系统的开发时，运行程序的目标平台通常具有有限的存储空间和运算能力，例如 ARM 平台。在这种情况下，在 ARM 平台上进行本机编译就不太可能了，这是因为一般的编译工具链需要很大的存储空间，并需要很强的 CPU 运算能力。为了解决这个问题，交叉编译工具就应运而生了。通过交叉编译工具，我们就可以在 CPU 能力很强、存储空间足够的主机平台上（例如 PC 上）编译出针对其他平台的可执行程序。

2．常见的 ARM 交叉编译工具链

要进行交叉编译，我们需要在主机平台上安装对应的“交叉编译工具链”，然后用这个交叉编译工具链编译我们的源代码，最终生成可在目标平台上运行的代码。常见的 ARM 交叉编译例子如下：

- 在 Windows PC 上，利用 ADS 开发环境，使用 armcc 编译器，则可编译出针对 ARM CPU 的可执行代码；
- 在 Windows PC 上，利用 cygwin 环境，运行 arm-elf-gcc 编译器，可编译出针对 ARM CPU 的可执行代码。

这两种方式即是工程技术人员称之为“裸奔”（不带操作系统）的开发方式。

- 在 Linux PC 上，利用 arm-linux-gcc 编译器，可编译出针对 Linux ARM 平台的可执行代码。

如果选择使用了嵌入式 Linux，显然需要使用 arm-linux-gcc 编译器。

3．基础知识

在做实际工作之前，应该先掌握一些关于交叉编译的基础知识，也就是理解经常会碰到的英文单词。

➢ 宿主机（host）：编辑和编译程序的平台，一般是基于 x86 的 PC，通常也被称为主机；

➢ 目标机（target）：用户开发的系统，通常都是非 x86 平台。host 通过交叉编译得到可以在 target 上运行的执行代码。

1.2 Linux PC 与虚拟机

选择使用 arm-linux-gcc 就需要使用 Linux PC。使用 Linux PC 有两个方案：

➢ 方案一在 Windows 下安装虚拟机后，之后在虚拟机中安装 Linux 操作系统；

➢ 方案二直接安装 Linux 操作系统。

方案一在 PC 硬件配置比较低的情况下会比较慢，但是目前 PC 的主流硬件配置运行虚拟机是绰绰有余的，甚至于可以做到同时开启若干台虚拟机。采用这种方案既可以使用 Windows 上的软件又可以使用到比较好的 Linux 环境，熟悉 Windows 的用户用此方案比较顺手；方案二无法使用 Windows 上的一些常用软件，并且不熟悉 Linux 操作系统的人操作起来比较困难。鉴于此，建议初学者选择方案一。

1.2.1 虚拟机

1．概述

虚拟机是（Virtual Machine）是指通过软件模拟的具有完整硬件系统功能的、运行在一个完全隔离环境中的完整计算机系统。通过虚拟机软件，使用者可以在一台物理计算机上模拟出另一台或多台虚拟的计算机，这些虚拟机完全就像真正的计算机那样进行工作，例如可以安装操作系统、安装应用程序、访问网络资源等。也就是说：

➢ 对于使用者而言，虚拟机只是运行在物理计算机上的一个应用程序；

➢ 对于在虚拟机中运行的应用程序而言，它就是一台真正的计算机。

因此，当在虚拟机中进行操作时，可能系统会崩溃；但是，崩溃的只是虚拟机上的操作系统，而不是物理计算机上的操作系统。

使用虚拟机软件时有几个基本的概念需要掌握。

➢ HOST：物理存在的计算机；

➢ Host's OS：HOST 上运行的操作系统；

➢ VM（Virtual Machine）：虚拟机指由虚拟机软件模拟出来的一台虚拟的计算机，也即逻辑上的一台计算机；

➢ Guest OS：指运行在 VM 上的操作系统。

例如在一台安装了 Windows XP 操作系统的计算机上安装了虚拟机软件，那么：

➢ HOST 指的是安装 Windows XP 的这台计算机；

➢ Host's OS 为 Windows XP；

➢ VM 上安装的操作系统是 Linux，那么 Linux 即为 Guest OS。

目前在 Windows 系列系统上流行的虚拟机软件主要有 VMware Workstation 和 VirtualBox。

2．VMware Workstation 简介

VMware Workstation（威睿工作站）是一款商业软件，同时是一款功能强大的桌面虚拟计算机软件，提供用户可在单一的桌面上同时运行不同的操作系统，以及进行开发、测试、部署新的应用程序的最佳解决方案。VMware Workstation 可在一部实体机器上模拟完整的网络环境，以及可便于携带的虚拟机器，其更好的灵活性与先进的技术胜过了市面上其他的虚拟计算机软件。对于企业的 IT 开发人员和系统管理员而言，VMware 在虚拟网路、实时快照、拖曳共享文件夹和支持 PXE 等方面的特点使它成为必不可少的工具。

VMware Workstation 的开发商为 VMware（中文名“威睿”，VMware Workstation 就是以开发商 VMware 为开头名称，Workstation 的含义为“工作站”，因此 VMware Workstation 中文名称为“威睿工作站”），VMware 成立于 1998 年，为 EMC 公司的子公司，总部设在美国加利福尼亚州帕罗奥多市，是全球桌面到数据中心虚拟化解决方案的领导厂商，全球虚拟化和云基础架构领导厂商，全球第一大虚拟机软件厂商，世界第四大系统软件公司。

3．VirtualBox 简介

VirtualBox 是一款开源虚拟机软件，是由德国 Innotek 公司开发，由 Sun Microsystems 公司出品，使用 Qt 编写。在 Sun 被 Oracle 收购后正式更名成 Oracle VM VirtualBox。Innotek 以 GPL（GNU General Public License，GNU 通用公共许可证）释出 VirtualBox，并提供二进制版本及 OSE 版本的代码。使用者可以在 VirtualBox 上安装并且执行 Solaris、Windows、DOS、Linux、OS/2Warp 和 BSD 等系统作为客户端操作系统。

VirtualBox 号称是最强的免费虚拟机软件，它不仅具有丰富的特色，而且性能也很优异。它简单易用，可虚拟的系统包括 Windows（从 Windows 3.1 到 Windows 8、Windows Server 2012，所有的 Windows 系统都支持）、Mac OS X（32bit 和 64bit 都支持）、Linux（2.4 和 2.6）、OpenBSD、Solaris、IBM OS2 甚至 Android 4.0 系统等操作系统。使用者可以在 VirtualBox 上安装并且运行上述的这些操作系统。

4．虚拟机的选择

从综合性能上来看，VirtualBox 可能略逊于 VMware Workstation，但是考虑到版权的问题，选用 VirtualBox。

1.2.2 VirtualBox 的安装

1．VirtualBox 的下载

VirtualBox 软件的现在可以从官方网站 https://www.virtualbox.org/wiki/Downloads 下载安装包。

2．VirtualBox 的安装

VirtualBox 的安装比较简单，用鼠标双击 VirtualBox 的安装文件，会出现图 1-1 所示的界面。

在弹出的界面上单击“Next”按钮或“Install”按钮进行 VirtualBox 的安装。之后等待一段时间，即可完成安装。在安装的过程中可能会有驱动程序的安装提示，选择“允许安装即可”。

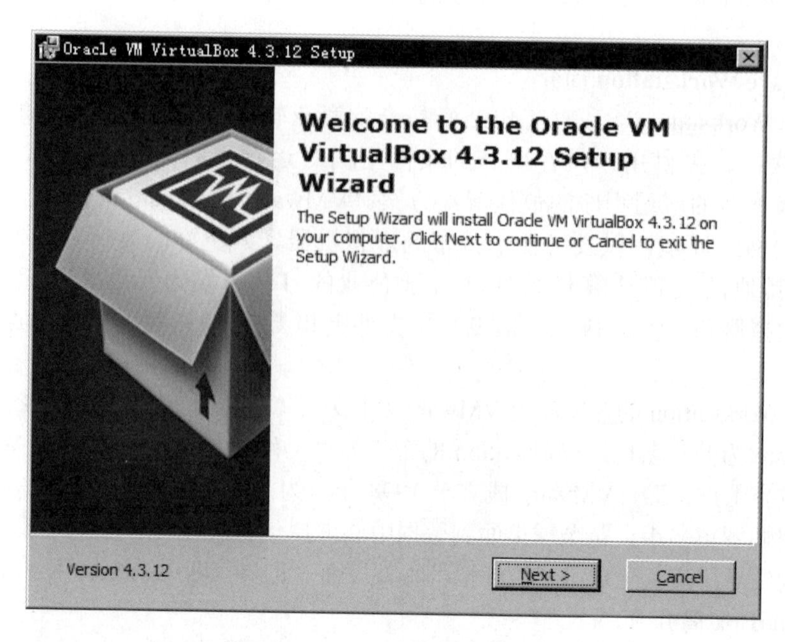

图 1-1　VirtualBox 初始安装界面

1.2.3　VirtualBox 的使用

1．添加虚拟机

运行 VirtualBox，在“虚拟机”菜单中选择“添加”选项，如图 1-2 所示。

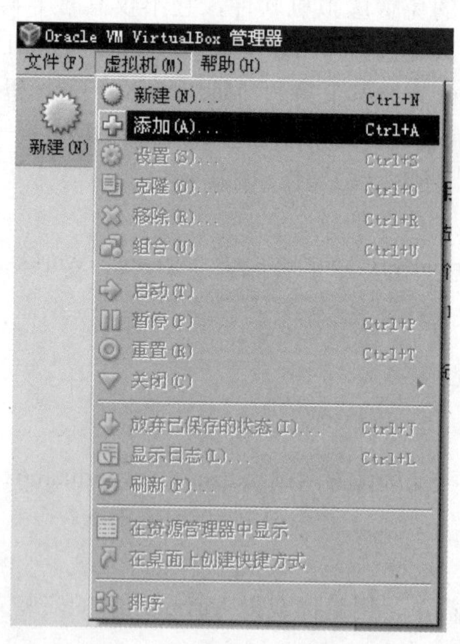

图 1-2　添加虚拟机选项

选择 Ubuntu 10.10 虚拟机，如图 1-3 所示。

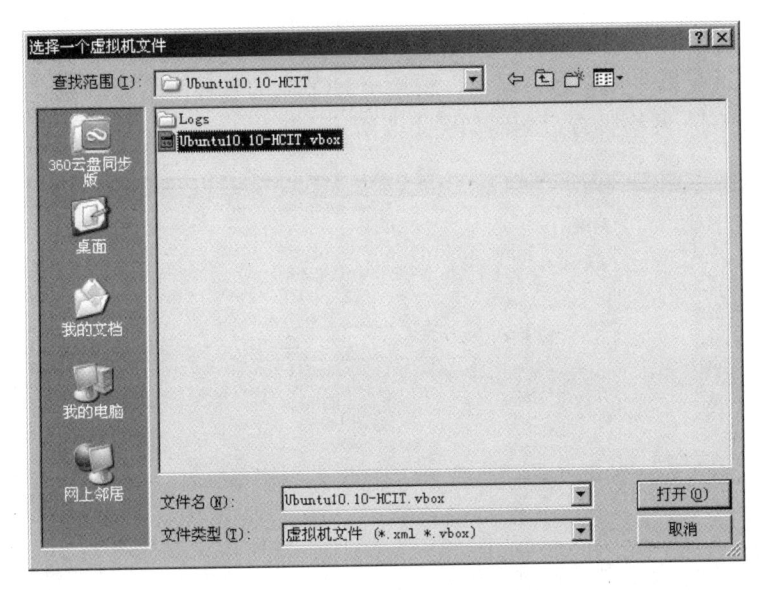

图 1-3　选择 Ubuntu 10.10 虚拟机

此时，会在 VirtualBox 左侧虚拟机管理区域出现添加完成的 Ubuntu 10.10 虚拟机，如图 1-4 所示。

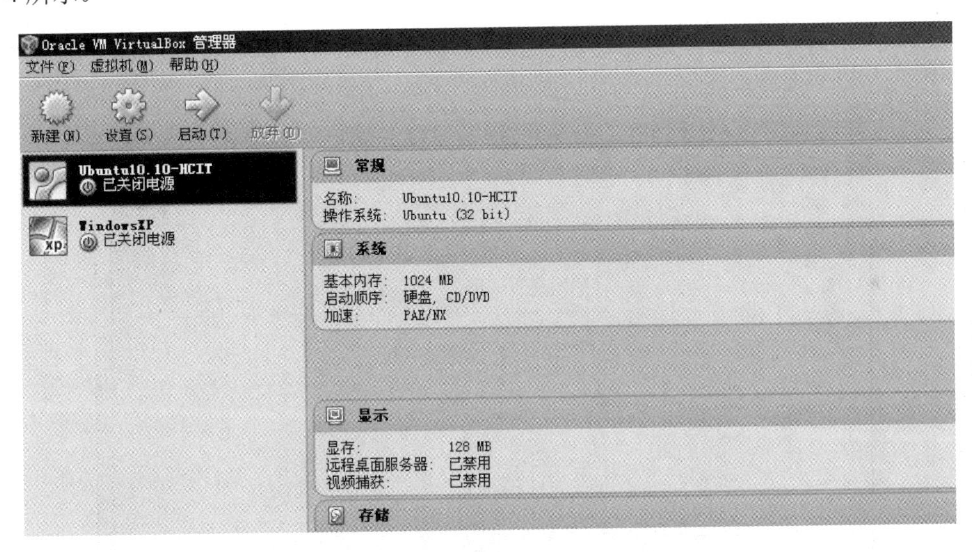

图 1-4　添加完成的 Ubuntu 10.10 虚拟机

2．设置虚拟机

（1）网络设置

VirtualBox 在 VM 中支持 4 个网络适配器。一般来说，为了兼顾与嵌入式的网络通信和访问 Internet 的需要设置两个网络适配器。

以编者使用的 HOST 为例，编者所使用的 HOST 有台式计算机也有笔记本式计算机，这些 HOST 均使用了无线网络适配器连接 Internet；同时这些 HOST 也均有有线网络适配器。

在 VirtualBox 的网络设置中：

- 1 个网络适配器采用桥接适配器，桥接至 HOST 的有线网络适配器，用于与嵌入式进行网络通信，网络设置适配器如图 1-5 所示。

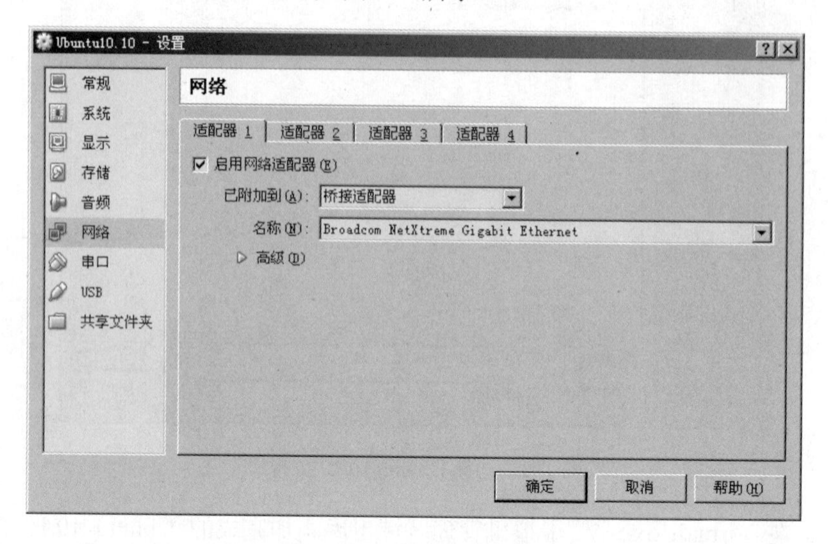

图 1-5　网络设置适配器 1

- 1 个网络适配器采用网络地址转换（NAT），留待访问 Internet，网络设置适配器 2 如图 1-6 所示。

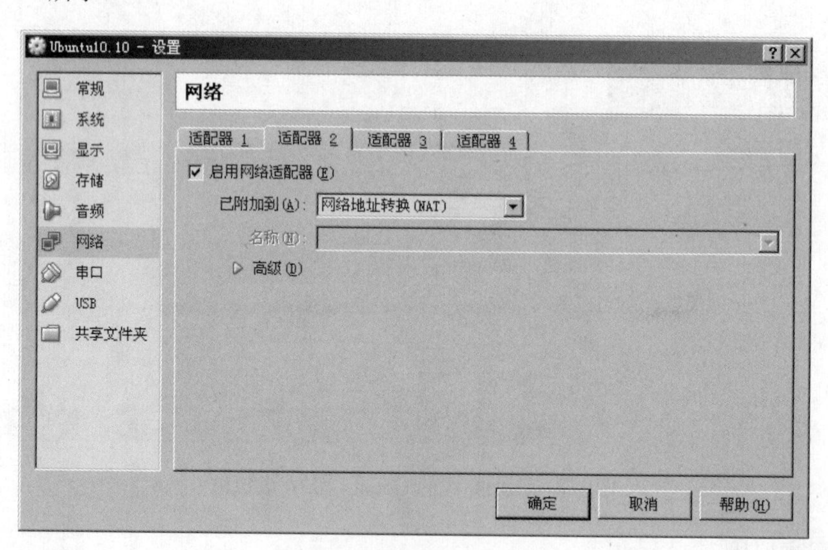

图 1-6　网络设置适配器 2

（2）共享文件夹

由于 Host's OS 与 Guest OS 要进行数据交换，在 VirtualBox 中一般需要设置一下共享文件夹，如图 1-7 所示。

需要注意的是：在配置完成的 Guset OS 中也已经配置了共享，如果 Host's OS 的共享设置不正确，Guset OS 可能会无法启动。

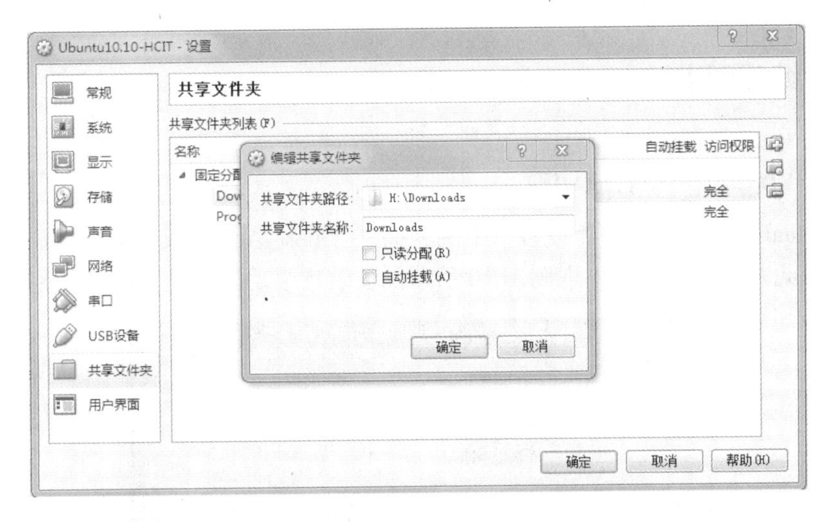

图 1-7　共享文件夹的设置

在图 1-7 所示的界面中，需要注意的是：

➢ 文件夹路径指的是 Host's OS 中准备共享的文件夹；
➢ 文件夹名称则是 Guest OS 即 Ubuntu 中准备挂载的设备名称。

3．启动虚拟机

选中 Ubuntu 10.10，单击图 1-4 所示的“启动”按钮即可开启虚拟机。进入 Ubuntu 10.10 需要密码，其中 hcit 账户的密码和 root 账户的密码都已经设置为 111111。进入 Ubuntu 10.10 后的桌面如图 1-8 所示。

图 1-8　Guest OS 桌面（Ubuntu 10.10）

1.3 交叉编译环境

1.3.1 安装 VirtualBox 增强功能

单击 VirtualBox 菜单中的“设备”中的“插入 Guest Additions CD 映像...”选项，如图 1-9 所示，此时在 VM 中会出现图 1-10 所示的安装增强功能的对话框。

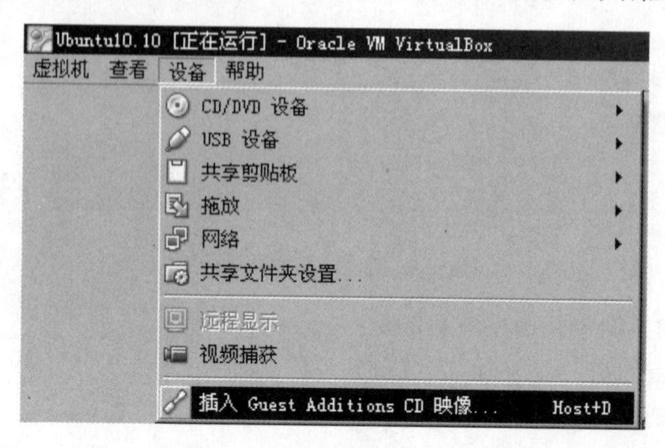

图 1-9 “插入 Guest Additions CD 映像”选项

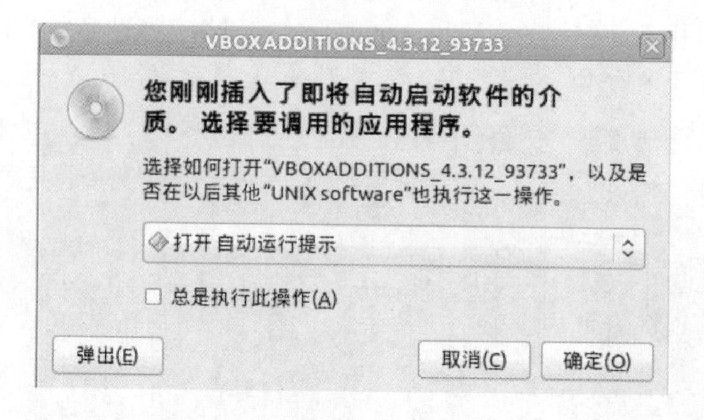

图 1-10 “安装增强功能”对话框

根据提示进行后续操作，即可完成增强功能的安装。只有 VM 安装了增强功能，鼠标集成、共享文件夹和共享网络等增强功能才能正常工作；同时，只有 VM 安装了增强功能，VM 的显示才能与 VirtualBox 的大小紧密贴合。

1.3.2 共享文件夹的设置与使用

在安装、配置交叉环境之前，需要将交叉编译环境的安装文件等复制到 Guest OS 中，此时需要使用挂载共享文件夹的方法。

1. 打开 Ubuntu 终端

刚刚接触 Linux 的人也许会问，为什么 Linux 中有命令行呢？这个问题想必也困扰着很多 Linux 的爱好者。其实，大家没有详细地进行命令行的学习，当试用几次之后也许就会感叹，原来世界上还有这么神奇的东西。

目前 Linux 操作系统的图形化操作已经相当成熟。在 Linux 上可采用多种图形管理程序来改变桌面图案和菜单功能。但是相比图形界面，Linux 命令行才是 Linux 系统的真正核心，利用命令行可以对系统进行各种配置，要熟练并成功管理 Linux 操作系统就必须对 Linux 命令行有深入的了解。

Linux 下的命令行有助于初学者了解系统的运行情况和计算机的各种设备。例如：中央处理器、内存、磁盘驱动、各种输入和输出设备以及用户文件，都是在 Linux 系统管理命令下运行的。可以说 Linux 命令行对整个系统的运行以及设备与文件之间的协调都具有核心的作用。

在 Ubuntu（绝大多数 Linux 也是如此）中，命令行的输入主要通过终端来完成，打开终端的方法有两种。

第一种方法是找到 Ubuntu 上方面板左侧的“应用程序”→“附件”，单击“终端”按钮，如图 1-11 所示，即可打开终端，如图 1-12 所示。

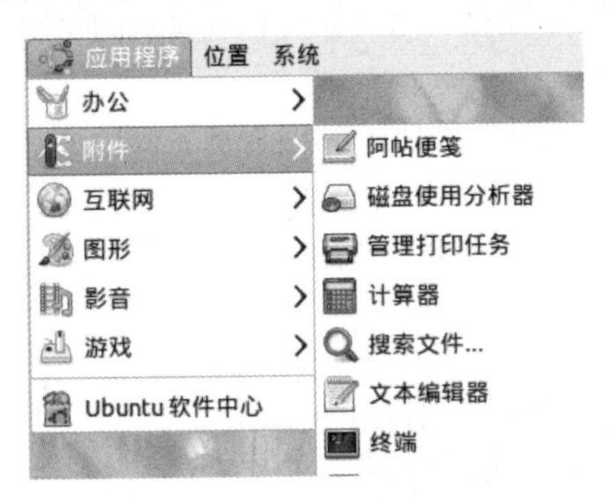

图 1-11　选择“终端”

第二种方法是在 Ubuntu 中同时按下终端的〈Ctrl〉+〈Alt〉+〈T〉组合键，也可以打开终端，终端界面如图 1-12 所示。

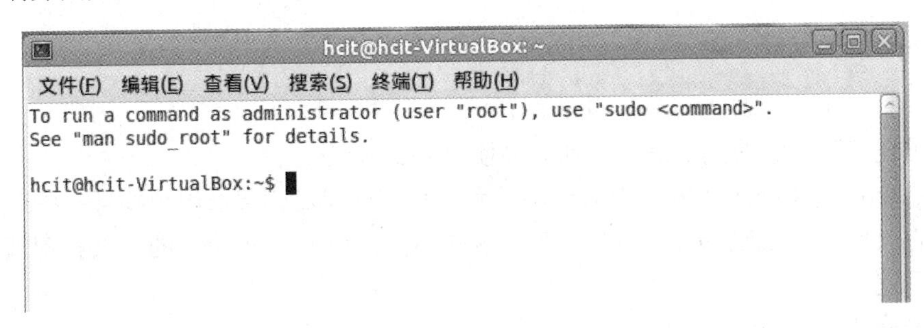

图 1-12　终端界面

2．在 Ubuntu 中新建共享文件夹的挂载目录

一般来说，在 Linux 中/mnt 目录是让用户用于临时挂载其他的文件系统的，所以将挂载目录设置在/mnt 目录中。

（1）进入/mnt 目录

在 Linux 中切换目录使用 cd 命令。

功能：cd 命令可以让用户在不同的目录间切换，但该用户必须拥有足够的权限进入目的目录。

参数与格式：

cd [目的目录]

参数说明：/：根目录；

..：上层目录；

目的目录：需要进入的目录的路径（绝对或相对路径）。

在终端中输入命令：

```
cd /mnt
```

即可进入/mnt 目录。

（2）新建挂载目录

新建挂载目录需要使用 mkdir 命令。

功能：执行 mkdir 命令可以建立目录并同时设置目录的权限。

参数与格式：

mkdir [-p][--help][--version][-m <目录属性>][目录名称]

参数说明：-m<目录属性>或--mode<目录属性>：建立目录时同时设置目录的权限；

-p 或--parents：若所要建立目录的上层目录目前尚未建立，则会一并建立上层目录；

--help：显示帮助；

--verbose：执行时显示详细的信息；

--version：显示版本信息。

进入/mnt 目录后，在终端中输入命令：

```
mkdir Downloads
```

或在终端输入命令：

```
mkdir /mnt/Downloads
```

在/mnt 目录中创建 Downloads 目录。

如果出现权限不够的提示信息，则需要使用 sudo 命令。

功能：sudo 是 Linux 系统管理命令，是允许系统管理员让普通用户执行一些或者全部的 root 命令的工具，如 halt、reboot 和 su 等。这样不仅减少了 root 用户的登录和管理时间，同样也提高了安全性。

参数与格式：

sudo [-Vhl LvkKsHPSb]|[-p prompt] [-c class|-] [-a auth_type] [-u username|#uid] command

参数说明：-V：显示版本编号；

-h：会显示版本编号及命令的使用方式说明；

-l：显示出自己（执行 sudo 的使用者）的权限；

-v：因为 sudo 在第一次执行时或是在 *N* 分钟内没有执行（*N* 预设为 5）会询问密码，这个参数是重新进行一次确认，如果超过 *N* 分钟，也会询问密码；

-k：将会强迫使用者在下一次执行 sudo 时询问密码（不论有没有超过 N 分钟）；

-b：将要执行的命令放在背景执行；

-p prompt：可以更改询问密码的提示语，其中%u 会代换为使用者的账号名称，%h 会显示主机名称；

-u username/#uid：不加此参数，代表要以 root 的身份执行命令，而加了此参数，可以以 username 的身份执行命令（#uid 为该 username 的使用者号码）；

-s：执行环境变量中的 SHELL 所指定的 shell，或是/etc/passwd 里所指定的 shell；

-H：将环境变量中的 HOME（家目录）指定为要变更身份的使用者家目录（如不加-u 参数就是系统管理者 root）；

command：要以系统管理者身份（或以-u 更改为其他人）执行的命令。

进入/mnt 目录后，在终端中输入命令：

```
sudo mkdir Downloads
```

或在终端输入命令：

```
sudo mkdir /mnt/Downloads
```

在/mnt 目录中创建 Downloads 目录。

同理，在终端中输入命令在/mnt 目录中创建 Program 目录。

（3）查看/mnt 目录

查看目录使用 ls 命令。

功能：执行 ls 命令可列出目录的内容，包括文件和子目录的名称。

参数与格式：

ls [-1aAbBcCdDfFgGhHiklLmnNopqQrRsStuUvxX] [-I <范本样式>] [-T <跳格字数>] [-w <每列字符数>] [--block-size=<区块大小>] [--color=<使用时机>] [--format=<列表格式>] [--full-time] [--help] [--indicator-style=<标注样式>] [--quoting-style=<引号样式>] [--show-control-chars] [--sort=<排序方式>] [--time=<时间戳记>] [--version][文件或目录……]

参数说明：-1：每列仅显示一个文件或目录名称；

-a 或--all：显示所有文件和目录；

-A 或--almost-all：显示所有文件和目录，但不显示现行目录和上层目录；

-b 或--escape：显示脱离字符；

-B 或--ignore-backups：忽略备份文件和目录；

-c：以更改时间排序，显示文件和目录；

-C：以从上至下，从左到右的直行方式显示文件和目录名称；

-d 或--directory：显示目录名称而非其内容；

-D 或--dired：用 Emacs 的模式产生文件和目录列表；

-f：此参数的效果和同时指定“aU”参数相同，并关闭“lst”参数的效果；

-F 或--classify：在执行文件、目录、Socket、符号连接和管道名称后面，各自加上“*”“/”“=”“@”和“|”号

-g：次参数将忽略不予处理；

-G 或--no-group：不显示群组名称；

-h 或--human-readable：用“K”“M”“G”来显示文件和目录的大小；

-H 或--si：此参数的效果和指定"-h"参数类似，但计算单位是 1000Bytes 而非 1024Bytes；

-i 或--inode：显示文件和目录的 inode 编号；

-I<范本样式>或--ignore=<范本样式>：不显示符合范本样式的文件或目录名称；

-k 或--kilobytes：此参数的效果和指定“block-size=1024”参数相同；

-l：使用详细格式列表；

-L 或--dereference：如遇到性质为符号连接的文件或目录，直接列出该连接所指向的原始文件或目录；

-m：用“,”号区隔每个文件和目录的名称；

-n 或--numeric-uid-gid：以用户识别码和群组识别码替代其名称；

-N 或--literal：直接列出文件和目录名称，包括控制字符；

-o：此参数的效果和指定“-l”：参数类似，但不列出群组名称或识别码；

-p 或--file-type：此参数的效果和指定“-F”参数类似，但不会在执行文件名称后面加上“*”号；

-q 或--hide-control-chars：用“?”号取代控制字符，列出文件和目录名称；

-Q 或--quote-name：把文件和目录名称以“”号标示起来；

-r 或--reverse：反向排序；

-R 或--recursive：递归处理，将指定目录下的所有文件及子目录一并处理；

-s 或--size：显示文件和目录的大小，以区块为单位；

-S：用文件和目录的大小排序；

-t：用文件和目录的更改时间排序；

-T<跳格字符>或--tabsize=<跳格字数>：设置跳格字符所对应的空白字符数；

-u：以最后存取时间排序，显示文件和目录；

-U：列出文件和目录名称时不予排序；

-v：文件和目录的名称列表以版本进行排序；

-w<每列字符数>或--width=<每列字符数>：设置每列的最大字符数；

-x：以从左到右，由上至下的横列方式显示文件和目录名称；

-X：以文件和目录的最后一个扩展名排序；

--block-size=<区块大小>：指定存储放文件的区块大小；

--color=<列表格式>：培植文件和目录的列表格式；

--full-time：列出完整的日期与时间；

--help：在线帮助；

--indicator-style=<标注样式>：在文件和目录等名称后面加上标注，易于辨识该名称所属的类型；

--quoting-syte=<引号样式>：把文件和目录名称以指定的引号样式标示起来；

--show-control-chars：在文件和目录列表时，使用控制字符；

--sort=<排序方式>：配置文件和目录列表的排序方式；

--time=<时间戳记>：用指定的时间戳记取代更改时间；

--version：显示版本信息。

在终端中输入命令：

```
ls
```

可以查看创建好的挂载目录如图 1-13 所示。

图 1-13 挂载目录

3．挂载共享文件夹

挂载共享文件夹需要使用 mount 命令。

功能：mount 命令用来挂载文件系统。

参数与格式：

```
mount [-t vfstype] [-o options] device dir
```

参数说明：-t vfstype：指定文件系统的类型，通常不必指定。mount 会自动选择正确的类型。常用的类型有：

iso9660：光盘或光盘镜像；

msdos：DOS fat16 文件系统；

vfat：Windows 9x fat32 文件系统；

ntfs：Windows NT ntfs 文件系统；

smbfs：Mount Windows 文件网络共享；

nfs：UNIX（Linux）文件网络共享；

-o options 主要用来描述设备或档案的挂接方式。常用的参数有：

loop：用来把一个文件当成硬盘分区挂接上系统；

ro：采用只读方式挂接设备；

rw：采用读写方式挂接设备；

iocharset：指定访问文件系统所用字符集。

device：要挂接（mount）的设备；

dir：设备在系统上的挂接点（mount point）。

在终端中输入命令：

```
sudo mount -t vboxsf Downloads /mnt/Downloads
```

这个命令的含义是将文件系统类型为 vboxsf、设备名为 Downloads 的设备挂载到/mnt/Downloads。

可以看出：第一个“Downloads”是之前创建的共享文件夹的名字。

在终端中输入命令：

```
cd /mnt/Downloads
```

进入/mnt/Downloads 目录，在终端中输入命令：

```
ls
```

即可查看已经实现共享的文件（夹），如图 1-14 所示。

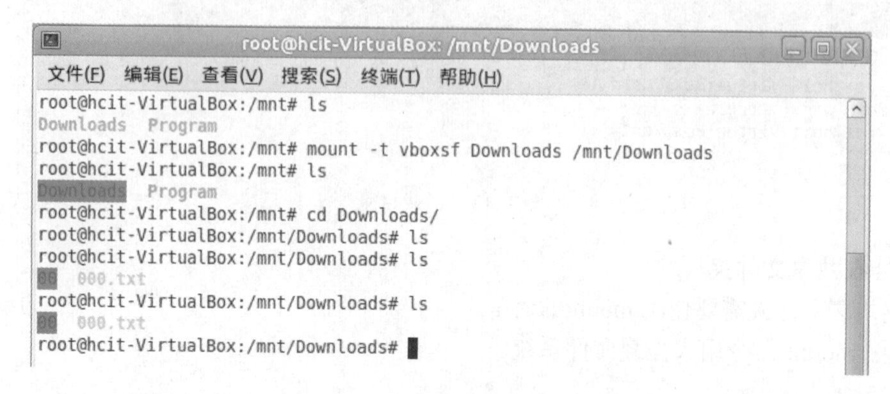

图 1-14　已经实现共享的文件（夹）

与此同时，Host’s OS 共享文件夹中的内容如图 1-15 所示。

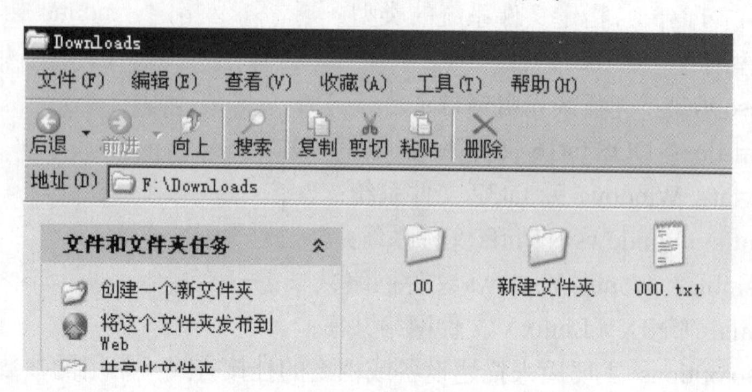

图 1-15　Host’s OS 共享文件夹中的内容

对比图 1-14 和图 1-15 可以看出：在 VirtualBox 中，Host’s OS 与 Guest OS 的共享文件夹中目前只能识别 ASCII 字符即不能出现中文字符。

4．自动挂载共享文件夹

为了使用方便，一般需要实现开机自动挂载共享文件夹。此时需要编辑/etc/fstab 文件。

在终端中输入命令：

```
sudo gedit /etc/fstab
```

会出现图 1-16 所示的编辑/etc/fstab 文件界面（gedit 为 Ubuntu 自带的编辑器，类似于 Windows 中的记事本）。

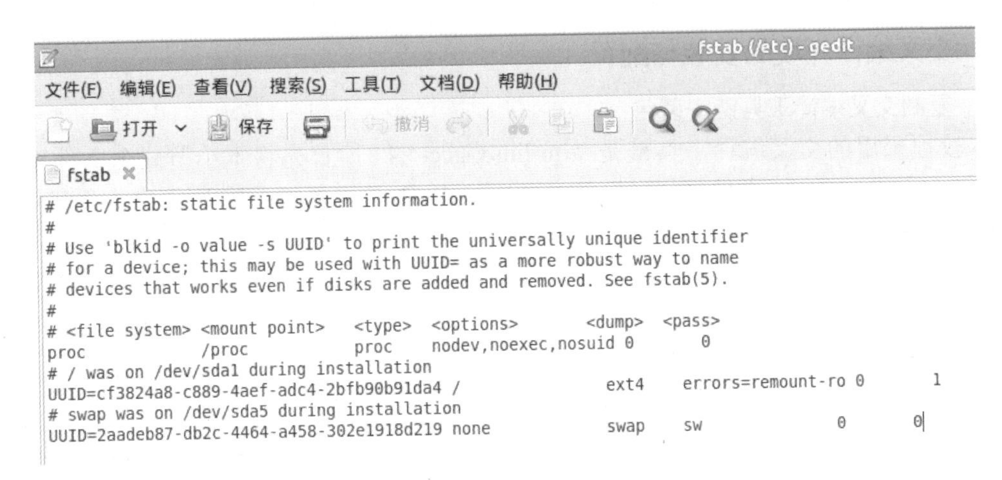

图 1-16　编辑/etc/fstab 文件

其中，已经默认添加的内容如下所示：

<file system> <mount point> <type> <options> <dump> <pass>
proc /proc proc nodev,noexec,nosuid 0　0

可以看出：自动安装的文件系统列表的参数可以分为 6 列，fstab 参数的具体说明如表 1-1 所示。

表 1-1　fstab 参数说明

列　数	参　　数	说　　明
1	<file system>	可以是实际分区名，也可以是实际分区的卷标（Lable）
2	<mount point>	挂载点，必须为当前已经存在的目录
3	<type>	分区的文件系统类型，可以使用 ext2、ext3 等类型，此字段须与分区格式化时使用的类型相同 也可以使用 auto 这一特殊的语法，使系统自动侦测目标分区的分区类型，通常用于可移动设备的挂载
4	<options>	挂载的选项，用于设置挂载的参数，常见参数如下： ➢ auto：系统自动挂载，fstab 默认就是这个选项 ➢ noauto：开机不自动挂载（光驱和软驱只有在装有介质时才可以进行挂载，因此它是 noauto） ➢ nouser：只有超级用户可以挂载 ➢ ro：按只读权限挂载 ➢ rw：按可读可写权限挂载 ➢ user：任何用户都可以挂载 ➢ defaults：rw、suid、dev、exec、auto、nouser 和 async
5	<dump>	dump 备份设置： 设置为 1 时，将允许 dump 备份程序备份 设置为 0 时，忽略备份操作
6	<pass>	fsck 磁盘检查设置，其值是一个顺序： ➢ 数字越小越先检查，如果两个分区的数字相同，则同时检查 ➢ 当其值为 0 时，永远不检查 ➢ 根目录分区永远都为 1 ➢ 其他分区从 2 开始

根据参数说明，在图 1-16 所示的界面中添加如下两项：

Downloads /mnt/Downloads vboxsf rw,gid=100,uid=1000,auto 0 0
Program /mnt/Program vboxsf rw,gid=100,uid=1000,auto 0 0

保存文件并退出，此时重启 Ubuntu 之后即可实现自动挂载共享文件夹。

1.3.3 交叉编译环境的安装与配置

1．复制交叉编译工具链安装包

本教程采用的交叉编译工具链是 arm-linux-gcc-4.4.3，首先将本小节同名文件夹下的 arm-linux-gcc-4.4.3.tar.gz 文件复制到共享文件 Downloads 中，紧接着使用 cp 命令将其复制到 /opt 目录中。

功能：cp 命令用在复制文件或目录。如同时指定两个以上的文件或目录，且最后的目的地是一个已经存在的目录，则它会把前面指定的所有文件或目录复制到该目录中。若同时指定多个文件或目录，而最后的目的地并非是一个已存在的目录，则会出现错误信息。

参数与格式：

cp [-abdfilpPrRsuvx][-S <备份字尾字符串>][-V <备份方式>][--help][--spares=<使用时机>][--version][源文件或目录][目标文件或目录] [目的目录]

参数说明：-a 或--archive：此参数的效果和同时指定“-dpR”参数相同；

-b 或--backup：删除、覆盖目标文件之前的备份，备份文件会在字尾加上一个备份字　符串；

-d 或--no-dereference：当复制符号连接时，把目标文件或目录也建立为符号连接，并指向与源文件或目录连接的原始文件或目录；

-f 或--force：强行复制文件或目录，不论目标文件或目录是否已存在；

-i 或--interactive：覆盖既有文件之前先询问用户；

-l 或--link：对源文件建立硬连接，而非复制文件；

-p 或--preserve：保留源文件或目录的属性；

-P 或--parents：保留源文件或目录的路径；

-r：递归处理，将指定目录下的文件与子目录一并处理；

-R 或--recursive：递归处理，将指定目录下的所有文件与子目录一并处理；

-s 或--symbolic-link：对源文件建立符号连接，而非复制文件；

-S<备份字尾字符串>或--suffix=<备份字尾字符串>：用“-b”参数备份目标文件后，备份文件的字尾会被加上一个备份字符串，预设的备份字尾字符串是符号“~”；

-u 或--update：使用这项参数后只会在源文件的更改时间较目标文件更新时或是名称相互对应的目标文件并不存在，才复制文件；

-v 或--verbose：显示命令执行过程；

-V<备份方式>或--version-control=<备份方式>：用“-b”参数备份目标文件后，备份文件的字尾会被加上一个备份字符串，这字符串不仅可用“-S”参数变更，当使用“-V”参数指定不同备份方式时，也会产生不同字尾的备份字串；

-x 或--one-file-system：复制的文件或目录存放的文件系统，必须与 cp 命令执行时所处的文件系统相同，否则不予复制；

--help：在线帮助；

--sparse=<使用时机>：设置保存稀疏文件的时机；

--version：显示版本信息。

在终端中输入命令：

```
sudo cp /mnt/Downloads/arm-linux-gcc-4.4.3.tar.gz /opt
```

将 arm-linux-gcc-4.4.3.tar.gz 文件复制到/opt 目录中。进入/opt 目录，在终端中输入命令：

```
ls
```

查看/opt 目录，复制交叉编译工具链安装包如图 1-17 所示。

图 1-17 复制交叉编译工具链安装包

2. 解压交叉编译工具链安装包

以.tar.gz 为扩展名的是一种压缩文件，即所谓的 tarball 文件。tarball 文件其实就是将软件的所有原始码档案先以 tar 打包，然后再以压缩技术来压缩，通常最常见的就是以 gzip 来压缩了。因为利用了 tar 与 gzip 的功能，所以 tarball 档案一般的附档名就会写成.tar.gz 或者是简写为.tgz。操作这类文件需要使用 tar 命令。

功能：tar 是用来建立、还原备份文件的工具程序，它可以加入、解开备份文件内的文件。

参数与格式：

tar [-ABcdgGhiklmMoOpPrRsStuUvwWxzZ][-b <区块数目>][-C <目的目录>][-f <备份文件>][-F <Script 文件>] [-K <文件>][-L <媒体容量>][-N <日期时间>][-T <范本文件>][-V <卷册名称>][-X <范本文件>][-<设备编号><存储密度>][--after-date=<日期时间>] [--atime-preserve][--backuup=<备份方式>] [--checkpoint][--concatenate][--confirmation][--delete][--exclude=<范本样式>] [--force-local][--group=<群组名称>][--help][--ignore-failed-read][--new-volume-script=<Script 文件>][--newer-mtime][--no-recursion][--null][--numeric-owner][--owner=<用户名称>][--posix][--erve][--preserve-order][--preserve-permissions][--record-size=<区块数目>][--recursive-unlink][--remove-files][--rsh-command=<执行命令>][--same-owner][--suffix=<备份字尾字符串>][--totals][--use-compress-program=<执行命令>][--version][--volno-file=<编号文件>][文件或目录……]

参数说明：-A 或--catenate：新增温暖件到已存在的备份文件。

-b<区块数目>或--blocking-factor=<区块数目>：设置每笔记录的区块数目，每个区块大小为 12Bytes；

-B 或--read-full-records：读取数据时重设区块大小；

-c 或--create：建立新的备份文件；

-C<目的目录>或--directory=<目的目录>：切换到指定的目录；

-d 或--diff 或--compare：对比备份文件内和文件系统上的文件的差异；

-f<备份文件>或--file=<备份文件>：指定备份文件；

-F<Script 文件>或--info-script=<Script 文件>：每次更换磁带时，就执行指定的 Script 文件；

-g 或--listed-incremental：处理 GNU 格式的大量备份；

-G 或--incremental：处理旧的 GNU 格式的大量备份；

-h 或--dereference：不建立符号连接，直接复制该连接所指向的原始文件；

-i 或--ignore-zeros：忽略备份文件中的 0：Byte 区块，也就是 EOF；

-k 或--keep-old-files：解开备份文件时，不覆盖已有的文件；

-K<文件>或--starting-file=<文件>：从指定的文件开始还原；

-l 或--one-file-system：复制的文件或目录存储的文件系统，必须与 tar 命令执行时所处的文件系统相同，否则不予复制；

-L<媒体容量>或-tape-length=<媒体容量>：设置存放媒体的容量，单位以 1024：Bytes 计算；

-m 或--modification-time：还原文件时，不变更文件的更改时间；

-M 或--multi-volume：在建立，还原备份文件或列出其中的内容时，采用多卷册模式；

-N<日期格式>或--newer=<日期时间>：只将较指定日期更新的文件保存到备份文件里；

-o 或--old-archive 或--portability：将资料写入备份文件时使用 V7 格式；

-O 或--stdout：把从备份文件里还原的文件输出到标准输出设备；

-p 或--same-permissions：用原来的文件权限还原文件；

-P 或--absolute-names：文件名使用绝对名称，不移除文件名称前的“/”号；

-r 或--append：新增文件到已存在的备份文件的结尾部分；

-R 或--block-number：列出每个信息在备份文件中的区块编号；

-s 或--same-order：还原文件的顺序和备份文件内的存储顺序相同；

-S 或--sparse：倘若一个文件内含大量的连续 0 字节，则将此文件存储成稀疏文件；

-t 或--list：列出备份文件的内容；

-T<范本文件>或--files-from=<范本文件>：指定范本文件，其内含有一个或多个范本样式，让 tar 解开或建立符合设置条件的文件；

-u 或--update：仅置换较备份文件内的文件更新的文件；

-U 或--unlink-first：解开压缩文件还原文件之前，先解除文件的连接；

-v 或--verbose：显示命令执行过程；

-V<卷册名称>或--label=<卷册名称>：建立使用指定的卷册名称的备份文件；

-w 或--interactive：遭遇问题时先询问用户；

-W 或--verify：写入备份文件后，确认文件正确无误；

-x 或--extract 或--get：从备份文件中还原文件；

-X<范本文件>或--exclude-from=<范本文件>：指定范本文件，其内含有一个或多个范本样式，让 ar 排除符合设置条件的文件；

-z 或--gzip 或--ungzip：通过 gzip 命令处理备份文件；

-Z 或--compress 或--uncompress：通过 compress 命令处理备份文件；

-<设备编号><存储密度>：设置备份用的外围设备编号及存储数据的密度；

--after-date=<日期时间>：此参数的效果和指定"-N"参数相同；

--atime-preserve：不变更文件的存取时间；

--backup=<备份方式>或--backup：移除文件前先进行备份；

--checkpoint：读取备份文件时列出目录名称；

--concatenate：此参数的效果和指定"-A"参数相同；

--confirmation：此参数的效果和指定"-w"参数相同；

--delete：从备份文件中删除指定的文件；

--exclude=<范本样式>：排除符合范本样式的文件；

--group=<群组名称>：把加入设备文件中的文件的所属群组设成指定的群组；

--help：在线帮助；

--ignore-failed-read：忽略数据读取错误，不中断程序的执行；

--new-volume-script=<Script 文件>：此参数的效果和指定"-F"参数相同；

--newer-mtime：只保存更改过的文件；

--no-recursion：不做递归处理，也就是指定目录下的所有文件及子目录不予处理；

--null：从 null 设备读取文件名称；

--numeric-owner：以用户识别码及群组识别码取代用户名称和群组名称；

--owner=<用户名称>：把加入备份文件中的文件的拥有者设成指定的用户；

--posix：将数据写入备份文件时使用 POSIX 格式；

--preserve：此参数的效果和指定"-ps"参数相同；

--preserve-order：此参数的效果和指定"-A"参数相同；

--preserve-permissions：此参数的效果和指定"-p"参数相同；

--record-size=<区块数目>：此参数的效果和指定"-b"参数相同；

--recursive-unlink：解开压缩文件还原目录之前，先解除整个目录下所有文件的连接；

--remove-files：文件加入备份文件后，就将其删除；

--rsh-command=<执行命令>：设置要在远端主机上执行的命令，以取代 rsh 命令；

--same-owner：尝试以相同的文件拥有者还原；

--suffix=<备份字尾字符串>：移除文件前先行备份；

--totals：备份文件建立后，列出文件大小；

--use-compress-program=<执行命令>：通过指定的命令处理备份文件；

--version：显示版本信息；

--volno-file=<编号文件>：使用指定文件内的编号取代预设的卷册编号。

进入/opt 目录，在终端中输入命令：

```
sudo tar -xzvf arm-linux-gcc-4.4.3.tar.gz
```

进行解压。解压完成后，在终端中输入命令：

```
ls
```

查看/opt 目录，解压交叉编译工具链安装包如图 1-18 所示。

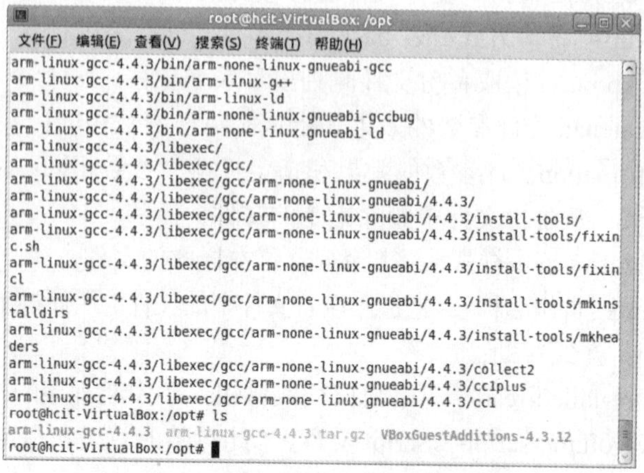

```
root@hcit-VirtualBox: /opt
文件(F) 编辑(E) 查看(V) 搜索(S) 终端(T) 帮助(H)
arm-linux-gcc-4.4.3/bin/arm-none-linux-gnueabi-gcc
arm-linux-gcc-4.4.3/bin/arm-linux-g++
arm-linux-gcc-4.4.3/bin/arm-linux-ld
arm-linux-gcc-4.4.3/bin/arm-none-linux-gnueabi-gccbug
arm-linux-gcc-4.4.3/bin/arm-none-linux-gnueabi-ld
arm-linux-gcc-4.4.3/libexec/
arm-linux-gcc-4.4.3/libexec/gcc/
arm-linux-gcc-4.4.3/libexec/gcc/arm-none-linux-gnueabi/
arm-linux-gcc-4.4.3/libexec/gcc/arm-none-linux-gnueabi/4.4.3/
arm-linux-gcc-4.4.3/libexec/gcc/arm-none-linux-gnueabi/4.4.3/install-tools/
arm-linux-gcc-4.4.3/libexec/gcc/arm-none-linux-gnueabi/4.4.3/install-tools/fixin
c.sh
arm-linux-gcc-4.4.3/libexec/gcc/arm-none-linux-gnueabi/4.4.3/install-tools/fixin
cl
arm-linux-gcc-4.4.3/libexec/gcc/arm-none-linux-gnueabi/4.4.3/install-tools/mkins
talldirs
arm-linux-gcc-4.4.3/libexec/gcc/arm-none-linux-gnueabi/4.4.3/install-tools/mkhea
ders
arm-linux-gcc-4.4.3/libexec/gcc/arm-none-linux-gnueabi/4.4.3/collect2
arm-linux-gcc-4.4.3/libexec/gcc/arm-none-linux-gnueabi/4.4.3/cc1plus
arm-linux-gcc-4.4.3/libexec/gcc/arm-none-linux-gnueabi/4.4.3/cc1
root@hcit-VirtualBox:/opt# ls
arm-linux-gcc-4.4.3  arm-linux-gcc-4.4.3.tar.gz  VBoxGuestAdditions-4.3.12
root@hcit-VirtualBox:/opt#
```

图 1-18　解压交叉编译工具链安装包

为了节省空间，可以使用 rm 命令将压缩文件删除。

功能：执行 rm 命令可删除文件或目录，如欲删除目录必须加上参数“-r”，否则预设仅会删除文件。

参数与格式：

```
rm [-dfirv][--help][--version][文件或目录……]
```

参数说明：-d 或--directory：直接把欲删除的目录的硬连接数据删成 0，删除该目录；
-f 或--force：强制删除文件或目录；
-i 或--interactive：删除既有文件或目录之前先询问用户；
-r 或-R 或--recursive：递归处理，将指定目录下的所有文件及子目录一并处理；
-v 或--verbose：显示命令执行过程；
--help：在线帮助；
--version：显示版本信息。

在终端中输入命令：

```
sudo rm /opt/arm-linux-gcc-4.4.3.tar.gz
```

可以删除交叉编译工具链安装包。

3．配置交叉编译工具链

在 Linux 文件中，/etc/profile 文件为登录或启动时 bourne 或 cshells 执行的文件，这允许系统管理员为所有用户建立全局默认环境。所以配置交叉编译工具工具链，就需要编辑

/etc/profile 文件。

在终端中输入命令：

sudo gedit /etc/profile

会出现图 1-19 所示的编辑/etc/profile 文件界面。

```
文件(F) 编辑(E) 查看(V) 搜索(S) 工具(T) 文档(D) 帮助(H)
打开 保存 撤消
profile
# /etc/profile: system-wide .profile file for the Bourne shell (sh(1))
# and Bourne compatible shells (bash(1), ksh(1), ash(1), ...).

if [ -d /etc/profile.d ]; then
  for i in /etc/profile.d/*.sh; do
    if [ -r $i ]; then
      . $i
    fi
  done
  unset i
fi

if [ "$PS1" ]; then
  if [ "$BASH" ]; then
    PS1='\u@\h:\w\$ '
    if [ -f /etc/bash.bashrc ]; then
        . /etc/bash.bashrc
    fi
  else
    if [ "`id -u`" -eq 0 ]; then
      PS1='# '
    else
      PS1='$ '
    fi
  fi
fi

umask 022

export PATH=$PATH:/opt/arm-linux-gcc-4.4.3/bin
```

图 1-19　编辑/etc/profile 文件

在最后一行添加：

export PATH=$PATH:/opt/arm-linux-gcc-4.4.3/bin

保存文件并退出，此时注销并重新登录后在终端中输入命令：

arm-linux-gcc -v

出现图 1-20 所示的交叉编译环境配置成信息。

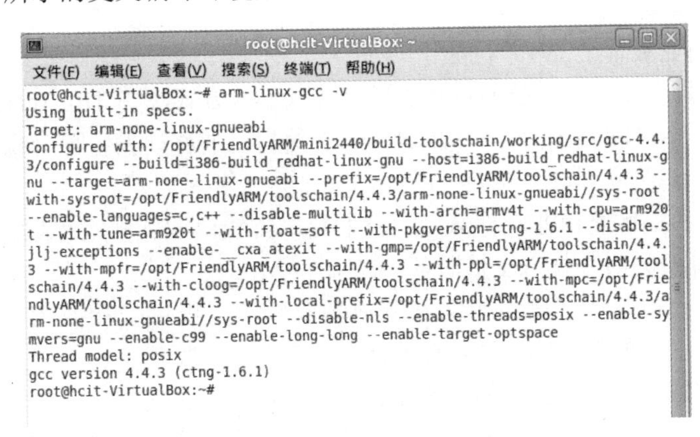

图 1-20　交叉编译环境配置成功

1.4 Qt 简介

Qt 是一个 1991 年由 Trolltech（奇趣科技）开发的跨平台 C++图形用户界面应用程序开发框架。它既可以开发 GUI 程序，也可用于开发非 GUI 程序，例如控制台工具和服务器。Qt 是面向对象的框架，使用特殊的代码生成扩展（称为元对象编译器（Meta Object Compiler，MOC））以及一些宏，易于扩展，允许组件编程。

2008 年，Trolltech 被 Nokia 公司收购，Qt 也因此成为 Nokia 旗下的编程语言工具。2012 年，Qt 被 Digia 收购。

2014 年 4 月，跨平台集成开发环境 Qt Creator 3.1.0 正式发布，实现了对于 iOS 的完全支持，新增 WinRT、Beautifier 等插件，废弃了无 Python 接口的 GDB 调试支持，集成了基于 Clang 的 C/C++代码模块，并对 Android 支持做出了调整，至此实现了全面支持 iOS、Android 和 Windows Phone。

Qt 提供给应用程序开发者建立艺术级的图形用户界面所需要的所有功能。Qt 很容易扩展，并且允许真正地组件编程。基本上，Qt 同 X Window 上的 Motif、GTK 等图形界面库和 Windows 平台上的 MFC、OWL、VCL、ATL 是同类型的。每个单词或缩写的含义如表 1-2 所示。

表 1-2　单词或缩写的含义

单词或缩写	含　义
Motif	OSF（开放基金协会）开发的一个工业标准的 GUI
GTK	GTK+（GIMP Toolkit）是一套源码以 LGPL 许可协议分发、跨平台的图形工具包
MFC	MFC（Microsoft Foundation Classes）是微软公司提供的一个类库（class libraries），以 C++类的形式封装了 Windows 的 API，并且包含一个应用程序框架
OWL	OWL（Web Ontology Language）是 W3C 开发的一种网络本体语言，用于对本体进行语义描述
VCL	VCL 是 Visual Component Library 的缩写，即可视组件库，它是 Delphi，C++Builder 等编程语言的基本类库
ATL	ATL，Active Template Library 活动模板库，是一种微软程序库，支持利用 C++语言编写 ASP 代码以及其他的 ActiveX 程序

1．Qt 的发行版本

Qt 的第一个商业版本于 1995 年推出。

2008 年 1 月 31 日，Nokia 公司宣布通过公开竞购的方式收购 TrollTech 公司，旗下包括 Qt 在内的技术都归入 Nokia 旗下。并且 Nokia 针对自己的移动设备平台规划的需要，将 Qt 按不同的版本发行。

- Qt 商业版：提供给商业软件开发。它们提供传统商业软件发行版并且提供在协议有效期内的免费升级和技术支持服务；
- Qt 开源版：仅仅为了开发自由和开放源码软件，提供了和商业版本同样的功能，GNU 通用公共许可证下，它是免费的；
- Qt 专业版和企业版是 Qt 的商业版本；
- 只有购买了专业版或企业版，才能够编写商业的、私人的或收费的软件。如果购买了这些商业版本，也可以获得技术支持和升级服务。

2009 年 3 月发布的 Qt 4.5 起，诺基亚为 Qt 增添开源 LGPL 授权选择。

2009 年 5 月 11 日起，Nokia 基亚 Qt Software 宣布 Qt 源代码库面向公众开放，Qt 开发人员可以通过为 Qt 以及与 Qt 相关的项目贡献代码、翻译、示例以及其他内容，协助引导和塑造 Qt 未来的发展。为了便于这些内容的管理，Qt Software 启用了基于 Git 和 Gitorious 开源项目的 Web 源代码管理系统。

2．Qt Creator

Qt Creator 是一个用于 Qt 开发的轻量级跨平台集成开发环境。Qt Creator 可带来两大关键益处：

- 提供首个专为支持跨平台开发而设计的 IDE（集成开发环境）；
- 确保首次接触 Qt 框架的开发人员能迅速上手和操作。

即使不开发 Qt 应用程序，Qt Creator 也是一个简单易用且功能强大的 IDE。Qt Creator 包含了一套用于创建和测试基于 Qt 应用程序的高效工具，包括：

- 一个高级的 C++代码编辑器；
- 上下文感知帮助系统；
- 可视化调试器；
- 源代码管理；
- 项目和构建管理工具。

Qt Creator 在 LGPL 2.1 版本授权下有效，并且接受代码贡献。

3．Qt Linguist

Qt Linguist 被称为 Qt 语言家。它的主要任务只是读取翻译文件、为翻译人员提供友好的翻译界面，它是用于界面国际化的重要工具。

Linguist 工具从 4.5 开始可以支持 Gettext 的 PO 文件格式。

4．Qt 开发的知名应用程序

Qt 开发的部分知名应用程序如下所示。

- Autodesk MotionBuilder：三维角色动画软件；
- Autodesk Maya：3D 建模和动画软件；
- Battle.net：暴雪公司开发的游戏对战平台；
- Bitcoin：比特币；
- Google 地球（Google Earth）：三维虚拟地图软件；
- Qt Creator：用于 Qt 开发的轻量级跨平台集成开发环境；
- Skype：一个使用人数众多的基于 P2P 的 VOIP 聊天软件；
- VirtualBox：虚拟机软件；
- VLC 多媒体播放器：一个体积小巧、功能强大的开源媒体播放器；
- Xconfig：Linux 的 Kernel 配置工具；
- 咪咕音乐：咪咕音乐是中国移动倾力打造的正版音乐播放器；
- WPS Office：金山软件公司推出的办公软件；
- 极品飞车：EA 公司出品的著名赛车类游戏。

1.5　Qt 的安装与配置

1.5.1　g++的安装

在 1.4 节中介绍 Qt 是一个 C++图形用户界面应用程序开发框架；但是在 Ubuntu 中并没有默认安装 C++编译器，所以需要安装 C++编译器。

在 Linux 中，需要安装的是 g++，g++是 GNU 中的 C++编译器。

在 Ubuntu 中，更新软件使用 apt-get 命令。

功能：apt-get 命令适用于 deb 包管理式的操作系统，主要用于自动从互联网的软件仓库中搜索、安装、升级、卸载软件或操作系统。apt-get 命令一般需要 root 权限执行，所以一般跟在 sudo 命令之后使用。

参数与格式：

```
[sudo] apt-get xxxx
```

参数说明：apt-get update：更新软件包列表数据库；

apt-get install packagename：安装一个新软件包；

apt-get remove packagename：卸载一个已安装的软件包（保留配置文档）；

apt-get remove --purge packagename：卸载一个已安装的软件包（删除配置文档）；

apt-get autoremove packagename：删除包及其依赖的软件包；

apt-get autoremove --purge packagname：删除包及其依赖的软件包+配置文件，比上面要删除得彻底一点；

apt-get autoclean：apt-get 会把已装或已卸的软件都备份在硬盘上，所以假如需要空间的话，能够让这个命令来删除已删掉的软件；

apt-get clean：这个命令会把安装的软件的备份也删除，但是这样不会影响软件的使用；

apt-get upgrade：可以使用这条命令更新软件包，apt-get upgrade 不仅可以从相同版本号的发布版中更新软件包，也可以从新版本号的发布版中更新软件包。注意在运行该命令前应先运行 apt-get update 更新数据库；

apt-get dist-upgrade：将系统升级到新版本。

在终端中输入命令：

```
sudo apt-get install g++
```

此时会在图 1-21 所示的界面中出现安装提示。选择输入“Y”开始下载 g++安装包，当下载完成后，会自动安装 g++。

安装完成后在终端中输入命令：

```
g++
```

出现图 1-22 所示的 g++安装与测试信息，这说明 g++已经成功。

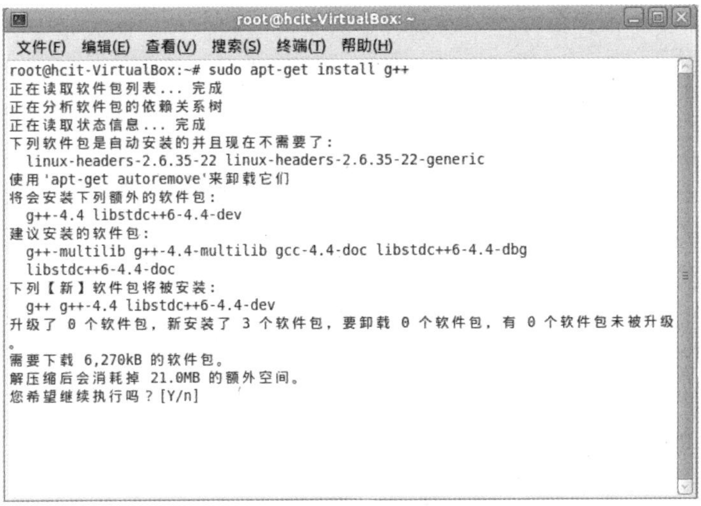

```
root@hcit-VirtualBox: ~
文件(F) 编辑(E) 查看(V) 搜索(S) 终端(T) 帮助(H)
root@hcit-VirtualBox:~# sudo apt-get install g++
正在读取软件包列表... 完成
正在分析软件包的依赖关系树
正在读取状态信息... 完成
下列软件包是自动安装的并且现在不需要了:
  linux-headers-2.6.35-22 linux-headers-2.6.35-22-generic
使用'apt-get autoremove'来卸载它们
将会安装下列额外的软件包:
  g++-4.4 libstdc++6-4.4-dev
建议安装的软件包:
  g++-multilib g++-4.4-multilib gcc-4.4-doc libstdc++6-4.4-dbg
  libstdc++6-4.4-doc
下列【新】软件包将被安装:
  g++ g++-4.4 libstdc++6-4.4-dev
升级了 0 个软件包，新安装了 3 个软件包，要卸载 0 个软件包，有 0 个软件包未被升级
。
需要下载 6,270kB 的软件包。
解压缩后会消耗掉 21.0MB 的额外空间。
您希望继续执行吗？[Y/n]
```

图 1-21　g++安装提示

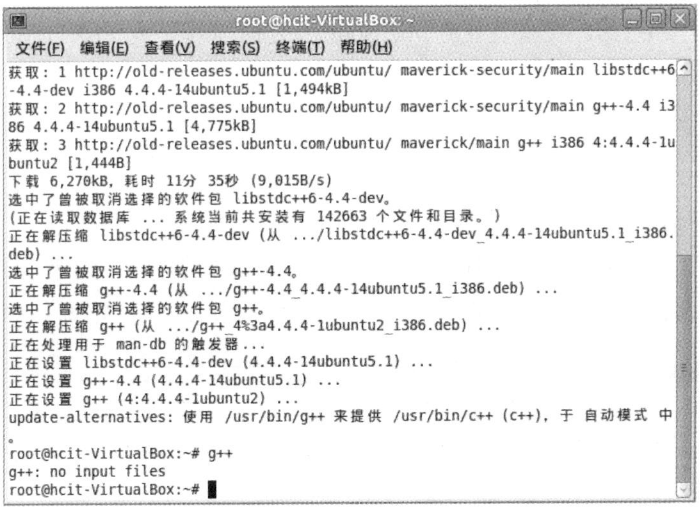

```
root@hcit-VirtualBox: ~
文件(F) 编辑(E) 查看(V) 搜索(S) 终端(T) 帮助(H)
获取：1 http://old-releases.ubuntu.com/ubuntu/ maverick-security/main libstdc++6
-4.4-dev i386 4.4.4-14ubuntu5.1 [1,494kB]
获取：2 http://old-releases.ubuntu.com/ubuntu/ maverick-security/main g++-4.4 i3
86 4.4.4-14ubuntu5.1 [4,775kB]
获取：3 http://old-releases.ubuntu.com/ubuntu/ maverick/main g++ i386 4:4.4.4-1u
buntu2 [1,444B]
下载 6,270kB，耗时 11分 35秒 (9,015B/s)
选中了曾被取消选择的软件包 libstdc++6-4.4-dev。
(正在读取数据库 ... 系统当前共安装有 142663 个文件和目录。)
正在解压缩 libstdc++6-4.4-dev (从 .../libstdc++6-4.4-dev_4.4.4-14ubuntu5.1_i386.
deb) ...
选中了曾被取消选择的软件包 g++-4.4。
正在解压缩 g++-4.4 (从 .../g++-4.4_4.4.4-14ubuntu5.1_i386.deb) ...
选中了曾被取消选择的软件包 g++。
正在解压缩 g++ (从 .../g++_4%3a4.4.4-1ubuntu2_i386.deb) ...
正在处理用于 man-db 的触发器...
正在设置 libstdc++6-4.4-dev (4.4.4-14ubuntu5.1) ...
正在设置 g++-4.4 (4.4.4-14ubuntu5.1) ...
正在设置 g++ (4:4.4.4-1ubuntu2) ...
update-alternatives: 使用 /usr/bin/g++ 来提供 /usr/bin/c++ (c++)，于 自动模式 中
。
root@hcit-VirtualBox:~# g++
g++: no input files
root@hcit-VirtualBox:~#
```

图 1-22　g++安装与测试

1.5.2　Qt Opensource 的安装

1．安装依赖包

如在安装 Linux 系统时，不是选择安装所有的软件包。在安装完 Linux 系统后，若再进行软件安装的话，就可能会遇到一些依赖关系的问题，如在安装 PHP 软件包时，系统就可能会提示一些错误信息，说需要其他的一些软件包的支持。

其实类似的情况在 Windows 中也会遇到。如有时候安装一些应用软件可能对浏览器的版本会有要求或者要求操作系统的补丁达到 SP3 以上等。不过在微软操作系统上这种软件依赖关系要比在 Linux 系统中少见得多，而且处理起来也方便一些。

1）依赖包关系问题的原因。

一是在操作系统安装的时候，没有选择全部的软件包。大部分时候出于安全或者其他方

面的原因，Linux 系统管理员往往不会选择安装全部的软件包，而只是安装一些运行相关服务所必要的软件包。但是有时候系统管理员可能并不清楚哪些软件包是必须要装的，否则后续的一些服务将无法启动；而那些软件包则是可选的。由于在系统安装的时候很难一下子弄清楚这些内容，故在 Linux 系统安装完毕后，再部署其他一些软件包的时候，就容易出现这个问题。

二是在 Linux 服务器上追加其他的一些应用服务时，容易出现类似的问题。不少的软件包其实在 Linux 安装盘中还没有，需要自己到网上去下。所以，如果要在原先已经部署好的 Linux 服务器中追加一些应用服务时，很容易出现这个软件包的依赖问题。

2）依赖包关系问题的解决方法。

解决这个软件包的依赖问题的方法有如下几种。

- 根据错误提示信息在安装光盘中寻找；
- 参考官方的文档；
- 从专业网络上查询。

2．Opensource 所需的依赖包

根据实际操作和总结，在安装 Qt Opensource 之前需要安装 libX11-dev、libXext-dev、libXtst-dev 和 libxrender-dev 这 4 个依赖包。

（1）安装 libX11-dev 依赖包

在终端中输入命令：

```
sudo apt-get install libX11-dev
```

此时会在图 1-23 所示的界面中出现安装提示。选择输入“Y”开始下载 libX11-dev 安装包，当下载完成后，会自动安装 libX11-dev，安装完成后的界面如图 1-24 所示。

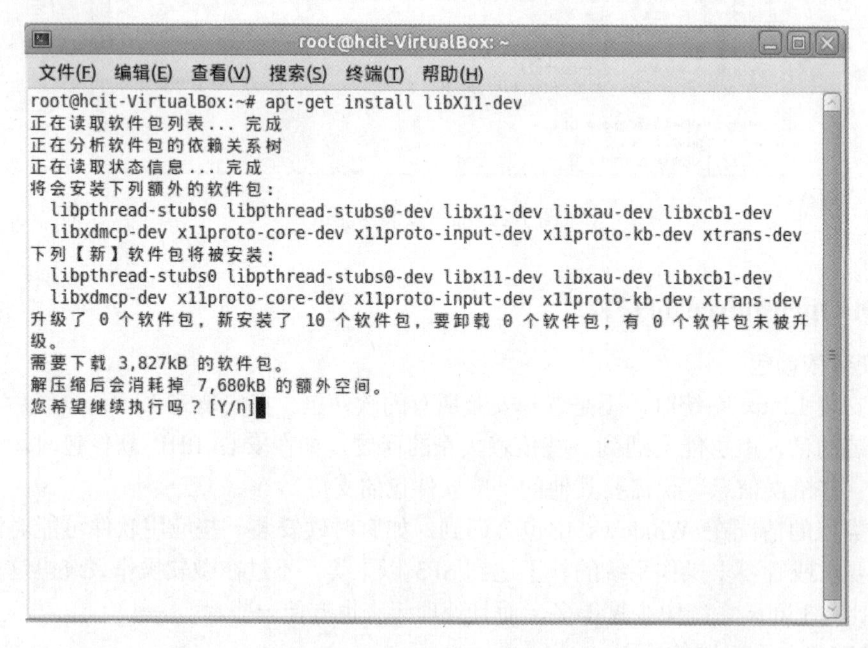

图 1-23　libX11-dev 安装提示

```
root@hcit-VirtualBox: ~
文件(F) 编辑(E) 查看(V) 搜索(S) 终端(T) 帮助(H)
正在解压缩 x11proto-kb-dev (从 .../x11proto-kb-dev_1.0.4-1_all.deb) ...
选中了曾被取消选择的软件包 xtrans-dev。
正在解压缩 xtrans-dev (从 .../xtrans-dev_1.2.5-1_all.deb) ...
选中了曾被取消选择的软件包 libpthread-stubs0。
正在解压缩 libpthread-stubs0 (从 .../libpthread-stubs0_0.3-2_i386.deb) ...
选中了曾被取消选择的软件包 libpthread-stubs0-dev。
正在解压缩 libpthread-stubs0-dev (从 .../libpthread-stubs0-dev_0.3-2_i386.deb) .
..
选中了曾被取消选择的软件包 libxcb1-dev。
正在解压缩 libxcb1-dev (从 .../libxcb1-dev_1.6-1_i386.deb) ...
选中了曾被取消选择的软件包 libx11-dev。
正在解压缩 libx11-dev (从 .../libx11-dev_2%3a1.3.3-3ubuntu1_i386.deb) ...
正在处理用于 man-db 的触发器...
正在设置 x11proto-core-dev (7.0.17-1) ...
正在设置 libxau-dev (1:1.0.6-1) ...
正在设置 libxdmcp-dev (1:1.0.3-2) ...
正在设置 x11proto-input-dev (2.0-2) ...
正在设置 x11proto-kb-dev (1.0.4-1) ...
正在设置 xtrans-dev (1.2.5-1) ...
正在设置 libpthread-stubs0 (0.3-2) ...
正在设置 libpthread-stubs0-dev (0.3-2) ...
正在设置 libxcb1-dev (1.6-1) ...
正在设置 libx11-dev (2:1.3.3-3ubuntu1) ...
root@hcit-VirtualBox:~#
```

图 1-24　libX11-dev 安装完成

（2）安装 libXext-dev 依赖包

在终端中输入命令：

```
sudo apt-get install libXext-dev
```

此时会在图 1-25 所示的界面中出现安装提示。选择输入“Y”开始下载 libXext-dev 安装包，当下载完成后，会自动安装 libXext-dev，安装完成后的界面如图 1-26 所示。

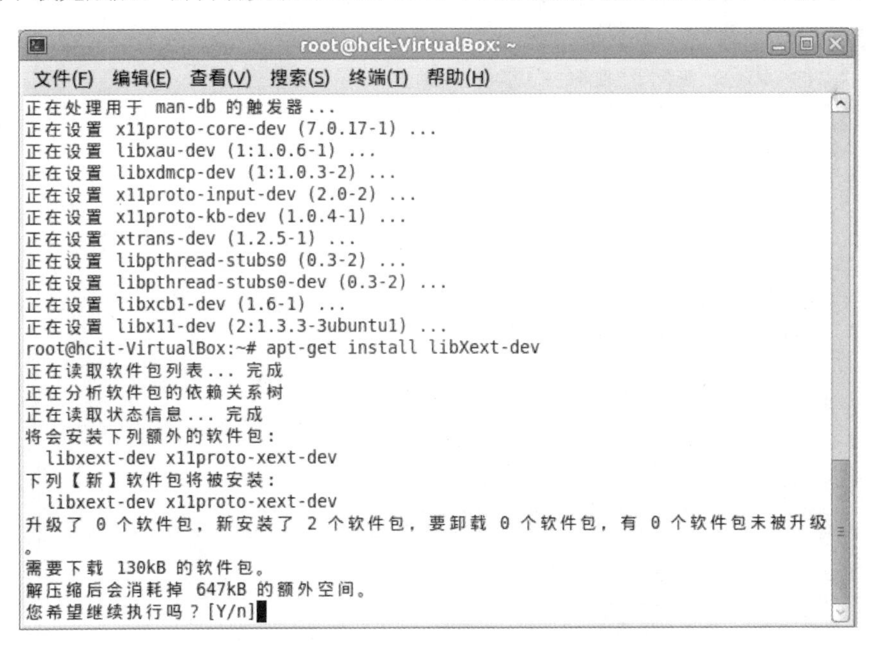

图 1-25　libXext-dev 安装提示

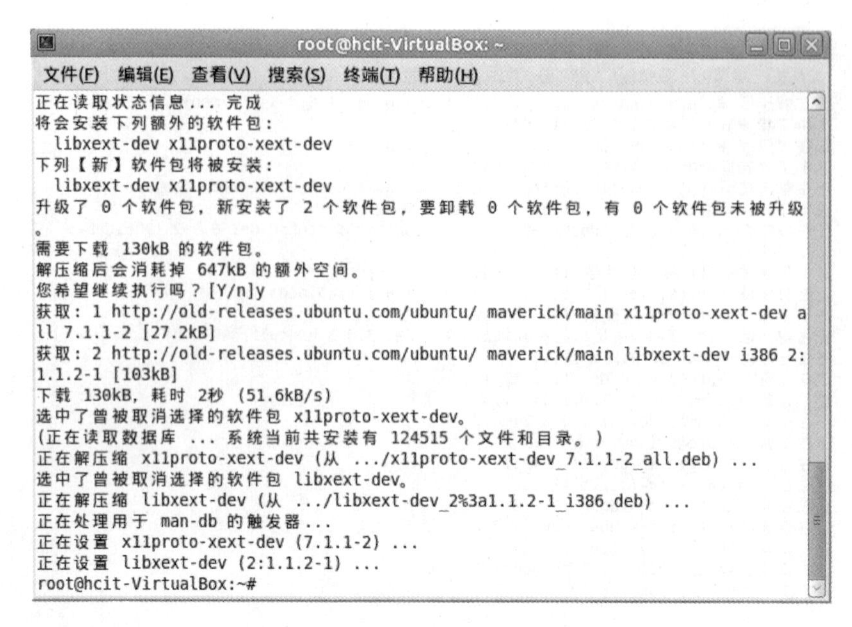

图 1-26　libXext-dev 安装完成

（3）安装 libXtst-dev 依赖包

在终端中输入命令：

```
sudo apt-get install libXtst-dev
```

此时会在图 1-27 所示的界面中出现安装提示。选择输入“Y”开始下载 libXtst-dev 安装包，当下载完成后，会自动安装 libXtst-dev，安装完成后的界面如图 1-28 所示。

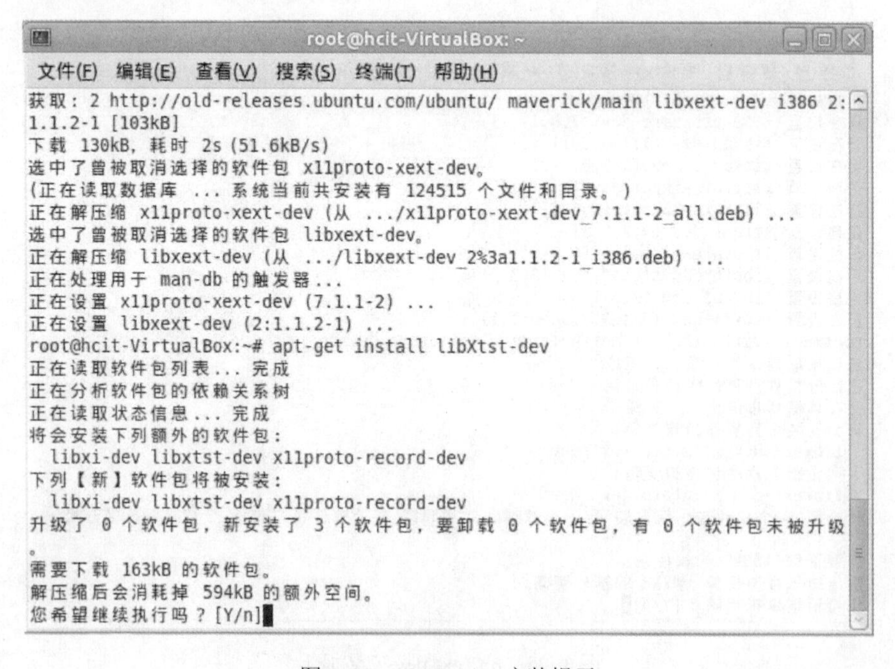

图 1-27　libXtst-dev 安装提示

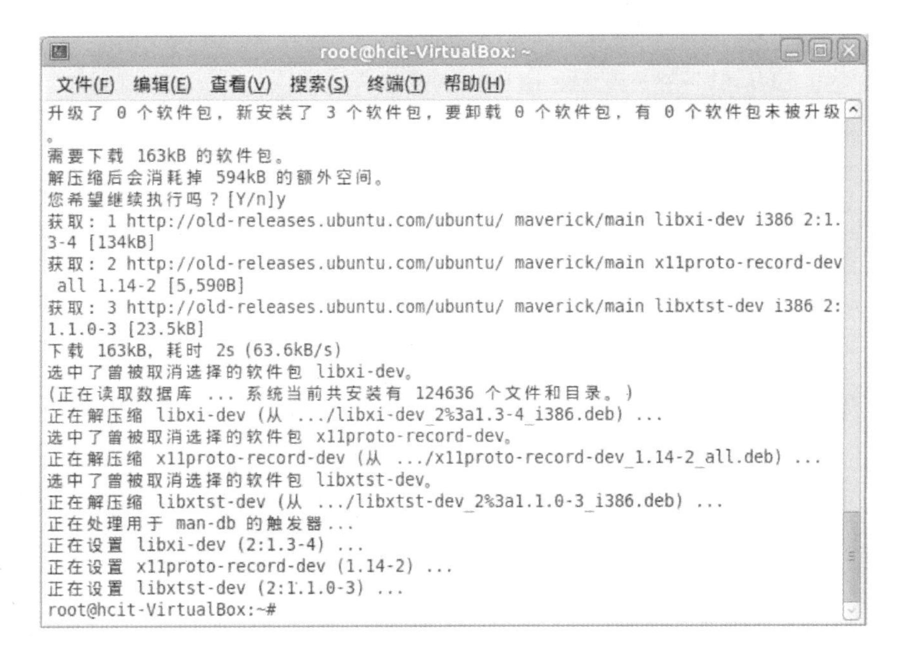

图 1-28　libXtst-dev 安装完成

（4）安装 libxrender-dev 依赖包

在终端中输入命令：

```
sudo apt-get install libxrender-dev
```

此时会在图 1-29 所示的界面中出现安装提示。选择输入“Y”开始下载 libxrender-dev 安装包，当下载完成后，会自动安装 libxrender-dev，安装完成后的界面如图 1-30 所示。

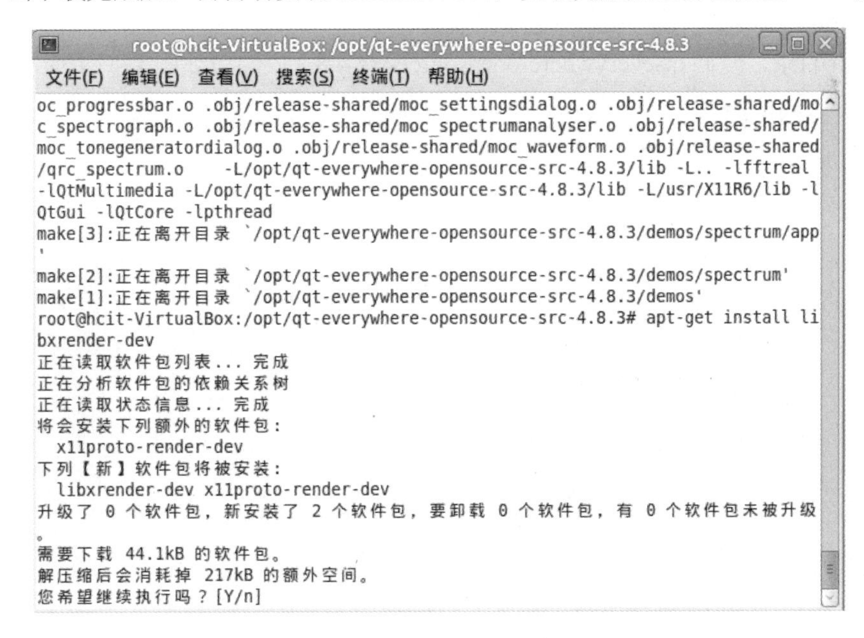

图 1-29　libxrender-dev 安装提示

```
root@hcit-VirtualBox: /opt/qt-everywhere-opensource-src-4.8.3
文件(F) 编辑(E) 查看(V) 搜索(S) 终端(T) 帮助(H)
正在读取状态信息... 完成
将会安装下列额外的软件包:
  x11proto-render-dev
下列【新】软件包将被安装:
  libxrender-dev x11proto-render-dev
升级了 0 个软件包，新安装了 2 个软件包，要卸载 0 个软件包，有 0 个软件包未被升级
。
需要下载 44.1kB 的软件包。
解压缩后会消耗掉 217kB 的额外空间。
您希望继续执行吗？[Y/n]y
获取：1 http://old-releases.ubuntu.com/ubuntu/ maverick/main x11proto-render-dev
 all 2:0.11-1 [7,404B]
获取：2 http://old-releases.ubuntu.com/ubuntu/ maverick/main libxrender-dev i386
 1:0.9.6-1 [36.7kB]
下载 44.1kB，耗时 2s (20.2kB/s)
选中了曾被取消选择的软件包 x11proto-render-dev。
(正在读取数据库 ... 系统当前共安装有 124741 个文件和目录。)
正在解压缩 x11proto-render-dev (从 .../x11proto-render-dev_2%3a0.11-1_all.deb) .
..
选中了曾被取消选择的软件包 libxrender-dev。
正在解压缩 libxrender-dev (从 .../libxrender-dev_1%3a0.9.6-1_i386.deb) ...
正在设置 x11proto-render-dev (2:0.11-1) ...
正在设置 libxrender-dev (1:0.9.6-1) ...
root@hcit-VirtualBox:/opt/qt-everywhere-opensource-src-4.8.3#
```

图 1-30　libxrender-dev 安装完成

3．安装与配置 qt-everywhere-opensource-src-4.8.3

（1）复制安装包

在终端中输入命令：

```
sudo cp /mnt/Downloads/qt-everywhere-opensource-src-4.8.3.tar.gz /opt
```

将 qt-everywhere-opensource-src-4.8.3.tar.gz 文件复制到/opt 目录中。进入/opt 目录，在终端中输入命令：

```
ls
```

查看/opt 目录，复制 qt-everywhere-opensource-src-4.8.3 安装包如图 1-31 所示。

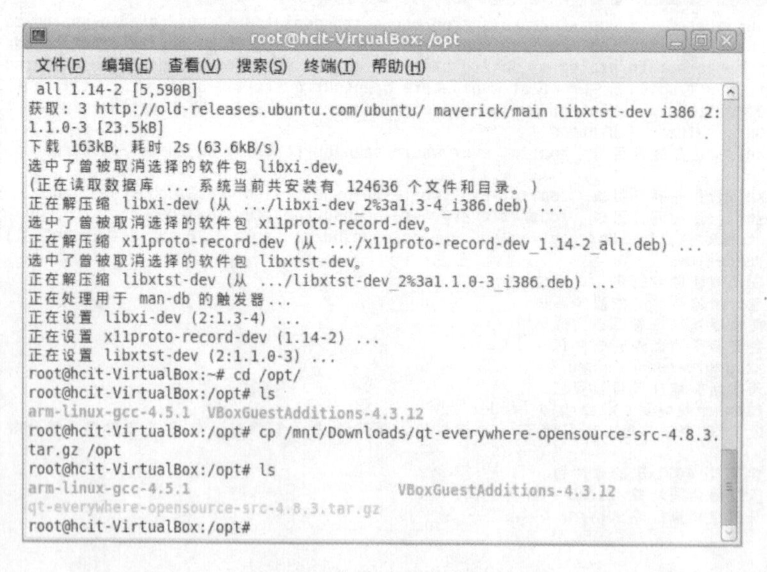

图 1-31　复制 qt-everywhere-opensource-src-4.8.3 安装包

（2）解压缩安装包

进入/opt 目录，在终端中输入命令：

```
sudo tar -xzvf qt-everywhere-opensource-src-4.8.3.tar.gz
```

进行解压。解压完成后，在终端中输入命令：

```
ls
```

查看/opt 目录，qt-everywhere-opensource-4.8.3 安装包如图 1-32 所示。

图 1-32　解压 qt-everywhere-opensource-src-4.8.3 安装包

（3）配置安装信息

进入/opt/qt-everywhere-opensource-src-4.8.3 目录，在终端中输入命令：

```
./configure
```

配置 qt-everywhere-opensource-src-4.8.3 安装信息，如图 1-33 所示。

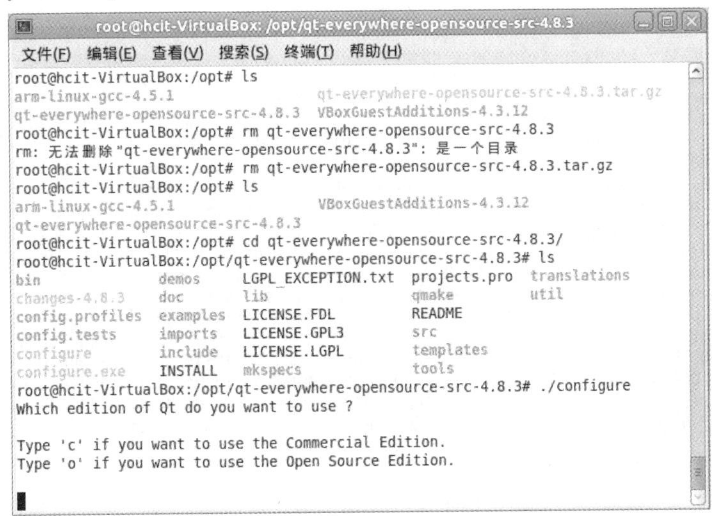

图 1-33　配置 qt-everywhere-opensource-src-4.8.3 安装信息

从图 1-33 中可以看出：qt-everywhere-opensource-src-4.8.3 请使用者选择该软件是用于商业版本还是开源版本。

在键盘输入字母“o”选择使用开源版本后会出现是否同意使用 GPL，GPL 协议如图 1-34 所示。

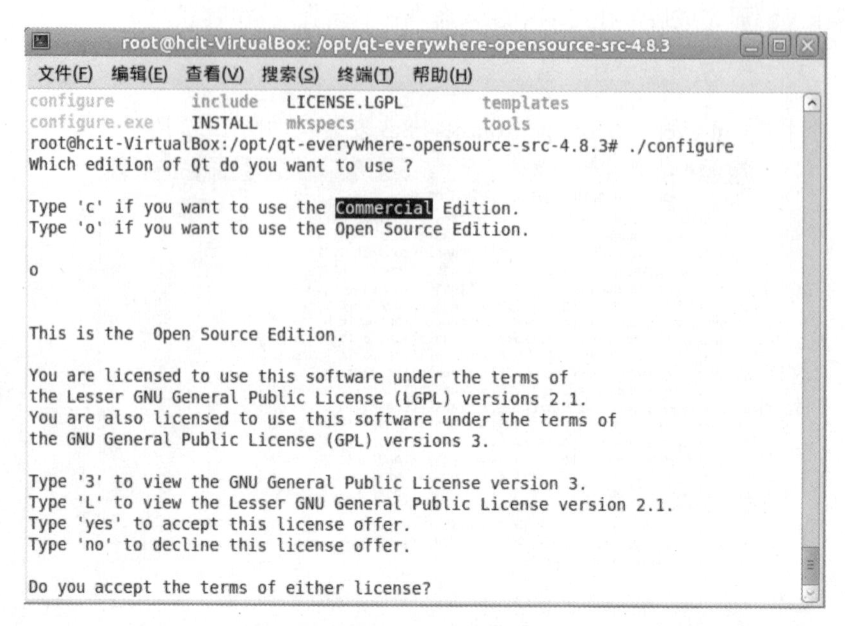

图 1-34 GPL 协议

在键盘输入单词“yes”同意 GPL 后将开始配置安装信息，如图 1-35 所示。

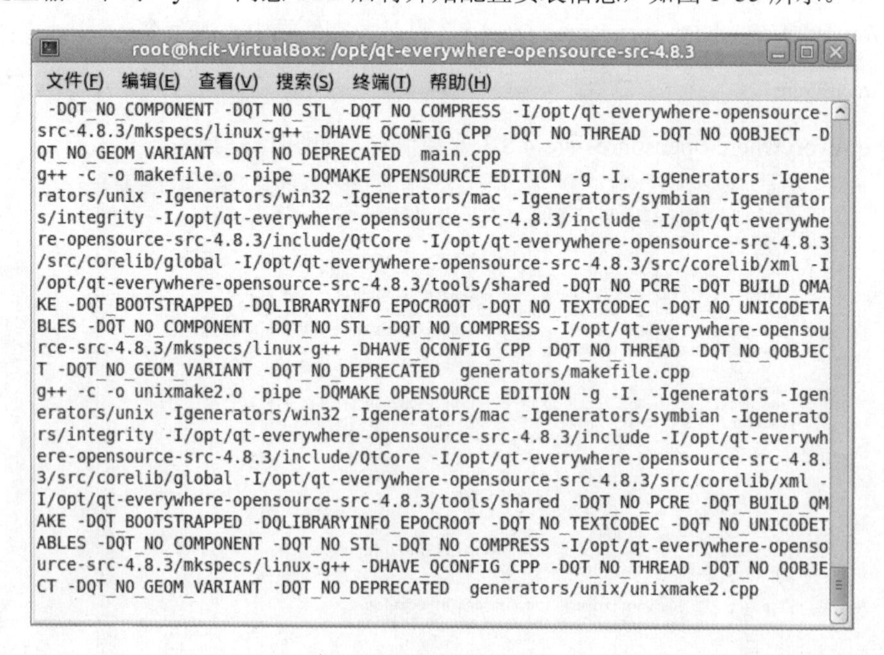

图 1-35 配置安装信息

配置安装信息需要 5～10min，当配置安装信息完成后，会出现图 1-36 所示的提示。

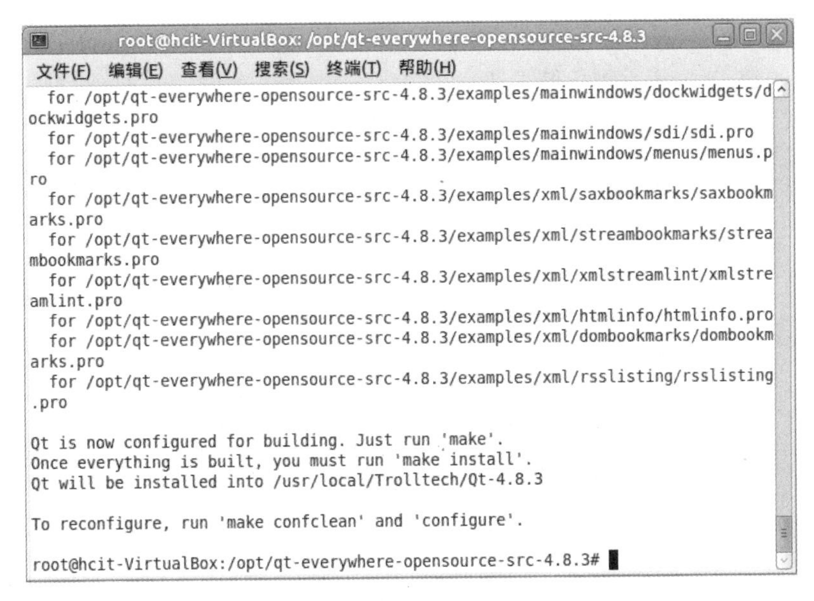

图 1-36　配置安装信息完成

（4）编译

当安装信息配置完成后，就要开始进行编译 qt-everywhere-opensource-src-4.8.3 了，在终端中输入命令：

```
make
```

即可开始编译 qt-everywhere-opensource-src-4.8.3，如图 1-37 所示。

图 1-37　编译 qt-everywhere-opensource-src-4.8.3

编译的过程需要 2～6h 不等，取决于 PC 性能。当编译完成后，会出现图 1-38 所示的提示。

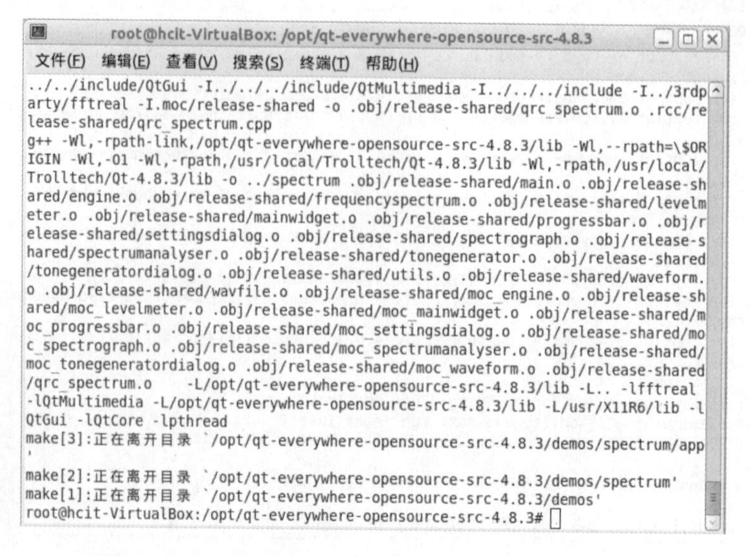

图 1-38 qt-everywhere-opensource-src-4.8.3 编译完成

（5）安装

当编译完成后，就要开始安装 qt-everywhere-opensource-src-4.8.3 了，在终端中输入命令：

```
make install
```

即可开始安装 qt-everywhere-opensource-src-4.8.3，如图 1-39 所示。

图 1-39 安装 qt-everywhere-opensource-src-4.8.3

安装的过程需要 30～60min，安装完成的界面如图 1-40 所示。

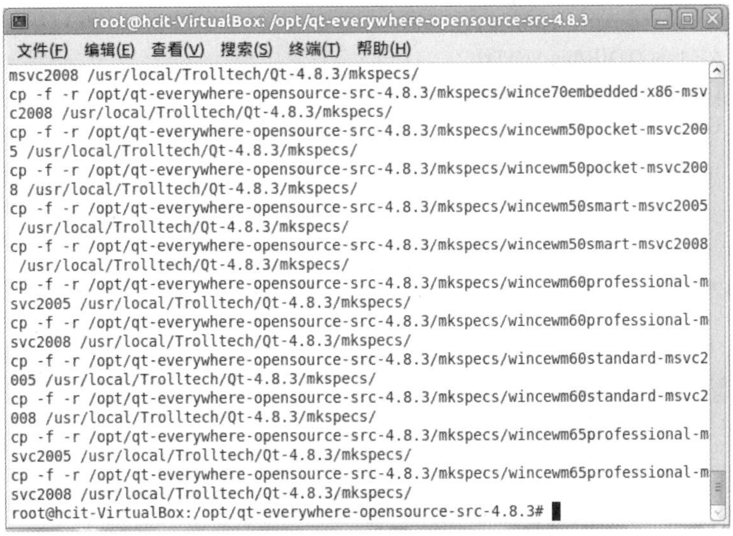

```
root@hcit-VirtualBox: /opt/qt-everywhere-opensource-src-4.8.3
文件(F) 编辑(E) 查看(V) 搜索(S) 终端(T) 帮助(H)
msvc2008 /usr/local/Trolltech/Qt-4.8.3/mkspecs/
cp -f -r /opt/qt-everywhere-opensource-src-4.8.3/mkspecs/wince70embedded-x86-msv
c2008 /usr/local/Trolltech/Qt-4.8.3/mkspecs/
cp -f -r /opt/qt-everywhere-opensource-src-4.8.3/mkspecs/wincewm50pocket-msvc200
5 /usr/local/Trolltech/Qt-4.8.3/mkspecs/
cp -f -r /opt/qt-everywhere-opensource-src-4.8.3/mkspecs/wincewm50pocket-msvc200
8 /usr/local/Trolltech/Qt-4.8.3/mkspecs/
cp -f -r /opt/qt-everywhere-opensource-src-4.8.3/mkspecs/wincewm50smart-msvc2005
 /usr/local/Trolltech/Qt-4.8.3/mkspecs/
cp -f -r /opt/qt-everywhere-opensource-src-4.8.3/mkspecs/wincewm50smart-msvc2008
 /usr/local/Trolltech/Qt-4.8.3/mkspecs/
cp -f -r /opt/qt-everywhere-opensource-src-4.8.3/mkspecs/wincewm60professional-m
svc2005 /usr/local/Trolltech/Qt-4.8.3/mkspecs/
cp -f -r /opt/qt-everywhere-opensource-src-4.8.3/mkspecs/wincewm60professional-m
svc2008 /usr/local/Trolltech/Qt-4.8.3/mkspecs/
cp -f -r /opt/qt-everywhere-opensource-src-4.8.3/mkspecs/wincewm60standard-msvc2
005 /usr/local/Trolltech/Qt-4.8.3/mkspecs/
cp -f -r /opt/qt-everywhere-opensource-src-4.8.3/mkspecs/wincewm60standard-msvc2
008 /usr/local/Trolltech/Qt-4.8.3/mkspecs/
cp -f -r /opt/qt-everywhere-opensource-src-4.8.3/mkspecs/wincewm65professional-m
svc2005 /usr/local/Trolltech/Qt-4.8.3/mkspecs/
cp -f -r /opt/qt-everywhere-opensource-src-4.8.3/mkspecs/wincewm65professional-m
svc2008 /usr/local/Trolltech/Qt-4.8.3/mkspecs/
root@hcit-VirtualBox:/opt/qt-everywhere-opensource-src-4.8.3#
```

图 1-40　qt-everywhere-opensource-src-4.8.3 安装完成

（6）配置全局环境

qt-everywhere-opensource-src-4.8.3 安装完成后需要配置一下全局环境，其方法和 1.3.3 小节中介绍的一致。

在/etc/profile 文件的最后添加如下代码，如图 1-41 所示。

```
文件(F) 编辑(E) 查看(V) 搜索(S) 工具(T) 文档(D) 帮助(H)
打开 保存 撤消
profile
# /etc/profile: system-wide .profile file for the Bourne shell (sh(1))
# and Bourne compatible shells (bash(1), ksh(1), ash(1), ...).

if [ -d /etc/profile.d ]; then
  for i in /etc/profile.d/*.sh; do
    if [ -r $i ]; then
      . $i
    fi
  done
  unset i
fi

if [ "$PS1" ]; then
  if [ "$BASH" ]; then
    PS1='\u@\h:\w\$ '
    if [ -f /etc/bash.bashrc ]; then
        . /etc/bash.bashrc
    fi
  else
    if [ "`id -u`" -eq 0 ]; then
      PS1='# '
    else
      PS1='$ '
    fi
  fi
fi

umask 022

export PATH=$PATH:/opt/arm-linux-gcc-4.4.3/bin

export QTDIR=/usr/local/Trolltech/Qt-4.8.3
export PATH=$QTDIR/bin:$PATH
export MANPATH=$QTDIR/man:$MANPATH
export LD_LIBRARY_PATH=$QTDIR/lib:$LD_LIBRARY_PATH
```

图 1-41　编辑/etc/profile 文件

```
export QTDIR=/usr/local/Trolltech/Qt-4.8.3
export PATH=$QTDIR/bin:$PATH
export MANPATH=$QTDIR/man:$MANPATH
export LD_LIBRARY_PATH=$QTDIR/lib:$LD_LIBRARY_PATH
```

保存文件并退出，此时注销并重新登录后在终端中输入命令：

```
qmake -v
```

出现图 1-42 所示的信息，这说明 qt-everywhere-opensource-src-4.8.3 环境信息已经配置成功。

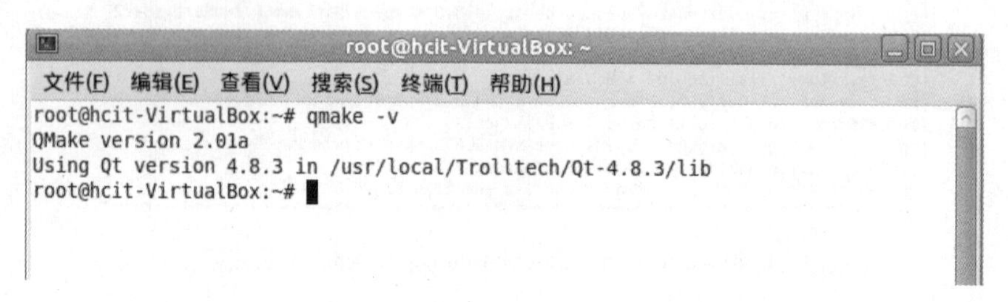

图 1-42 qt-everywhere-opensource-src-4.8.3 环境信息配置成功

1.5.3 嵌入式 Qt 工具链的安装

1．复制安装包

在终端中输入命令：

```
sudo cp /mnt/Downloads/Qt4.7-arm-4.7.tgz /opt
```

将 Qt4.7-arm-4.7.tgz 文件复制到/opt 目录中。进入/opt 目录，在终端中输入命令：

```
ls
```

查看/opt 目录，复制 Qt4.7-arm-4.7.tgz 安装包如图 1-43 所示。

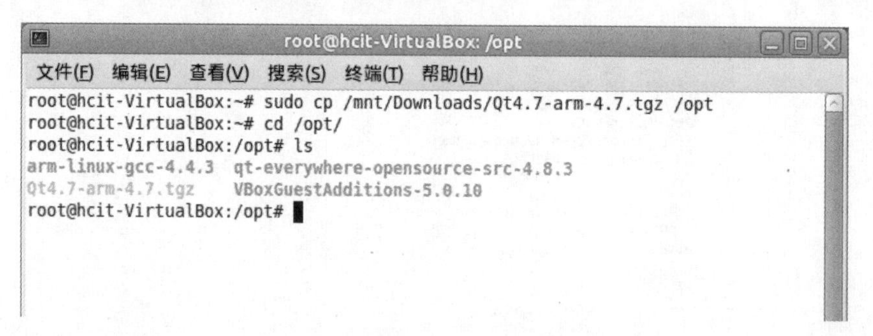

图 1-43 复制 Qt4.7-arm-4.7.tgz 安装包

2．解压缩安装包

进入/opt 目录，在终端中输入命令：

```
sudo tar -xzvf Qt4.7-arm-4.7.tgz
```

进行解压。解压完成后，在终端中输入命令：

```
ls
```

查看/opt 目录，解压 Qt4.7-arm-4.7.tgz 安装包如图 1-44 所示。

图 1-44 解压 Qt4.7-arm-4.7.tgz 安装包

1.5.4 Qt Creator 的安装

1. 复制安装文件

在终端中输入命令：

```
sudo cp /mnt/Downloads/qt-creator-linux-x86-opensource-2.5.2.bin /opt
```

将 qt-creator-linux-x86-opensource-2.5.2.bin 安装文件复制到/opt 目录中。进入/opt 目录，在终端中输入命令：

```
ls
```

查看/opt 目录，复制 qt-creator- x86-opensource-2.5.2.bin 安装文件如图 1-45 所示。

仔细观察图 1-45 可以看出：终端中显示的文件（夹）有不同的颜色，一般来说，Linux 默认的颜色代表不同的文件（夹）类型：

- 绿色代表的是可执行文件；
- 红色代表的是压缩文件；
- 浅蓝色代表链接文件；
- 蓝色代表的是目录；

➢ 灰色代表其他文件；

➢ 其他颜色基本都是权限的提示。

可以看出：qt-creator-linux-x86-opensource-2.5.2.bin 是没有可执行权限的。

图 1-45 复制 qt-creator-linux-x86-opensource-2.5.2.bin 安装文件

2. 添加可执行权限

在 Linux 中修改文件的可执行权限使用 chmod 命令。

功能：chmod 命令可以变更文件或目录的权限。

参数与格式：

chmod[-cfRv][--help][--version][<权限范围>+/-/=<权限设置……>][文件或目录……]

或 chmod[-cfRv][--help][--version][数字代号][文件或目录……]

或 chmod[-cfRv][--help][--reference=<参考文件或目录>][--version][文件或目录……]

参数说明：-c 或—changes：效果类似“-v”参数，但仅回报更改的部分；

-f 或--quiet 或—silent：不显示错误信息；

-R 或—recursive：递归处理，将指定目录下的所有文件及子目录一并处理；

-v 或—verbose：显示命令执行过程；

--help：在线帮助；

--reference=<参考文件或目录>：把指定文件或目录的权限全部设成和参考文件或目录的权限相同；

--version 显示版本信息；

<权限范围>+<权限设置>：开启权限范围的文件或目录的该项权限设置；

<权限范围>-<权限设置>：关闭权限范围的文件或目录的该项权限设置；

<权限范围>=<权限设置>：指定权限范围的文件或目录的该项权限设置。

补充说明：在 UNIX 系统家族里，文件或目录权限的控制分别以读取、写入和执行 3 种一般权限来区分，另有 3 种特殊权限可供运用，再搭配拥有者与所属群组管理权限范围。可以使用 chmod 命令去变更文件与目录的权限，设置方式采用文字或数字代号皆可。符号连接的权限无法变更，如果您对符号连接修改权限，其改变会作用在被连接的原始文件。权限范围的表示法如下。

➢ u：User，即文件或目录的拥有者；

➢ g：Group，即文件或目录的所属群组；

- o：Other，除了文件或目录拥有者或所属群组之外，其他用户皆属于这个范围；
- a：All，即全部的用户，包含拥有者，所属群组以及其他用户。

有关权限代号的部分说明如下。

- r：读取权限，数字代号为“4”；
- w：写入权限，数字代号为“2”；
- x：执行或切换权限，数字代号为“1”；
- -：不具任何权限，数字代号为“0”。

此外还可设置第四位，它位于三位权限序列的前面，第四位数字取值是 4，2，1，代表意思如下。

- 4：执行时设置用户 ID，用于授权给基于文件拥有者的进程，而不是给创建此进程的用户；
- 2：执行时设置用户组 ID，用于授权给基于文件所在组的进程，而不是基于创建此进程的用户；
- 1：设置粘着位。

有关 chmod 的使用举例如下。

- chmod u+x file：给 file 的拥有者（u）增加（+）执行（x）的权限；
- chmod 751 file：给 file 的拥有者分配读、写、执行（4+2+1）的权限，给 file 的所在组分配读、执行（4+1）的权限，给其他用户分配执行（1）的权限；
- chmod u=rwx,g=rx,o=x file：给 file 的拥有者（u）分配读、写、执行（rwx）的权限，给 file 的所在组（g）分配读、执行（rx）的权限，给其他用户（o）分配执行（x）的权限；
- chmod =r file：为所有用户分配读（r）的权限；
- chmod 444 file：给 file 的拥有者分配读（4）的权限，给 file 的所在组分配读（4）的权限，给其他用户分配读（4）的权限，即为所有用户分配读权限；
- chmod a-wx,a+r file：为所有用户（a）关闭（-）写、执行（wx）的权限，为所有用户（a）添加（+）读（r）的权限；
- chmod -R u+r directory：递归地给 directory 目录下所有文件和子目录的拥有者（u）添加（+）读（r）的权限。

在终端中输入命令：

```
chmod 777 qt-creator-linux-x86-opensource-2.5.2.bin
```

给 qt-creator-linux-x86-opensource-2.5.2.bin 的拥有者分配读、写、执行（4+2+1）的权限，给 qt-creator-linux-x86-opensource-2.5.2.bin 的所在组分配读、写、执行（4+2+1）的权限，给其他用户分配读、写、执行（4+2+1）的权限。

此时在终端中输入命令：

```
ls
```

进行查看，可以看出：此时 qt-creator-linux-x86-opensource-2.5.2.bin 已经是一个可执行文件了，更改权限后的/opt 文件夹中的文件如图 1-46 所示。

图 1-46　更改权限后的/opt 文件夹中的文件

3. 安装 Qt Creator

进入/opt 目录，在终端中输入命令：

```
./qt-creator-linux-x86-opensource-2.5.2.bin
```

开始安装 Qt Creator，如图 1-47 所示。

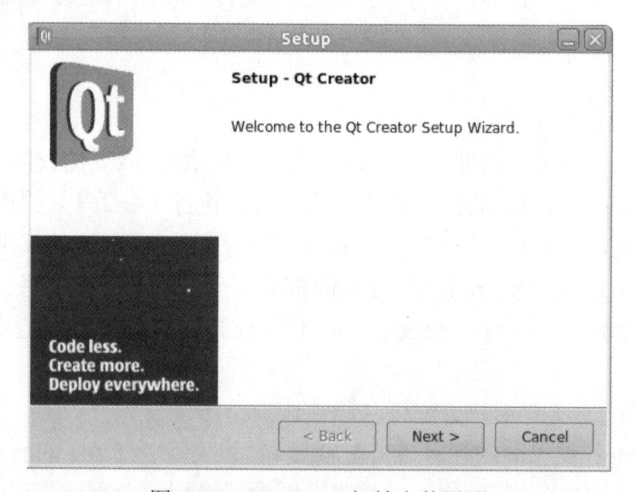

图 1-47　Qt Creator 初始安装界面

单击“Next”按钮，会出现图 1-48 所示的 Licence 界面。

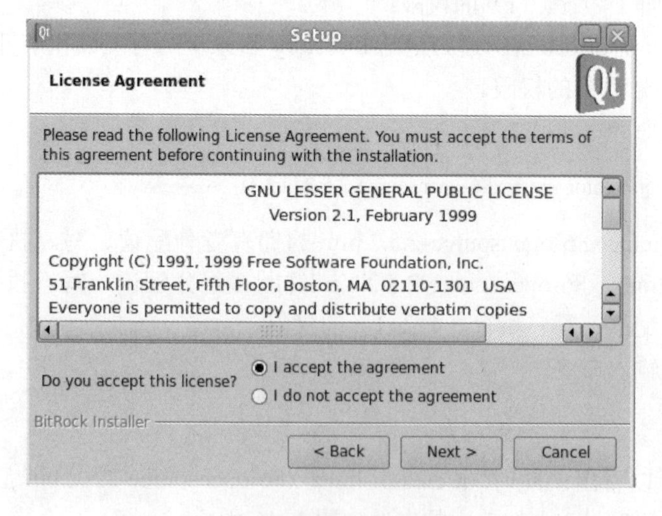

图 1-48　Licence 界面

单击“Next”按钮，会出现图 1-49 所示的安装路径选择界面。

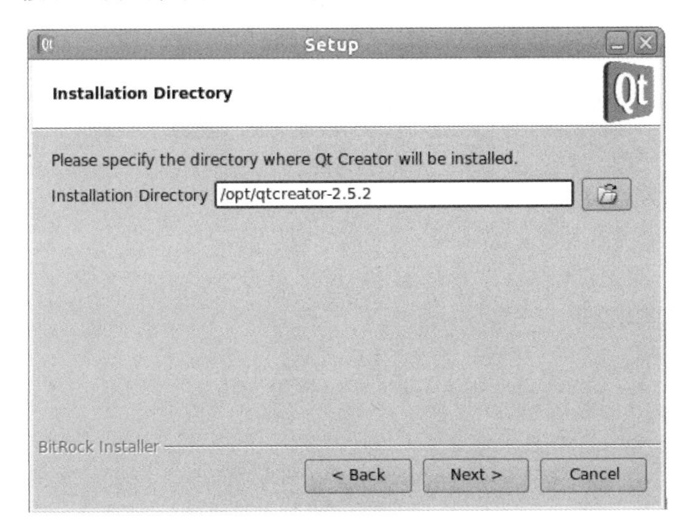

图 1-49　安装路径选择界面

之后，在弹出界面上单击“Next”按钮，即可完成 Qt Creator 的安装。

1.5.5　Qt 的配置

Qt 最重要的配置是构建和运行的配置。

1. 设置项目目录

为了便于使用，可以在概要选项卡中将项目目录修改为自定义目录。

在图 1-50 所示的概要选项卡中单击“浏览…”按钮选择自定义项目路径，如图 1-51 所示，设置完成的路径如图 1-52 所示。

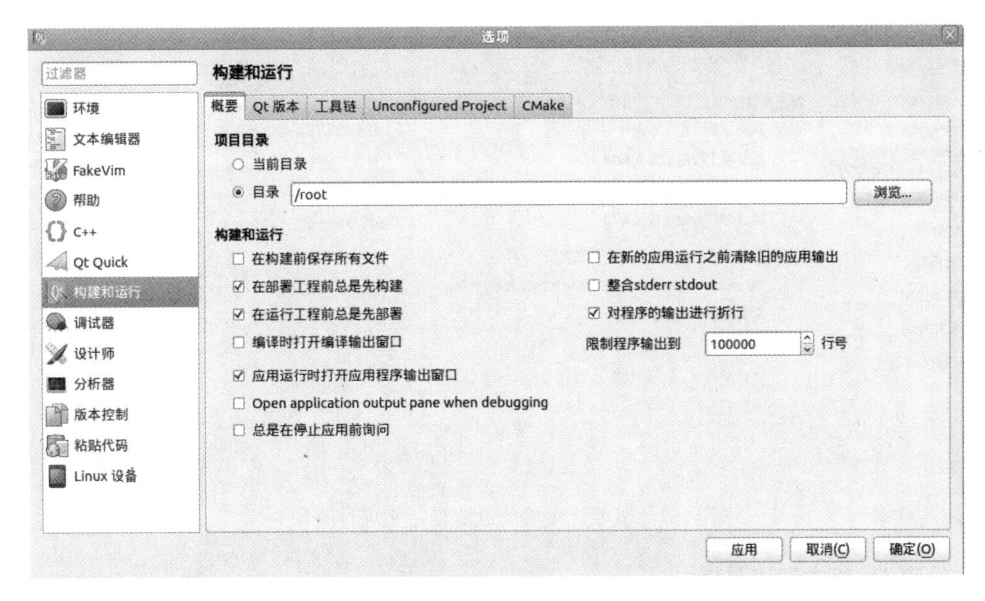

图 1-50　概要选项卡

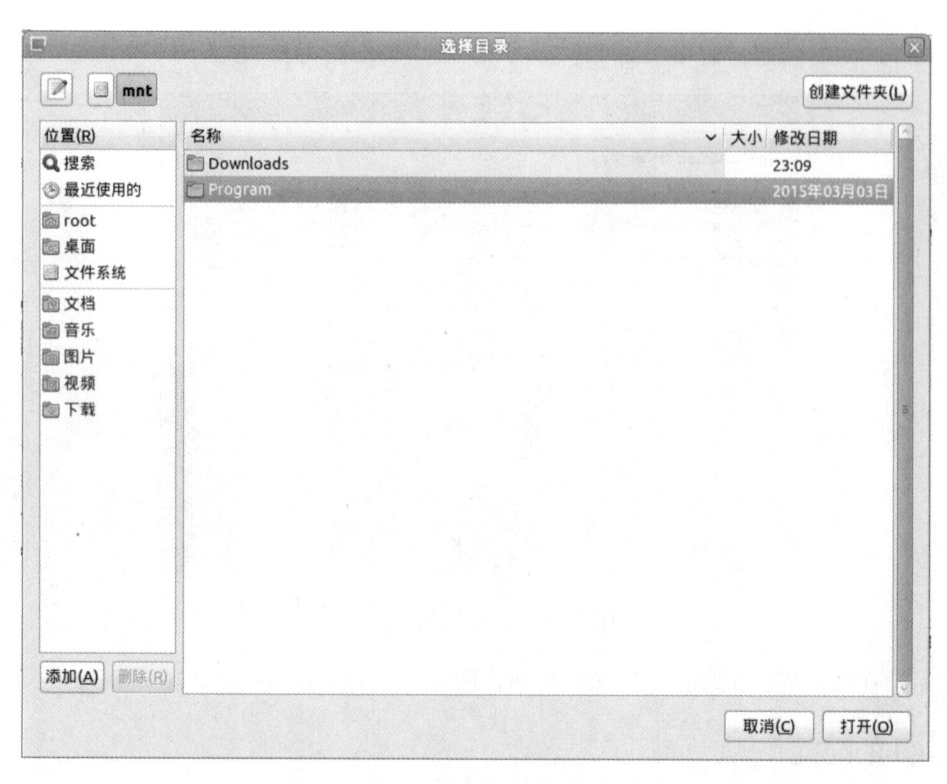

图 1-51　选择自定义项目路径

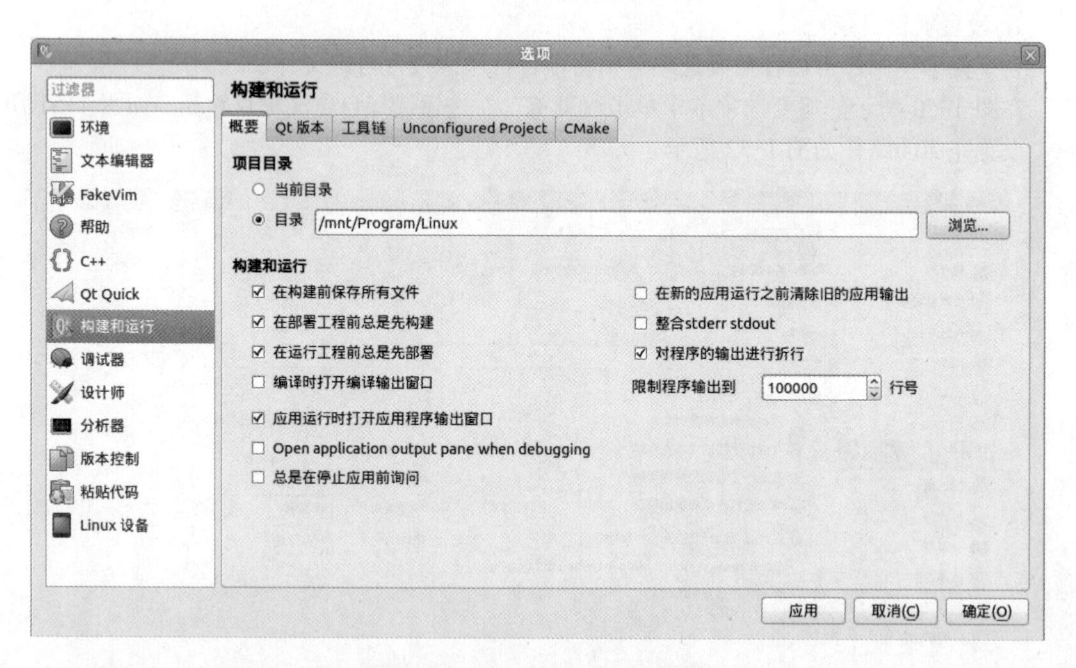

图 1-52　概要选项卡（设置自定义项目路径）

2. 设置 Qt 版本和工具链

单击打开 Qt 版本选项卡，如图 1-53 所示。

从图 1-53 中可以看出：此时需要手工添加 qmake。

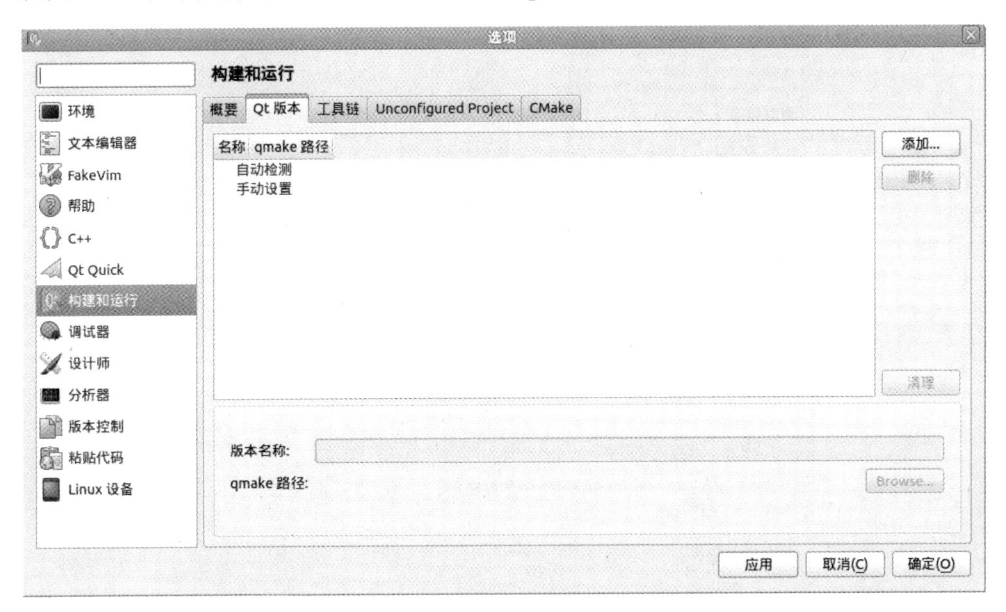

图 1-53　Qt 版本选项卡

单击“添加...”按钮，开始添加 qmake，其所在路径为/usr/local/Trolltech/Qt-4.8.3/bin，如图 1-54 所示。

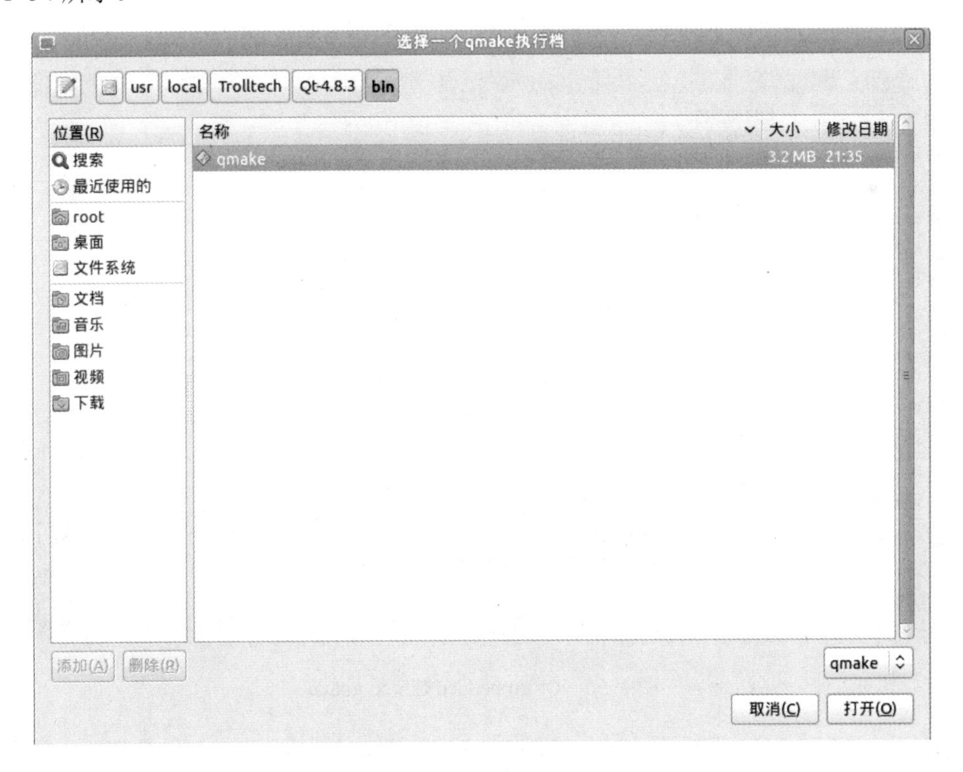

图 1-54　添加 qmake

此时添加的是基于 x86 Linux 版本，因此将其命名为“Qt x86 Linux”，Qt x86 Linux qmake 如图 1-55 所示。

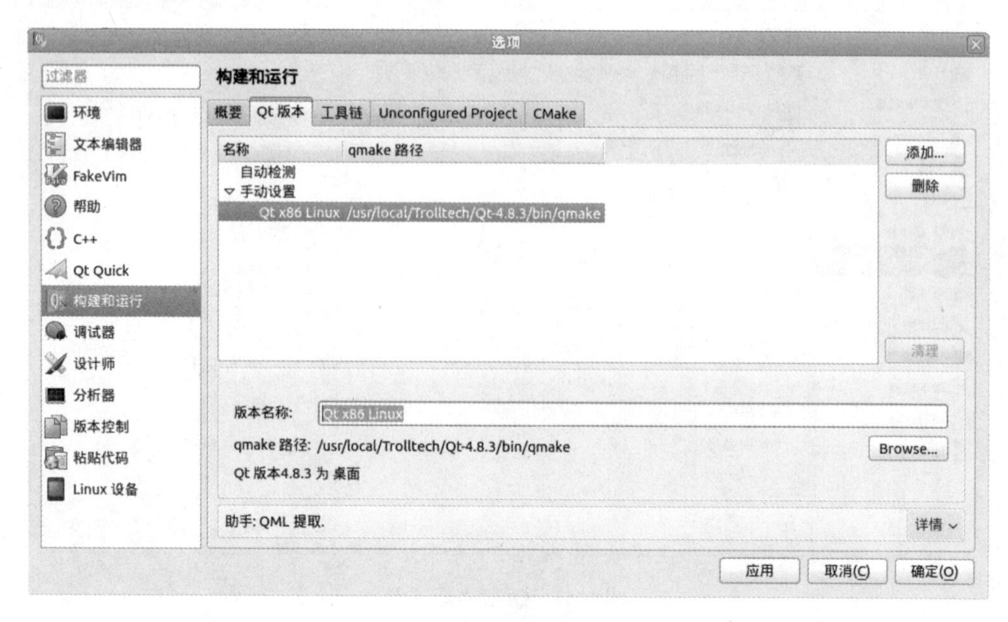

图 1-55 Qt x86 Linux qmake

再次单击“添加…”按钮，开始添加 qmake，此时添加的是基于 Embedded Linux 版本，因此将其命名为“Qt Embedded Linux”，Qt Embedded Linux qmake 如图 1-56 所示。

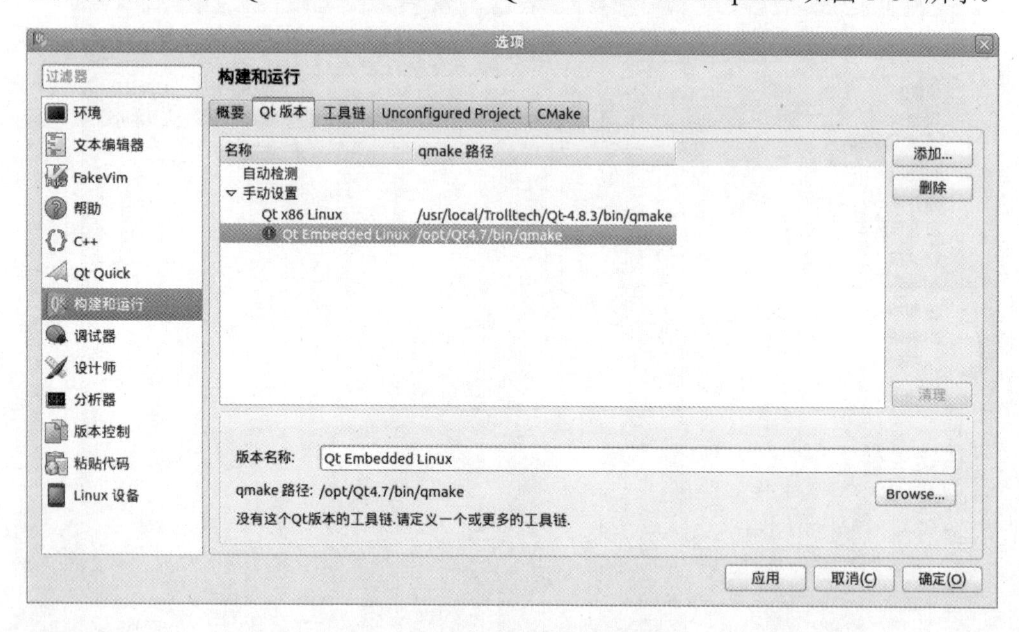

图 1-56 Qt Embedded Linux qmake

对比图 1-55 和 1-56 可以看出：Embedded Linux 版本的前面有一个红色警告。这是因为 x86 Linux 版本的 qmake 已经自动设置了工具链，如图 1-57 所示。

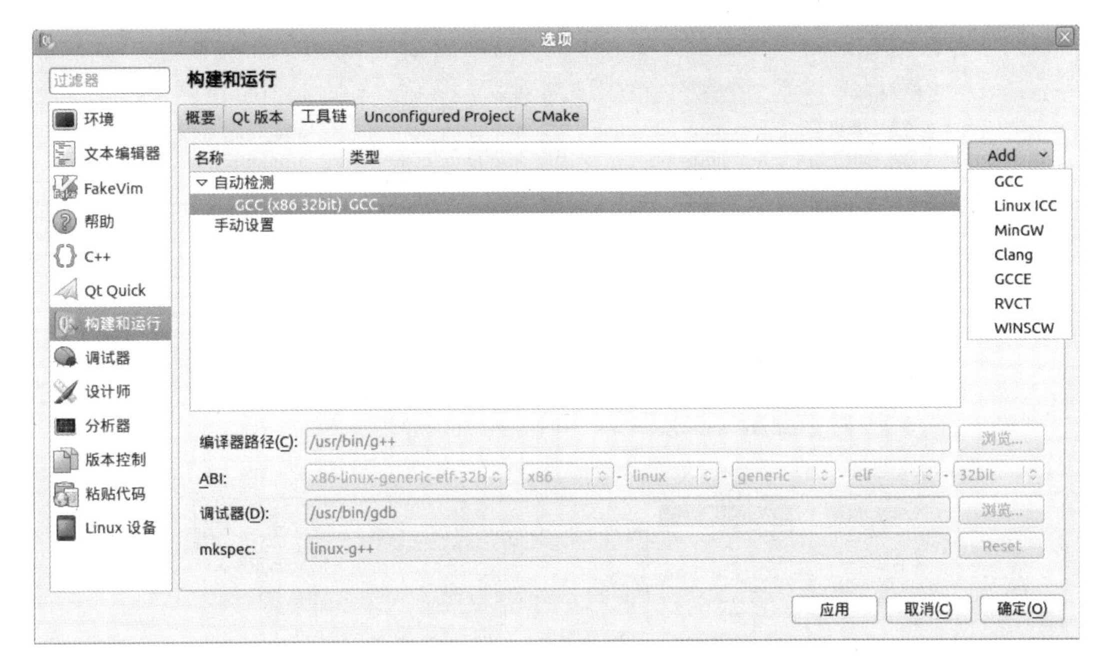

图 1-57　Qt x86 Linux 版本的工具链

在图 1-57 所示的界面中单击“Add”下拉框，开始添加 Embedded Linux 的工具链：GCGE，如图 1-58 所示。

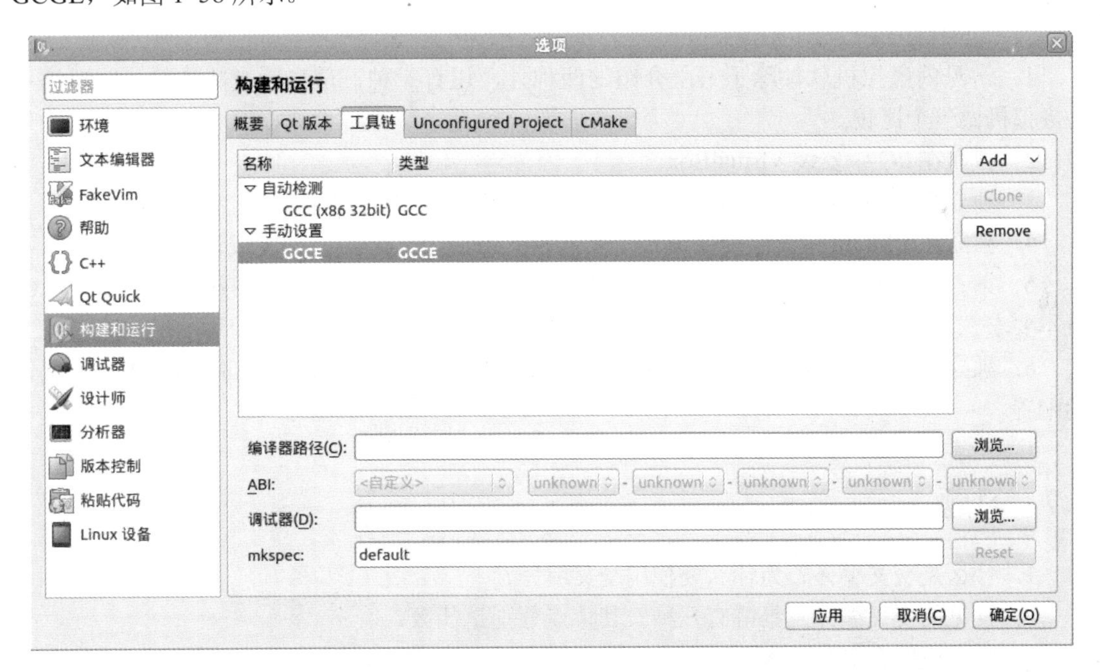

图 1-58　添加 GCGE 工具链

此时还需要选取具体的调试工具，单击“浏览...”按钮开始添加 GCGE 工具链调试工具，其所在路径为：/opt/arm-linux-gcc-4.4.3/bin，如图 1-59 所示。

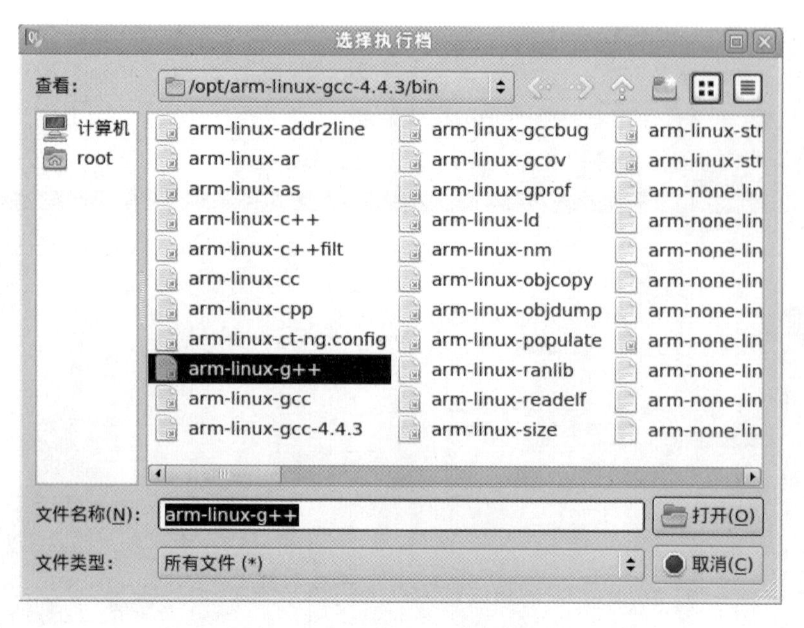

图 1-59　添加 GCGE 工具链调试工具

当 GCGE 的工具链设置完成后，Qt 也基本设置完成了。

1.6　实训

1．常见的虚拟机软件除了书上介绍的两种外，还有一种，请自行查阅资料。并对这 3 种虚拟机做一个比较。

2．独立在 PC 中安装 VirtualBox。

3．独立在 VirtualBox 中安装 Ubuntu，并完成共享文件夹的设置。

4．独立在 Ubuntu 中安装交叉编译工具链 arm-linux-gcc-4.4.3，并完成设置工作。

5．请查看你的 PC 上所安装的软件，列举出采用 Qt 开发的软件，并查看其是否符合 Qt 版本要求。

6．独立的在 Ubuntu 中安装 Qt Creator，并完成针对 x86 Linux 和 Embedded Linux 编译的配置。

1.7　习题

1．什么是交叉编译？为什么要使用交叉编译？

2．常见的交叉编译工具链有几种？其特点分别是什么？

3．宿主机的含义是什么？

4．目标机的含义是什么？

5．谈谈你对 Linux 中命令行的认识。

6．简述 Qt 的发展历史。

第 2 章　你好，Qt!

在本章中，将用两种方法来实现一个最简单的欢迎界面。

2.1　你好，Qt!（代码版）

2.1.1　新建工程

在 Ubuntu 中打开 Qt Creator，单击“文件”菜单，在弹出菜单中选择“新建文件或工程…”选项，如图 2-1 所示。在随后弹出的界面中选择“其他项目”→“空的 Qt 项目”，如图 2-2 所示。

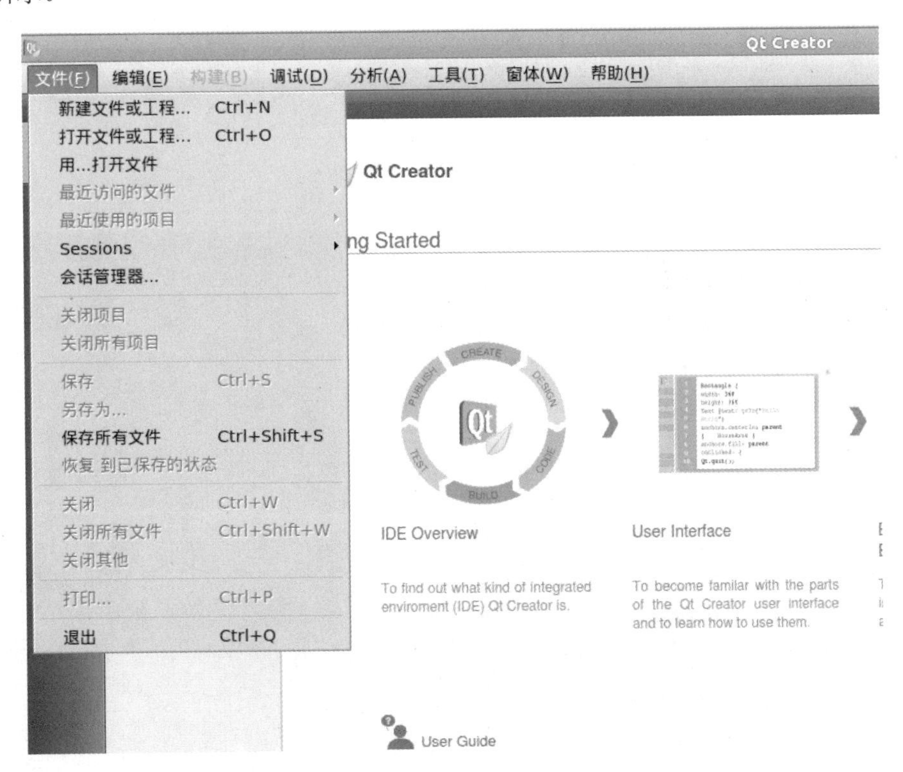

图 2-1　“新建文件或工程”选项

在图 2-2 所示的界面中单击“选择”按钮会出现图 2-3 所示的项目名称和位置界面。在这个界面中输入项目的名称：HelloQt，并使用“浏览…”按钮指定项目目录，如图 2-4 所示。

➢ 在本教程中，Qt 项目的基础路径为/mnt/Program/Linux/Linux And Qt;

➢ 在本项目中/mnt/Program/Linux/Linux And Qt/2_1，其中 2_1 代表了 2.1 节；

➢ 由于/mnt/Program 文件夹是 Host's OS 共享的文件夹，因此当项目新建完成后，在 Host's OS 的共享文件夹中也会出现对应的文件夹和文件。

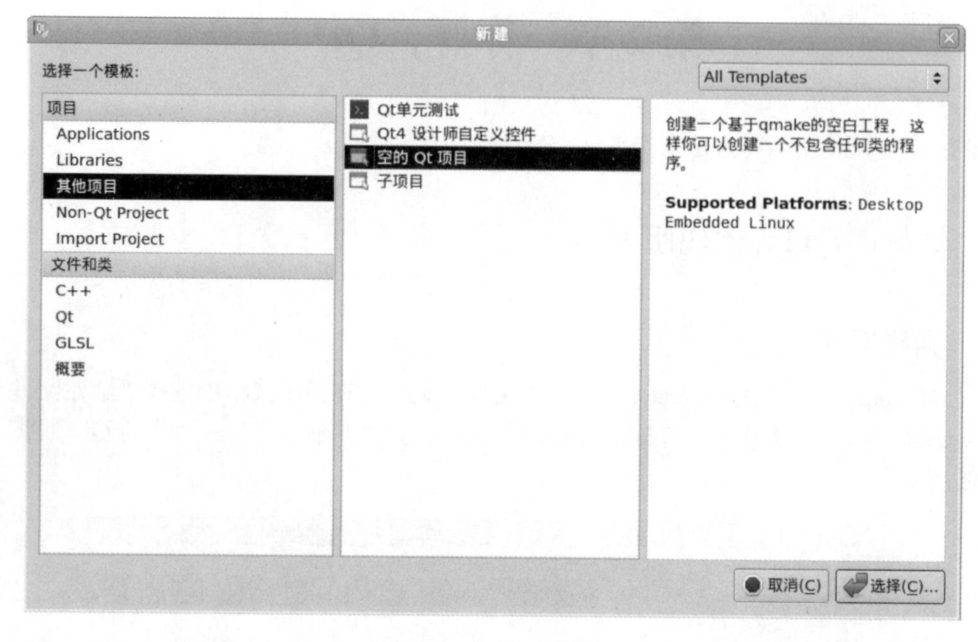

图 2-2　新建空的项目

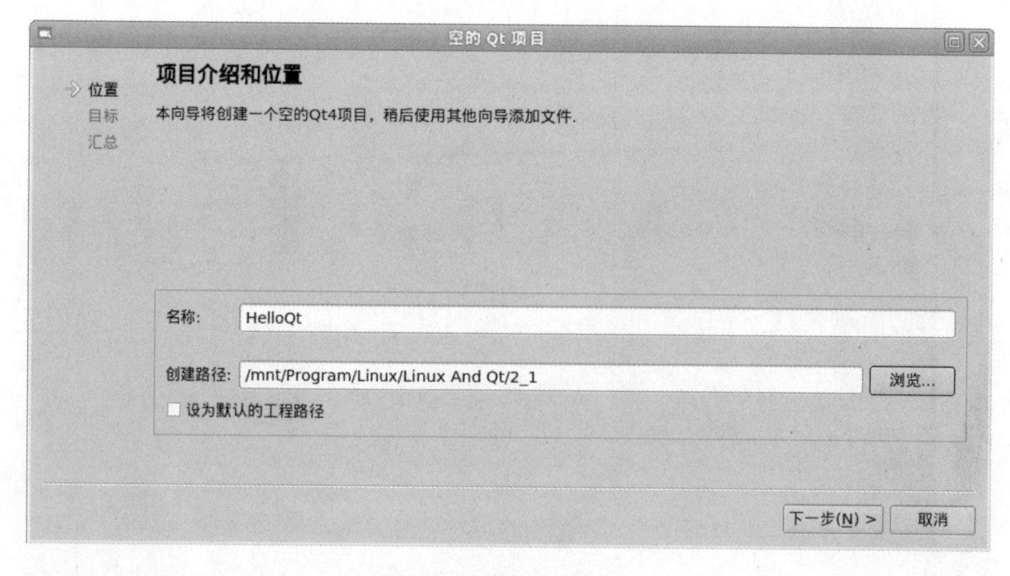

图 2-3　项目名称和位置

在图 2-3 所示的界面中单击“下一步”按钮会出现图 2-5 所示的目标设置界面。其中上半部分的参数的含义如下：

➢ “桌面”选项代表的含义是针对桌面级系统进行操作的版本；

➢ Qt Creator 可以为工程创建调试版和发行版；

- 调试版包含了较多调试信息，最终执行文件较大，性能较差；
- 发行版最终执行文件较小，性能更好；
- 在调试版里，可以排查各种可能的程序错误，然后制作成发行版以获得较好的信息；
- “Shadow Build”选项代表的含义是将编译生成的中间文件和最终文件存储在单独的文件夹中，这样源代码所在的文件夹将会显得简洁明了。

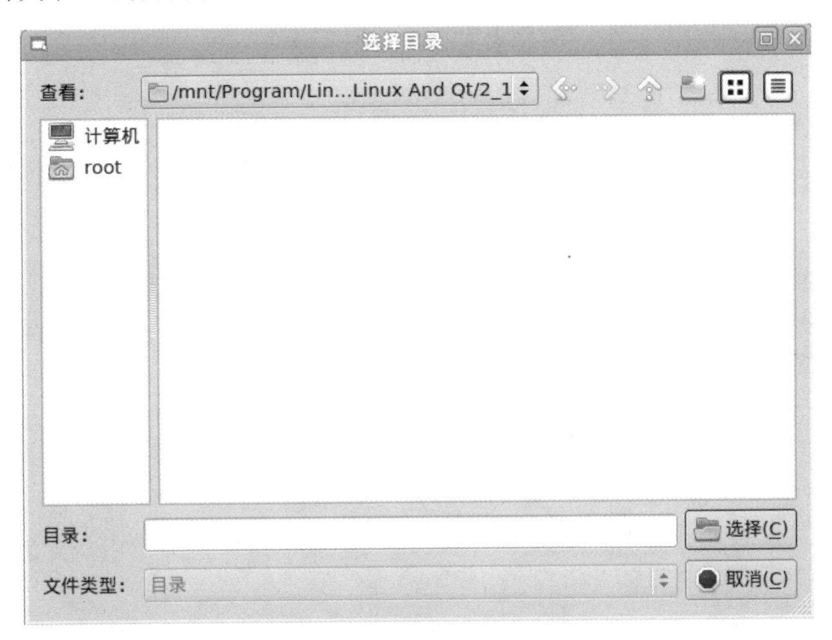

图 2-4　指定项目目录

在图 2-5 中的右侧选择下滑块进行下拉，可以看到目标设置界面下半部分的参数，如图 2-6 所示。这些参数是针对嵌入式 Linux 系统进行操作的版本。

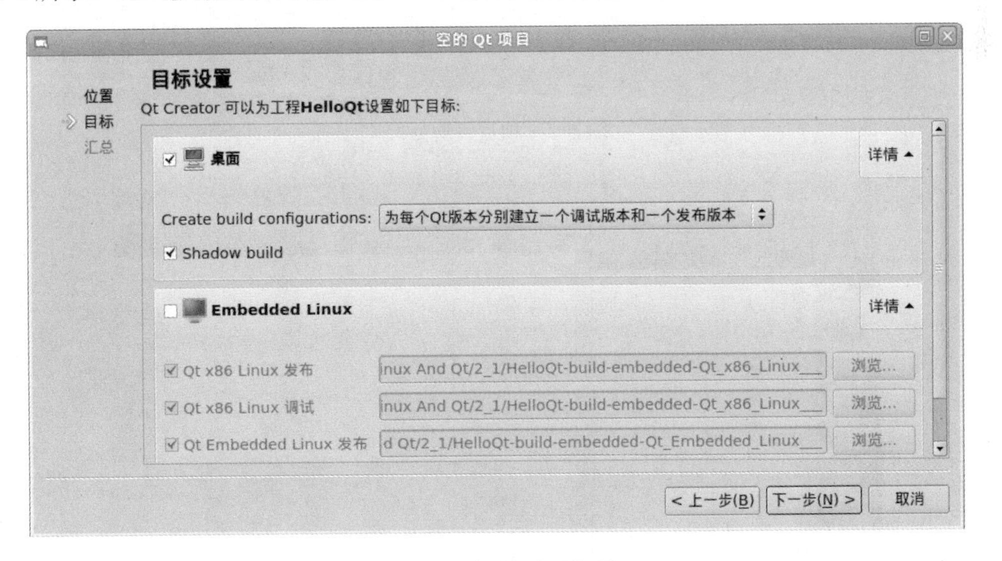

图 2-5　目标设置（桌面）

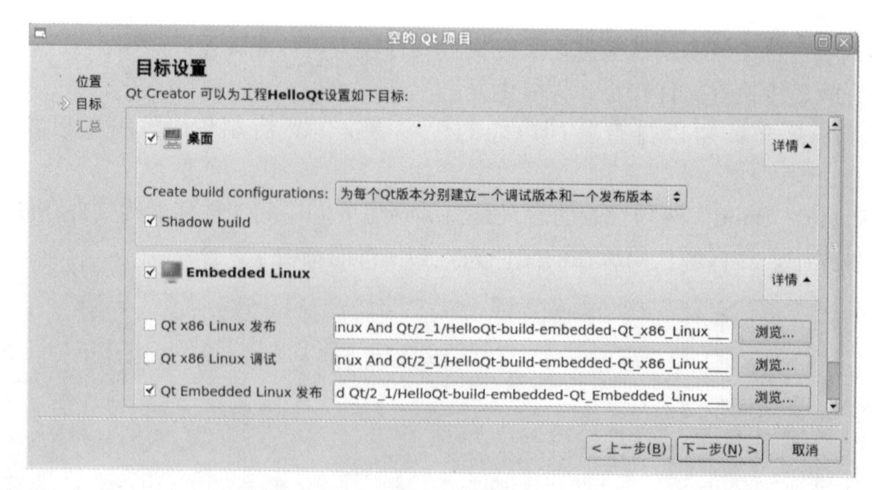

图 2-6　目标设置（Embedded Linux）

按照图 2-6 设置后单击“下一步”按钮会出现图 2-7 所示的项目管理界面，此界面不需要进行额外设置，直接单击“完成”按钮来完成项目的建立。此时在 Qt Creator 的项目框中会出现新建的项目，如图 2-8 所示。

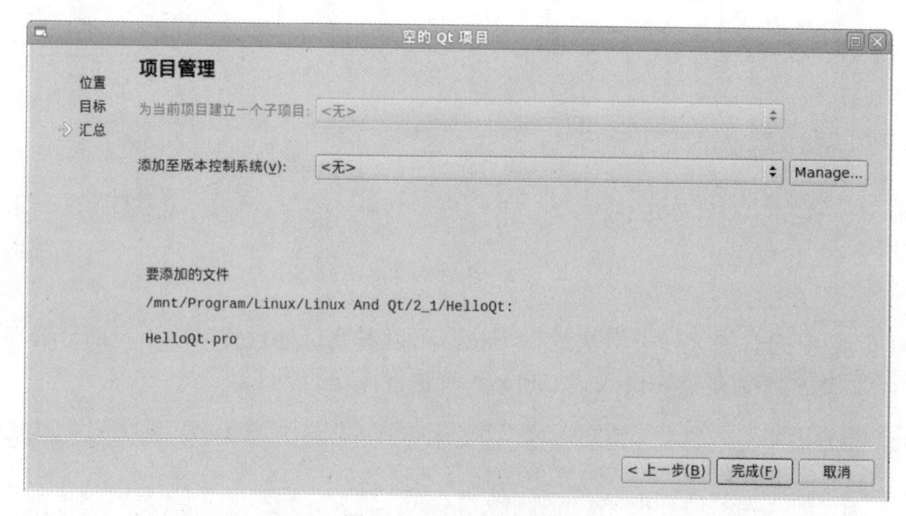

图 2-7　项目管理界面

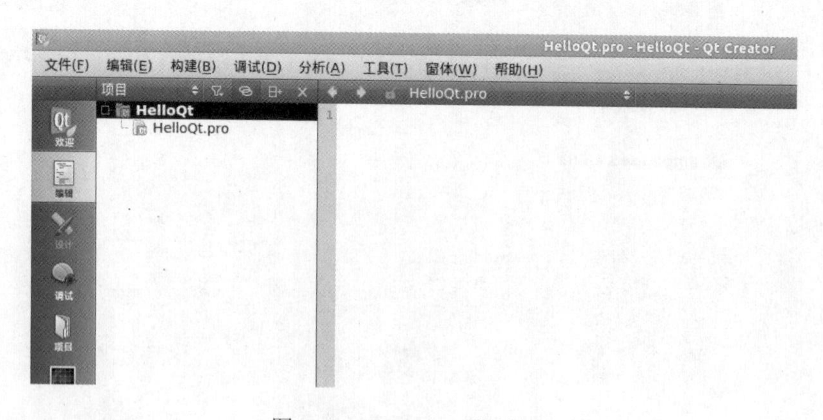

图 2-8　Qt Creator 项目界面

2.1.2 新建源代码文件

在 Ubuntu 中打开 Qt Creator，单击“文件”菜单，如图 2-1 所示，在弹出的菜单中选择“新建文件或工程...”选项，在随后弹出的界面中选择“C++”\“C++源文件”，如图 2-9 所示。

图 2-9　新建 C++源文件

在图 2-9 所示的界面中单击“选择”按钮会出现图 2-10 所示的文件名称和位置界面。在这个界面中输入文件的名称：main，并使用“浏览...”按钮指定项目的位置，将 C++源文件保存在其中。

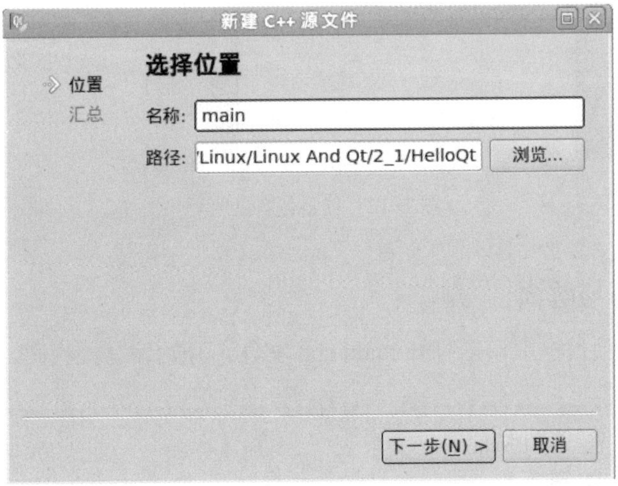

图 2-10　文件名称和位置界面

在图 2-10 所示的界面中单击“下一步”按钮会出现图 2-11 所示的项目管理界面。在项目管理中，已经默认将这个新建的 C++源文件添加至 HelloQt 工程中。直接单击“完成”按钮来完成项目的建立。此时在 Qt Creator 的项目框中会出现新建的 C++源文件 main.cpp 并且已经添加到工程中，项目包含的文件如图 2-12 所示。

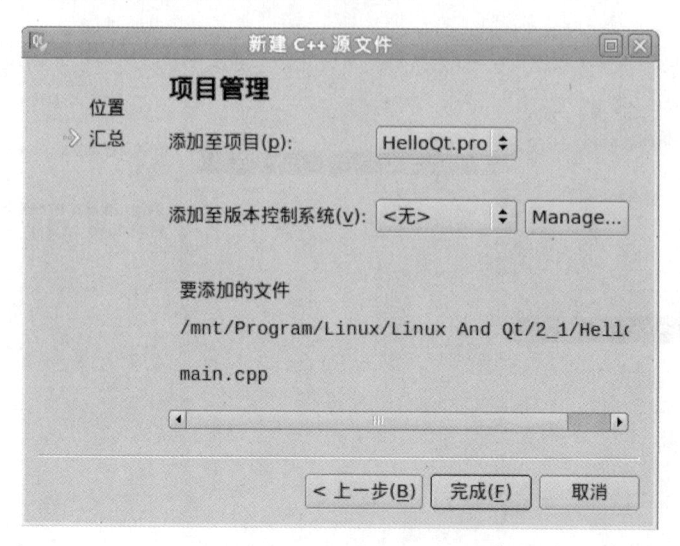

图 2-11　项目管理界面

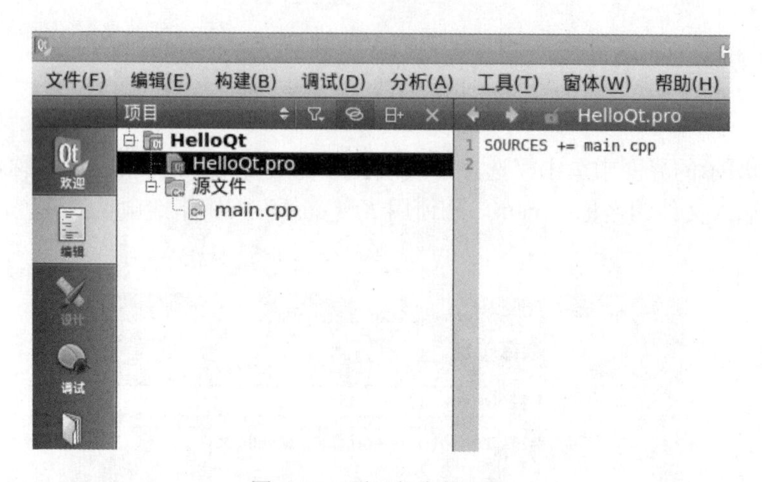

图 2-12　项目包含的文件

2.1.3　源代码编写与解读

在 Qt Creator 的项目框中双击打开 main.cpp 文件，开始编写源代码。

```
1    /*****************************************************************************
2    *作     者：604Brother
3    *功     能：主函数
4    *****************************************************************************/
5    //包含类 QApplication
```

```
6    #include <QApplication>
7    //包含类 QTextCodec
8    #include <QTextCodec>
9    //包含类 QLabel
10   #include <QLabel>
11
12
13
14   //#define Embedded_Linux
15
16
17
18   /****************************************************************************
19   *作    者：604Brother
20   *功    能：主函数
21   *入口参数：无
22   *返 回 值：main_app.exec()
23   ****************************************************************************/
24   int main(int argc,char *argv[])
25   {
26    //创建 QApplication 类对象，管理整个应用程序所用到的资源
27    QApplication main_app(argc,argv);
28
29    #ifdef Embedded_Linux
30    main_app.setFont(QFont("wenquanyi",12));
31    #endif
32    QTextCodec *app_codec=QTextCodec::codecForName("UTF-8");
33    QTextCodec::setCodecForLocale(app_codec);
34    QTextCodec::setCodecForCStrings(app_codec);
35    QTextCodec::setCodecForTr(app_codec);
36
37    //在堆中创建 QLabel 类对象并赋值，将其地址赋给指向 QLabel 类对象的指针变量
38    QLabel *label_text=new QLabel("你好，Qt！");
39
40    //使 label_text 指针变量所指向的对象可见
41    label_text->show();
42
43    //把应用程序的控制权传递给 Qt，进入程序的循环状态并且等待，直到 exit 被调用或者主
     窗口部件被销毁，并且返回值被设置为 exit
44    return main_app.exec();
45   }
```

1. 面向对象程序语言的主要特征

（1）抽象

面向对象思想要求程序员将程序的每一部分都看做是一个抽象的对象，即程序是由一组抽象的对象组成的，而这些对象根据其相同的特征进一步组成了一个类。

例如：张三是一个人，Tom 也是一个人，还有李四、Lucy、王二等，他们都是具体的对象。但是我们可以发现他们都具备几个共有的特征，那就是能够直立行走和会使用工具，所以可以把他们归纳在一起，并抽象地看做一个类——人类。

（2）封装

对象将数据封装在各自的类中，又设置了多种访问权限，别的类可以在允许的情况下访问该类的数据；如不允许，则无法访问。

例如：每个国家都有不同级别的机密，别的国家可以在允许的情况下了解一些级别较低的机密，但级别较高的机密往往是不允许别的国家了解的。

（3）继承

例如：当研制一种新的喷气式发动机时，不想重新设计一架飞机，此时继承这个概念就应运而生了。可以将该飞机定义为一个类，然后再声明一个类，将该飞机的所有对象都继承过来，包括发动机，然后再改造这个发动机，这样一架新的飞机就生产出来了。

（4）多态

例如：现在有很多足球爱好者，在他们射门以后可能会产生很多结果，比较常见的有：

- 进了；
- 正中门框；
- 正中横梁；
- 擦柱而出；
- 门将没收；
- 高射炮。

把不同的对象（不同的足球爱好者）调用相同名称的函数（射门），却导致不同的行为或者结果的现象称为多态性。

2. 头文件包含的格式

C++规范的头文件包含格式如第 6、8 和 10 行所示。

```
5    //包含类 QApplication
6    #include <QApplication>
7    //包含类 QTextCodec
8    #include <QTextCodec>
9    //包含类 QLabel
10   #include <QLabel>
```

include 有两种格式，建议在编写代码时将“#include < >”用于系统提供的或标准头文件；将“#include " "”用于程序员自行编写的头文件。

3. 包含 QApplication 类

第 6 行代码的作用为包含 QApplication 类。

```
5    //包含类 QApplication
6    #include <QApplication>
```

- QApplication 类管理图形用户界面应用程序的控制流和主要设置；
- QApplication 类包含主事件循环，在其中来自窗口系统和其他资源的所有事件被处理和调度；

- QApplication 类处理应用程序的初始化和结束，并且提供对话管理；
- QApplication 类处理绝大多数系统范围和应用程序范围的设置；
- 对于任何一个使用 Qt 的图形用户界面应用程序，都正好存在一个 QApplication 对象，而不论这个应用程序在同一时间内是不是有 0、1.2 或更多个窗口。

4. 包含 QTextCodec 类

第 8 行代码的作用为包含 QTextCodec 类。

```
7    //包含类 QTextCodec
8    #include <QTextCodec>
```

Qt 中经常需要用到中文，不论是字符串还是路径名。Qt 提供了 QTextCodec 类，该类具有强大的编码格式转换功能，提供了世界上大多数常用的字符编码格式。

Qt 中使用的 QString 字符串采用的是 Unicode 编码，中文版 Windows 操作系统采用的 GBK 编码（一种中文编码），Linux 下通常采用了 UTF-8 编码。所谓的 UTF-8（8-bit Unicode Transformation Format）编码是以字节为单位，使用 1～4B 来编码 Unicode 字符。从 Unicode 到 UTF-8 的编码模板如表 2-1 所示。

表 2-1　Unicode 到 UTF-8 编码模板

Unicode 编码（十六进制）	UTF-8 字节流（二进制）
0x000000~0x00007F	0xxx xxxx
0x000080~0x0007FF	110x xxxx 10xx xxxx
0x000800~0x00FFFF	1110 xxxx 10xx xxxx 10xx xxxx
0x010000~0x10FFFF	1111 0xxx 10xx xxxx 10xx xxxx 10xx xxxx

例如：“汉”字的 Unicode 编码是 0x6C49。0x6C49 在 0x000800~0x00FFFF 之间，此时使用 3B 模板 1110 xxxx 10xx xxxx 10xx xxxx。将 0x6C49 写成二进制是 0110 1100 0100 1001，用这个比特流依次代替模板中的 x，得到 1110 0110 1011 0001 1000 1001，即 0xE6 0xB1 0x89。

5. 包含 QLabel 类

第 10 行代码的作用为包含 QLabel 类。

```
9    //包含类 QLabel
10   #include <QLabel>
```

QLabel 是 Qt 界面中的标签类，可以显示文字和图片，但没有用户交互功能。QLabel 类对象的显示方式可以有很多种，当显示的内容发生变化时，之前的内容会被清除掉。默认的显示为左对齐、垂直中心。

6．条件编译的条件

第 14 行代码的作用为条件编译。此时该行的作用被“//”注释掉了。

```
14   //#define Embedded_Linux
```

在大规模开发，特别是跨平台和系统的软件里，“#define”最重要的功能是条件编译，在编译的时候通过“#define”设置编译环境。

7．main 函数的格式

在新的标准中，只有以下两种 main 函数的定义方式是正确的：

```
int main(void)
{
 /*代码*/
}
```

或

```
int main(int argc,char **argv)
{
 /*代码*/
}
```

（1）main 函数的返回值

main 函数的返回值类型必须是 int，这样返回值才能传递给程序的激活者（如操作系统）。如果 main 函数的最后没有写 return 语句，新的标准规定编译器要自动在生成的目标文件中（如 exe 文件）加入 return 0;，表示程序正常退出。也就是说在新的 C 标准中强制要求 main 函数的返回值类型为 int，main 函数的返回值是传递给操作系统，让操作系统判断程序的执行情况（是正常结束还是出现异常）。

（2）main 函数的参数

括号里的两个参数是程序运行时带的附加参数。

当源代码经过编译、链接后，一般会生成可执行文件，这是可以在操作系统下直接运行的文件，换句话说，就是由系统来启动运行的。对 main()函数既然不能由其他函数调用和传递参数，就只能由系统在启动运行时传递参数了。

在操作系统环境下，一条完整的运行命令应包括两部分：命令与相应的参数。其格式为：

命令 参数 1 参数 2 … 参数 *n*

此格式也称为命令行。命令行中的命令就是可执行文件的文件名，其后所跟参数需要用空格分隔，并为该命令进一步补充，即传递给 main()函数的参数。

例如编写了一个程序 test.exe，你在运行时在 cmd 中输入：

```
test.exe a bb ccc
```

这个 a bb ccc 就会作为这个附加参数体现于 main 的这两个参数中，此时：

- argc=3，因为有 3 个参数。
- args[0] = "a";;
- args[1] = "bb";;
- args[2] = "ccc";。

8．QApplication 类对象

第 27 行代码的作用为：创建了一个 QApplication 类的对象 main_app 来管理整个应用程

序所用到的资源，可以理解为用 QApplication 类对象来接管 main 函数。

```
26      //创建 QApplication 类对象，管理整个应用程序所用到的资源
27      QApplication main_app(argc,argv);
```

（1）类、对象与成员

根据前文的介绍，人类就是一个类，它包含了很多对象。那么类、对象与成员的特点如下。

- 不能对类进行赋值操作，类只是一个抽象的名词，而对象则是实际的个体。例如：张三是一个具体的人，其身高为 180cm，而人类是个抽象的名词，它泛指所有的人，所以不能给这个抽象的名词赋值；
- 类是由若干个变量和相关函数组成的，对象可以拥有这些变量和函数。例如：人类的对象都拥有人类共同的数据：身高、体重、性别和年龄等；另外，他们还会说话、吃饭、喝水、睡觉和思考等，这些是人类共有的函数；
- 这些变量称之为类的成员变量，这些函数称之为类的成员函数；
- 对象拥有并且可以封装这些成员，未经对象许可，其他对象不可访问和修改该对象的成员。例如：张三钱包里面有钱，Tom 想向张三借钱，如果张三同意，那么 Tom 可以借走张三的钱；如果张三不同意，Tom 就无法借走张三的钱；
- 对象只能调用类中存在的函数。例如：一般来说，中国人会说汉语但不会说英语，也就是中国人这个类的对象有说汉语的方法但没有说英语的方法；如果强迫中国人说英语就会发生问题。

（2）构造函数

在创建（构造）某个类的对象时，由于该对象的状态（数据）不是很明确，因此我们需要对其初始化。例如，要在长方形这个类中创建一个对象，或者说新建一个长方形，首先需要确定该长方形的长和宽，如无法确定它的长和宽，那么就无法创建长方形。

在创建（构造）对象时使用的函数称之为构造函数，此函数不能存在于对象创建之后，必须在类中对它进行声明或定义。在创建一个对象时，系统会自动调用该类的构造函数，初始化这个对象的状态。

例如，假设长方形的类名为 Rectangle，定义其构造函数为：

```
Rectangle(int init_length,int init_width)
{
 rectangle_length=init_length;
 rectangle_width=init_width;
}
```

在创建（构造）长方形类 Rectangle 的一个对象 A 时，可以对 rectangle_length 和 rectangle_width 进行初始化，确定它的长和宽，如：

```
Rectangle A(5,8);
```

在这里创建了一个长方形 A，并将其长和宽设置为 5 和 8。在创建这个对象时，系统会自动调用 Rectangle 的构造函数，初始化这个对象的状态，其结果就是将 5 赋值给 rectangle_length，将 8 赋值给 rectangle_width。

构造函数的特点是：

➢ 构造函数的命名必须和类名完全相同；

➢ 构造函数的功能主要用于在类的对象创建时定义初始化的状态。它没有返回值，也不能用 void 来修饰。这就保证了它不仅不用自动返回，而且根本不能有任何选择。而其他方法都有返回值，即使是 void 返回值；

➢ 构造函数不能被直接调用，只有在创建对象时才会自动调用。

（3）函数重载

在第 27 行代码中，当把光标放置在单词“QApplication”上稍等片刻，会弹出图 2-13 的提示，可以看出其快捷键提示为“F1”。一般来说，当把光标放置在 Qt 提供的类以及类的成员上的时候，都会出现类似的提示。

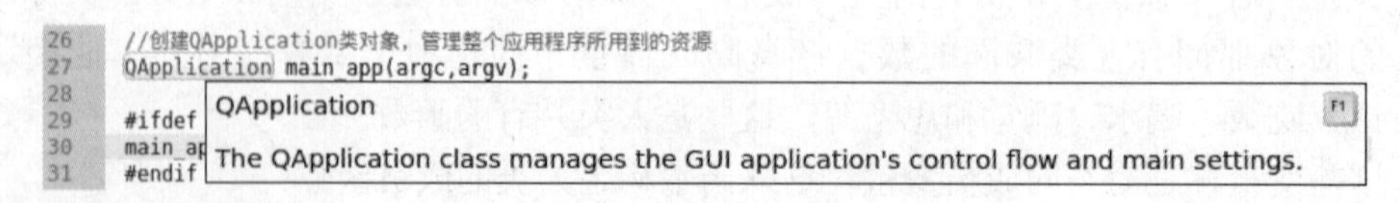

图 2-13 QApplication 类的提示

在键盘上按〈F1〉键，即可查阅对应单词 Qt 帮助文档，如图 2-14 所示。

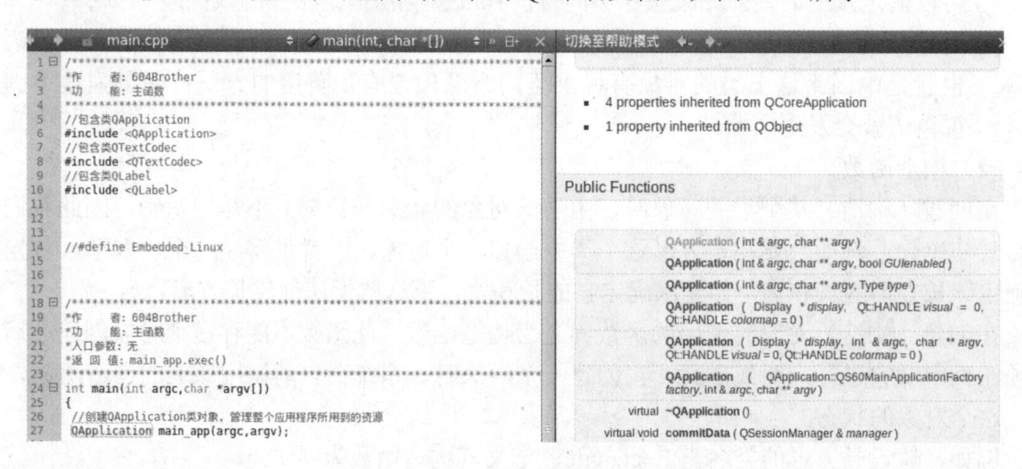

图 2-14 Qt 帮助文档

查阅 Qt 的帮助文档，可以发现 QApplication 类中有多个同名的构造函数，其声明如下所示：

```
QApplication ( int & argc, char ** argv );
QApplication ( int & argc, char ** argv, bool GUIenabled );
QApplication ( int & argc, char ** argv, Type type );
QApplication ( Display * display, Qt::HANDLE visual = 0, Qt::HANDLE colormap = 0 );
QApplication ( Display * display, int & argc, char ** argv, Qt::HANDLE visual = 0, Qt::HANDLE colormap = 0 );
QApplication ( QApplication::QS60MainApplicationFactory factory, int & argc, char ** argv );
```

可以看出这些同名的构造函数名字相同，但参数列表并不相同。这就是 C++中的函数重载机制。C++中函数重载的特点有：

- 进行函数重载时，函数名必须相同，返回值可以相同，也可以不同，参数个数或者参数类型必须不同；
- 在编译时，编译器将自动根据参数调用对应的函数；
- 除了析构函数，其他函数均可以被重载；

（4）引用与别名

可以看到在 QApplication 类的前三个构造函数的第一个参数均为：

```
int & argc
```

它的含义是使用到了 int 型变量的引用。

引用就是某一变量的一个别名，对引用的操作与对变量直接操作完全一样。引用的声明方法如下所示：

```
类型标识符  &引用名=目标变量名;
```

例如：

```
int a;
//定义引用 ra，它是变量 a 的引用，即别名
int &ra=a;
```

说明：

- &在此不是求地址运算，而是起标识作用；
- 类型标识符是指目标变量的类型；
- 声明引用时，必须同时对其进行初始化；
- 引用声明完毕后，相当于目标变量名有两个名称，即该目标原名称和引用名，且不能再把该引用名作为其他变量名的别名，故 ra=1 等价于 a=1；
- 声明一个引用，不是新定义了一个变量，它只表示该引用名是目标变量名的一个别名，它本身不是一种数据类型，因此引用本身不占存储单元，系统也不给引用分配存储单元。故对引用求地址，就是对目标变量求地址，&ra 与&a 相等；
- 不能建立数组的引用。因为数组是一个由若干个元素所组成的集合，所以无法建立一个数组的别名。

引用的一个重要作用就是作为函数的参数。

在 C 语言中函数参数传递一般使用值传递，如果有大块数据作为参数传递的时候，采用的方案往往是指针，因为这样可以避免将整块数据全部压栈，可以提高程序的效率。但在C++中又增加了一种同样有效率的选择（在某些特殊情况下又是必须选择），就是引用。

使用引用作为函数的形参时，当发生函数调用时，被调函数的形参就成为原来主调函数中的实参变量或对象的一个别名来使用，所以在被调函数中对形参变量的操作就是对其相应的目标对象（在主调函数中）的操作。

如果既要利用引用提高程序的效率，又要保护传递给函数的数据不在函数中被改变，就应使用常引用。常引用的声明方法如下所示：

```
const 类型标识符  &引用名=目标变量名;
```

- 使用一般变量作为函数的形参时，当发生函数调用时，需要给形参分配存储单元，形参变量是实参变量的副本；如果传递的是对象，还将调用复制构造函数。使用引用传递函数的参数，在内存中并没有产生实参的副本，它是直接对实参操作；因此，当参数传递的数据较大时，用引用比用一般变量传递参数的效率和所占空间都好。
- 使用指针作为函数的形参虽然也能达到与使用引用的效果，但是，在被调函数中同样要给形参分配存储单元，且需要重复使用“*指针变量名”的形式进行运算，这很容易产生错误且程序的阅读性较差；另一方面，在主调函数的调用点处，必须用变量的地址作为实参。相比之下，引用更容易使用，更清晰。

（5）变量在内存中的位置——栈

一般来说，写程序就是和数据打交道，在执行程序某一功能时，将该功能所需要的数据加载到内存中，然后在执行完毕后释放该内存。

数据在内存中的存储形式有以下几种：

- 栈区（stack）：编译器自动分配并释放，一般存储函数的参数值和局部变量；
- 堆区（heap）：一般由程序员分配及释放，若程序员不释放，则在程序结束时有可能由操作系统回收；
- 寄存器区：用来保存栈顶指针和指令指针；
- 全局区（静态区）（static）：全局变量和静态变量是存储在一块的，初始化的全局变量和静态变量在一块区域；被初始化的全局变量和静态变量在另一块区域。在程序结束时由操作系统回收；
- 文字常量区：存储常量字符串，在程序结束时由操作系统回收；
- 程序代码区：存储函数体的二进制代码。

可以看出：名为 main_app 的 QApplication 类对象是在 mian 函数中有效的局部变量，存储在栈区。

栈的特点是：

- 栈一般是一块连续的内存区域，大小是由编译时确定的常数决定，往往比较小，不能存储比较大的数据；
- 栈由系统自动分配，也就是根据申请自动开辟和回收空间，例如：存储在栈中的对象超出作用域时，例如遇到右大括号时，会自动调用析构函数来释放该对象所占用的内存。速度相对较快，但程序员不能对其操作；
- 只要栈的剩余空间大于所申请的空间，系统就为程序提供内存，否则提示“overflow”，也就是溢出。

（6）析构函数

析构函数往往用来做对象的“清理善后”工作。析构函数名也与类名相同，只是在函数名前面加一个位取反符“~”，以区别于构造函数。它不能带任何参数，也没有返回值（包括 void 类型）。如果用户没有编写析构函数，编译系统会自动生成一个默认的析构函数，它也不进行任何操作。许多简单的类中没有用显式的析构函数。

QApplication 类的析构函数的作用为清空由该对象分配的任何窗口系统资源，并且设置全局变量 qApp 为 0。

（7）虚函数

QApplication 类的析构函数的声明如下所示：

```
virtual ~QApplication ();
```

用 virtual 修饰的函数为虚函数，虚函数的作用用专业术语来解释就是实现多态性（Polymorphism）。

9. 条件编译设置在嵌入式系统中使用的字体

第 29、30 和 31 的代码为条件编译的具体语句，作用为当第 14 行的代码有效时（没有被注释时）使用文泉驿（wenquanyi）12 号字体。

```
29    #ifdef Embedded_Linux
30    main_app.setFont(QFont("wenquanyi",12));
31    #endif
```

（1）条件编译的实现

其中第 29 行和 31 行的代码为条件编译的固定格式。其作用为如果在此之前已定义了这样的宏名，则编译第 29 行和 31 行之间的语句段。

（2）“.” 运算符

“.” 为直接访问成员运算符。main_app 为 QApplication 类的对象，因此使用 “.” 运算符直接访问成员函数 setFont。

（3）自动完成

当在输入对象名 main_app 时，由于已经声明过 main_app，Qt 会提示自动完成 main_app，如图 2-15 所示，此时直接按〈Enter〉键即可自动完成 main_app 的输入。

图 2-15　Qt 变量名自动完成提示

当在对象 main_app 后输入运算符 “.” 后，Qt 会弹出自动完成的提示，如图 2-16 所示。可以看出：QApplication 类的可以使用的成员都显示在下拉框中供选择。此时，可以继续输入字母，Qt 的自动完成提示会根据输入的字母缩小范围。

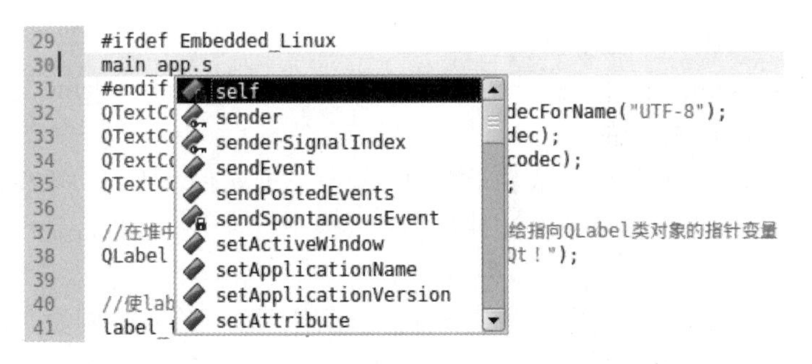

图 2-16　Qt 成员自动完成提示（直接访问）

（4）静态成员函数

当把光标移动到单词 “setFont” 上时，可以看到相关提示，如图 2-17 所示。这个提示指出了 setFont 是 QApplication 类的静态成员函数。

所谓静态成员函数就是在成员函数的声明前加上 static 关键字。

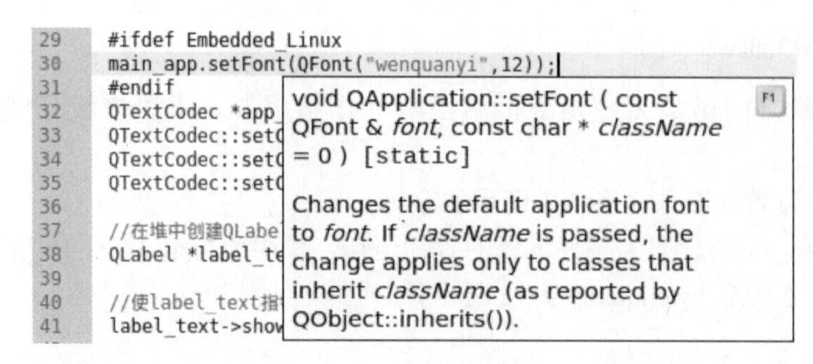

图 2-17　setFont 函数的提示

静态成员函数的特点如下：

- 静态成员函数是可以独立访问的，也就是说，无须创建任何该类的对象就可以访问；
- 静态成员函数的地址可用普通函数指针储存，而普通成员函数地址需要用类成员函数指针来储存；
- 静态成员函数不可以调用类的非静态成员（静态成员函数不含 this 指针）；
- 静态成员函数不可以同时声明为 virtual、const 或 volatile 函数。

（5）QApplication 类 Public 静态成员函数 setFont

QApplication 类 Public 静态成员函数 setFont 的声明如下所示：

```
static void setFont ( const QFont & font, bool informWidgets = FALSE, const char * className = 0 );
```

其作用为：

- 改变应用程序默认字体为 font；
- informWidgets 默认参数值为 FALSE；
- 如果 informWidgets 为真，那么存储在的窗口部件将会被通知有关这个变化并且也许会根据新的应用程序设置来调整它们自己；如果 informWidgets 为假，改变只对新创建的窗口部件生效；
- *className 默认参数值为 0；
- 如果 className 被传递，那么改变只对继承 className 的类适用（由 QObject::inherits()报告的）。

当应用程序启动时，默认字体依赖于窗口系统。它非常依赖于窗口系统的版本和本地设置。setFont 函数可以让程序员不去关注默认字体（但是这种不关注也许是一个坏主意）。

（6）默认参数

默认参数指的是当函数调用中省略了实参时自动使用的一个值。例如：setFont 函数有三个参数，代码中只使用了第一个参数：

```
QFont("wenquanyi",12)
```

那么在编译的时候，编译器会把后两个参数自动填入默认参数：

```
informWidgets=FALSE，*className=0
```

（7）对象常引用

静态成员函数 setFont 声明中的第一个参数为：

```
const QFont & font
```

它的含义是使用到了 QFont 类的对象常引用。使用对象常引用的目的前文已经介绍了：就是既利用引用提高程序的效率，又保护传递给函数的数据不在函数中被改变。

（8）QFont 类

静态成员函数 setFont 声明中的第一个参数使用到了 QFont 类，主要用于进行字体设置。它也拥有多个同名的构造函数，其声明如下所示：

```
QFont ();
QFont ( const QString & family, int pointSize = -1, int weight = -1, bool italic = false );
QFont ( const QFont & font, QPaintDevice * pd );
QFont ( const QFont & font );
```

观察代码，可以看出在代码中构造 QFont 类的对象时使用了第二个构造函数，其各个参数的含义解释如下：

- family：字体的名称，使用了 QString 类对象的常引用，代码中为“wenquanyi”；
- pointSize：字体的点大小，如果这个参数小于等于 0，则自动设为 12，代码中为 12；
- weight：字体的粗细，代码没有设置，使用默认参数；
- italic：字体是否为斜体，代码没有设置，使用默认参数。

这些参数也可以在字体对象构造以后通过属性来修改。

如果指定的字体在使用时没有对应的字体文件，Qt 将自动选择最接近的字体。如果要显示的字符在字体中不存在，则字符会被显示为一个空心方框。

QFont 类中常用的属性获取和设置成员函数如表 2-2 所示。

表 2-2　QFont 类中常用的属性获取和设置成员函数

字体的属性	获取当前属性成员函数	设置属性成员函数
名称	QString family() const	void setFamily(const QString &family)
点大小	int pointSize() const	void setPointSize(int pointSize)
像素大小	int pixelSize() const	void setPixelSize(int pixelSize)
粗细	int weight() const	void setWeight(int weight)
粗体	bool bold() const	void setBold(bool enable)
斜体	bool italic() const	void setItalic(bool enable)
下划线	bool underline() const	void setUnderline(bool enable)

其中：

- 设置粗体属性实际上就是将字体的粗细设为一个确定的值；
- 点大小与像素大小是指定字体大小的两种方式；

➢ 如果指定了点大小，则像素大小属性的值就是–1；

➢ 如果指定了像素大小，则点大小属性的值就是–1。

（9）QString 类

每一个 GUI 程序都需要字符串（string），这些字符串（string）可以用在界面上的提示语，也可以用作一般的数据结构。C++语言提供了两种字符串的实现：

➢ C 风格的字符串，以'\0'结尾；

➢ std::string，即标准模版库中的类。

Qt 则提供了自己的字符串实现：QString。QString 以 16 位 Uniode 进行编码。在使用 QString 的时候，不需要担心内存分配以及关于'\0'结尾的这些注意事项。QString 会把这些问题解决。通常，你可以把 QString 看做是一个 QChar 的向量。另外，与 C 风格的字符串不同，QString 中间是可以包含'\0'符号的，而 length()函数则会返回整个字符串的长度，而不仅仅是从开始到'\0'的长度。

（10）指向常量的指针变量

静态成员函数 setFont 声明中的第三个参数为：

```
const char * className = 0
```

这是一个指向 char 型常量的指针变量，该指针变量指向的 char 型变量是不可修改的，但该指针变量可以修改。该指针变量作为参数来使用是为了保护传递给函数的数据不在函数中被改变。

（11）文泉驿中文字体

在嵌入式系统，主要使用了文泉驿（wenquanyi）字体。

文泉驿项目是旅美学者房骞骞（FangQ）于 2004 年 10 月创建的，致力于开源汉字字体的开发，集中力量解决 GNU/Linux 高质量中文字体匮乏的状况。其官方网址为 http://wenq.org/wqy2/index.cgi。

目前，文泉驿已经开发并发布了第一个完整覆盖 GB18030 汉字（包含 27 000 多个汉字）的多规格点阵汉字字库、第一个覆盖 GBK 字符集的开源矢量字库，并提供了目前包含字符数目最多的开源字体 GNU Unifont，其中绝大多数是中日韩文相关的符号。这些字库已经逐渐成为主流 Linux 发行版中文桌面的首选中文字体，得到了广大中文 Linux 爱好者的支持和喜爱。目前 Ubuntu、Fedora、Slackware、Magic Linux 和 CDLinux 使用文泉驿作为默认中文字体，Debian、Gentoo、Mandriva、ArchLinux 和 Frugalware 则提供了官方源支持。

10. 指定编码

第 32 行代码的作用为：创建了一个指向 QTextCodec 类对象的指针变量 app_codec，这个指针变量指向的地址是 QTextCodec 类对象“UTF-8”的地址。

```
32      QTextCodec *app_codec=QTextCodec::codecForName("UTF-8");
```

（1）QTextCodec 类 Public 静态成员函数 codecForName

QTextCodec 类 Public 静态成员函数 codecForName 的声明如下所示：

```
static QTextCodec * codecForName ( const QByteArray & name );
static QTextCodec * codecForName ( const char * name );
```

这两个重载的函数的作用都是根据 name（不区分大小写）字符串查找所有已安装的 QTextCodec 类对象，返回最匹配的对象地址。例如：在第 32 行代码中，如果已经安装了“UTF-8”对象，则返回其地址。

根据参数类型，Qt 匹配的是第二个函数，codecForName 参数类型如图 2-18 所示。

```
32    QTextCodec *app_codec=QTextCodec::codecForName("UTF-8");
33    QTextCodec::setCodecForLocale(app_codec);
34    QTextCodec::setCodecForCStrings(app_codec);
35    QTextCodec::setCodecForTr(app_codec);
```
const char *

图 2-18　codecForName 参数类型

（2）“::”运算符与静态成员使用

在第 32 行代码中，使用到了“::”运算符。“::”运算符是运算符中等级最高的，它分为 3 种：全局作用域符、类作用域符和命名空间作用域符，都是左关联。在第 32 行中的作用是类作用域符。

根据前文介绍：静态成员是可以独立访问的，也就是说，无须创建任何对象实例就可以访问。可以看到在使用 codecForName 函数时并没有创建 QTextCodec 类对象，采用的是静态成员函数的调用方式：

```
类名::静态函数名
```

11. 设置编码

第 33、34 和 35 行代码的作用是使用第 32 行创建的指针变量 app_codec 指向的对象来完成编码的设置。其中 setCodecForLocale、setCodecForCStrings 和 setCodecForTr 均为 QTextCodec 类的 Public 静态成员函数，所以无须创建任何 QTextCodec 类的对象就可以使用。

```
33    QTextCodec::setCodecForLocale(app_codec);
34    QTextCodec::setCodecForCStrings(app_codec);
35    QTextCodec::setCodecForTr(app_codec);
```

（1）QTextCodec 类 Public 静态成员函数 setCodecForLocale

QTextCodec 类 Public 静态成员函数 setCodecForLocale 的声明如下所示：

```
static void setCodecForLocale ( QTextCodec * c );
```

这个函数主要用于设置对本地文件系统读写时候的默认编码格式。例如：通过流读取一个文件时内容时的编码格式或者通过 qDebug()输出打印信息时的编码。

（2）QTextCodec 类 Public 静态成员函数 setCodecForCStrings

QTextCodec 类 Public 静态成员函数 setCodecForCStrings 的声明如下所示：

```
static void setCodecForCStrings ( QTextCodec * codec );
```

这个函数主要用在用字符常量或者 QByteArray 构造 QString 对象时使用的默认编码方式。

（3）QTextCodec 类 Public 静态成员函数 setCodecForTr

QTextCodec 类 Public 静态成员函数 setCodecForTr 的声明如下所示：

```
static void setCodecForTr ( QTextCodec * c );
```

这个函数的作用是设置传给 tr 函数时的默认字串编码。

12. 指向 QLabel 类对象的指针变量

第 38 行代码的作用为：

- 使用关键字“new”在堆中创建一个 QLabel 类对象并将其初始值设置为“你好，Qt！”；
- 创建了一个指向 QLabel 类对象的指针变量 label_text 并将它的值初始化为堆中对象的地址。

```
37    //在堆中创建 QLabel 类对象并赋值，将其地址赋给指向 QLabel 类对象的指针变量
38    QLabel *label_text=new QLabel("你好，Qt！");
```

（1）变量在内存中的位置——堆

函数参数和局部变量存储在栈中，当函数运行结束并返回时，所有的局部变量和函数参数就都被系统自动清除掉了，这样做是为了释放掉它们所占用的内存空间。全局变量可以解决这个问题（数据只能存活于局部），但是全局变量永远不会被释放，而且由于全局变量被所有的类成员所共享，因此它的值很容易被修改。使用堆可以解决这两个问题（局部数据只能存活于局部、全局变量的值容易修改）。

在 C++中使用关键字“new”创建一个堆并分配内存，在“new”后面跟一个需要分配的变量类型，编译器根据这个类型来分配内存，如第 38 行代码所示。

堆的特点是：

- 堆是不连续的内存区域，由链表将各块区域串联起来，它的上限是由系统中有效的虚拟内存来决定的；
- 堆是由程序员分配的内存，不会被系统自动释放，例如：存储在堆中的对象超出作用域时，例如遇到右大括号时，不会自动调用析构函数来释放该对象所占用的内存。速度一般比较慢，而且容易产生内存碎片，不过使用起来很方便；
- 系统收到程序申请空间的要求后，会遍历操作系统中用于记录内存空闲地址的链表。当找到一个空间大于所申请空间的堆结点后，就会将该结点从记录内存空闲地址的链表中删除，并将该结点的内存分配给程序，然后在这块内存区域的首地址处记录分配的大小，这样在释放内存的时候才能正确识别并删除该内存区域的所有变量。另外，申请的内存空间与堆结点上的内存空间不一定相等，这时系统就会自动将堆结点上多出来的那部分内存空间回收到空闲链表中。

（2）堆和栈的使用

由于栈和堆各有优缺点，因此很多时候是将栈和堆结合使用的，例如当一个类比较复杂其对象占用内存空间比较大的时候，使用关键字“new”将对象存储到堆中，却将指向对象的指针变量存储到栈中。这样可以有效提高程序的执行速度，避免产生一些不该有的碎片。

由于堆是由程序员分配的内存，不会被系统自动释放，如果程序员不去释放它，这块区域的内存将始终不能被其他数据使用，而指向该内存的指针变量是个局部变量存储在栈中，

当定义该指针变量的函数结束并返回时，指针变量也就消失了，那么就再也找不到这块内存区域了，这就好像丢失了这块内存一样，这种情况一般称之为内存泄漏。这种糟糕的情况将一直持续到程序结束。

因此假如你不需要一块内存空间，那么就必须使用关键字“delete”将此空间释放，例如：

```
delete label_text;
```

这将释放 label_text 指针变量所指向的 QLabel 类对象所占用的内存空间，具体的操作是通过 QLabel 类的析构函数来实现的。但这个操作并不会删除该指针变量，因为还可以继续使用该指针变量，如：

```
label_text=new QLabel("Hello，Linux！");
```

13. 继承与派生

如前文所述：QLabel 类继承自 QFrame 类，QFrame 类继承自 QWidget 类，QWidget 继承自 QObject 和 QPaintDevice 类。继承与派生是 C++实现可重用性（software reusability）的关键之一。

在 C++中，所谓“继承”就是在一个已存在的类的基础上建立一个新的类。已存在的类称为“基类（base class）”或“父类（father class）”，新建的类称为“派生类（derived class）”或“子类（son class）”。一个新类从已有的类那里获得其已有特性，这种现象称为类的继承。从另一角度说，从已有的类（父类）产生一个新的子类，称为类的派生。

派生类继承了基类的所有数据成员和成员函数，并可以对成员作必要的增加或调整，如图 2-19 所示。

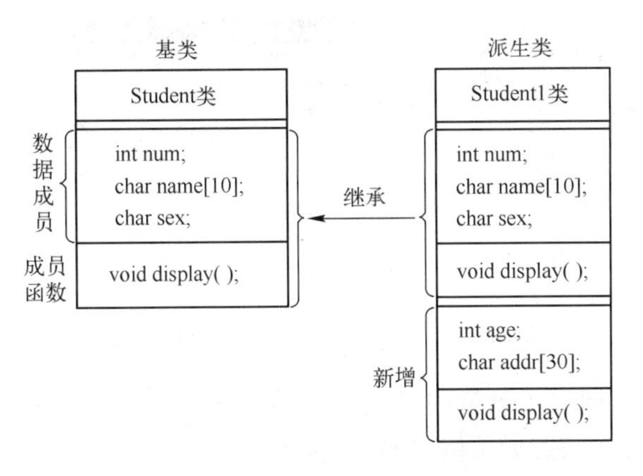

图 2-19　派生类的继承和调整

一个基类可以派生出多个派生类，每一个派生类又可以作为基类再派生出新的派生类，因此基类和派生类是相对而言的。一代一代地派生下去，就形成类的继承层次结构。相当于一个大的家族，有许多分支，所有的子孙后代都继承了祖辈的基本特征，同时又有区别和发展。与之相仿，类的每一次派生，都继承了其基类的基本特征，同时又根据需要调整和扩充原有的特征，如图 2-20 所示。

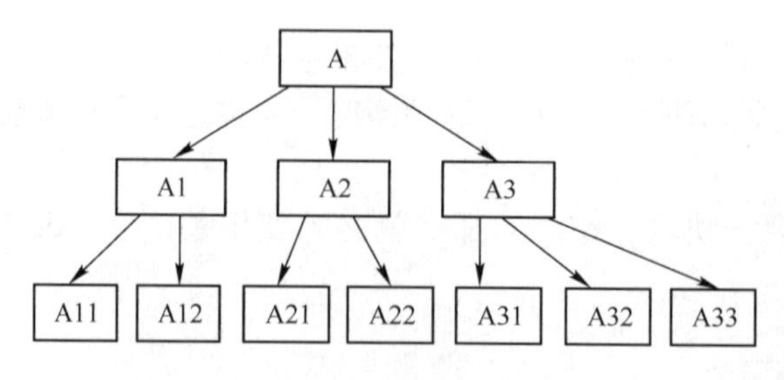

图 2-20　基类的派生

一个派生类不仅可以从一个基类派生，也可以从多个基类派生。也就是说，一个派生类可以有一个或者多个基类。一个派生类有两个或多个基类的称为多重继承（multiple inheritance）。例如：QWidget 继承自 QObject 和 QPaintDevice 类，就是一个多重继承。SUV 也是一个多重继承的实例，SUV 的全称是 Sport Utility Vehicle，中文意思是运动型多用途汽车，它继承了旅行车般的空间机能和货卡车的越野能力。

14. 间接访问

第 41 行代码的作用为：使 label_text 指针变量所指向的对象可见。

```
40    //使 label_text 指针变量所指向的对象可见
41    label_text->show();
```

当在指针变量 label_text 后输入运算符“.”后，Qt 依然会弹出自动完成的提示（其中包含了继承的成员），然而此时 Qt 会将运算符“.”自动转变为“->”运算符，Qt 成员自动完成提示（间接访问）如图 2-21 所示。

图 2-21　Qt 成员自动完成提示（间接访问）

这是因为指针变量 label_text 当中保存的是堆中对象的地址，而不是对象本身，所以如果想使用“.”运算符必须按照如下格式编写代码：

```
(*label_text).show();
```

使用括号是为了保证首先使用运算符“*”读取 label_text 指向的对象，然后再用“.”运算符访问成员函数 show。这样做比较麻烦，所以 C++专门为用指针间接访问成员设置了运算符“->”，其使用如第 41 行代码所示。

15. 槽（slot）函数简介

信号-槽机制是 Qt 的核心机制。在本项目中暂时还没有体现，因此只对槽（slot）函数做一个简介。

槽（slot）函数类似于普通的 C++成员函数，可以被正常调用，其唯一的特殊性就是很多信号可以与其相关联。当与其关联的信号被发射时，这个槽就会被调用。槽函数可以有参数，但槽函数的参数不能有默认值。

16. 返回值

（1）返回值

第 46 行的作用为：把应用程序的控制权传递给 Qt，进入程序的循环状态并且等待，直到 exit 被调用或者主窗口部件被销毁，并且返回值被设置为 exit。

```
45    //把应用程序的控制权传递给 Qt，进入程序的循环状态并且等待，直到 exit 被调用或者主窗
      口部件被销毁，并且返回值被设置为 exit
46      return main_app.exec();
```

如果将 46 行修改为：

```
46    return 0;
```

程序就直接退出了，不能达到显示的效果。

（2）exec 函数

在 Qt 中需要调用 exec 函数来开始事件处理。主事件循环从窗口系统中接收事件并且把它们分派给应用程序窗口部件。通常来说，在调用 exec 之前，没有用户交互可以发生。作为一个特例，像 QMessageBox 这样的模式对话框可以在调用 exec 之前使用。

17. Qt 父-子对象机制

在这段代码中，main_app 是*app_codec 和*label_text 的父对象，当 main_app 对象超出作用域时会自动调用析构函数来释放该对象所占用的内存，此时*app_codec 和*label_text 也会被自动删除。这就是 Qt 的父-子对象机制。

Qt 的父-子对象机制是在 QObject 中实现的。当利用一个父对象创建一个子对象时，父对象会把这个子对象添加到自己的子对象列表中。当删除这个父对象时，它会遍历子对象列表并删除每一个子对象。然后这些子对象再去删除它们所包含的每个子对象。如此反复递归调用，直至清空所有子对象为止。这种父-子对象机制可以在很大程度上简化内存管理工作，降低内存泄漏的风险。只有使用关键字“new”创建的并且没有父对象的对象才需要使用关键字“delete”删除。如果在删除一个父对象之前先删除它的子对象，Qt 会自动的从它的父对象的子对象列表中将其移除。

2.1.4 x86 Linux 编译、调试与发布

当代码编写完成后，就可以对工程开始编译、调试与运行了。

虽然代码最终是针对嵌入式 Linux 进行开发的，但是正如第 1 章中介绍的，嵌入式系统的资源是有限的，往往不能实现本地编译，也就很少能实现图 2-22 所示的程序调试了。

但是由于在桌面级的 Linux 中可以实现本地调试、验证代码的功能，因此往往需要先进行 x86 Linux 编译、调试与运行，当验证无误后，再进行嵌入式 Linux 编译、运行与调试。

由于 Qt Creator 的界面比较丰富，提供了比较多的快捷按钮，操作方法比较多，所以在这里只介绍比较常用的操作。

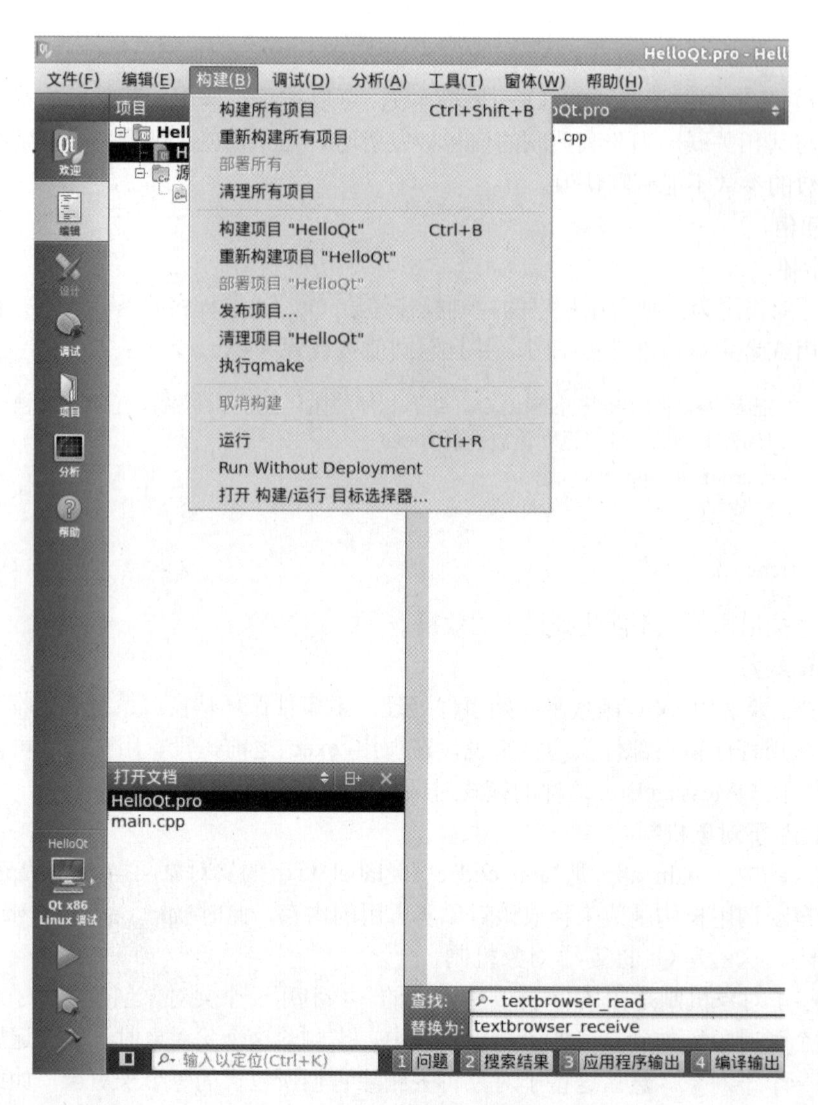

图 2-22 Qt 程序调试菜单

1. 编译

（1）设置工程的目标

在进行 x86 Linux 编译之前，需要设置工程的目标，如图 2-23 所示。

在这里可以看出：针对 x86 Linux 的编译有两种模式，即调试与发布。其差别在于：

- 调试模式又称为调试版本、Debug 版本，它包含调试信息，并且不作任何优化，便于程序员调试程序；
- 发布模式又称为发布版本、Release 版本，它往往是进行了各种优化，使得程序在代码大小和运行速度上都是最优的，以便用户很好地使用。

因为需要进行调试，所以在图 2-23 中选择了 Qt x86 Linux 调试。

（2）编译工程

编译工程有两种模式，第一种是使用“构建”菜单进行编译（构建），如图 2-24 所示。

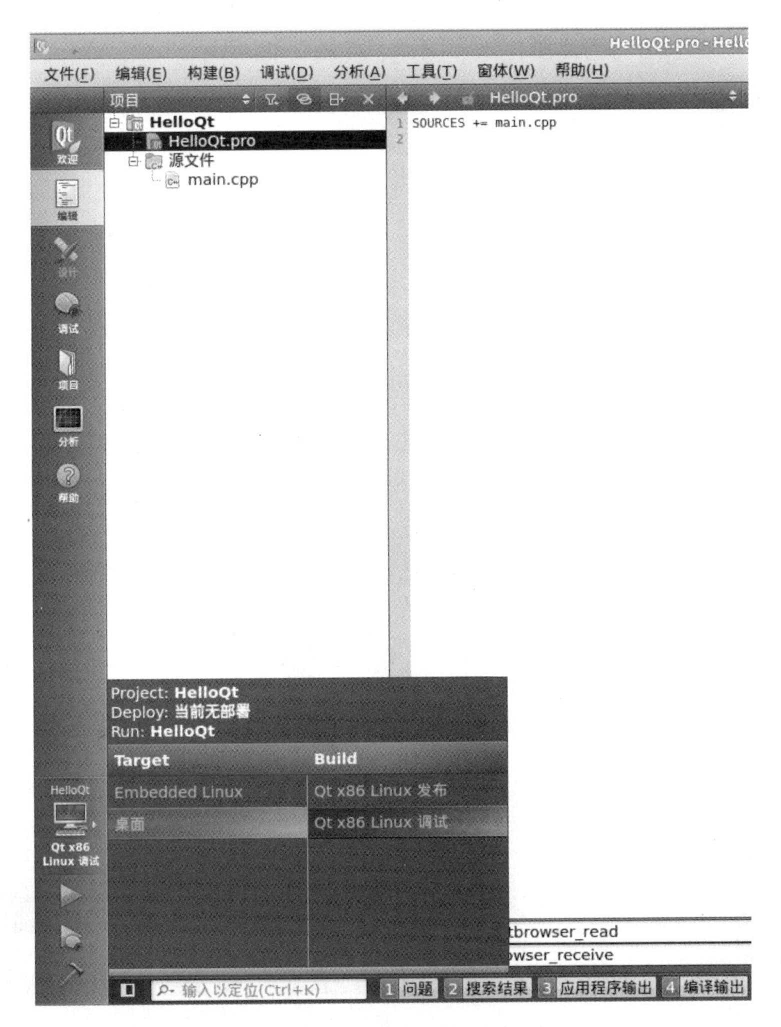

图 2-23　设置工程的目标

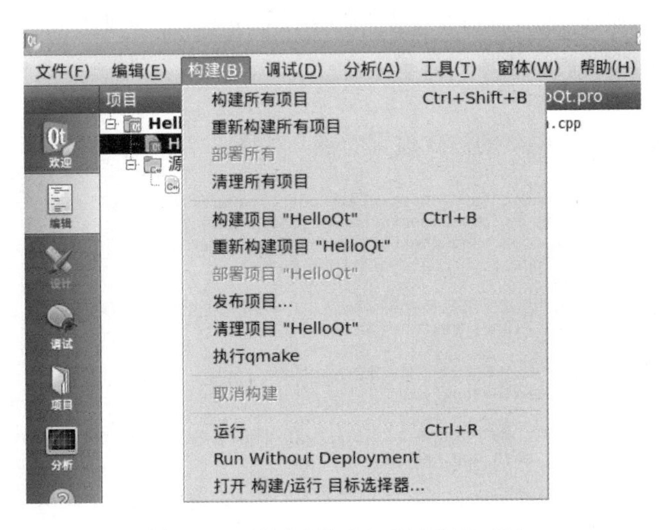

图 2-24　使用“构建”菜单编译工程

第二种是使用左下角的构建图标进行编译，如图 2-25 所示。

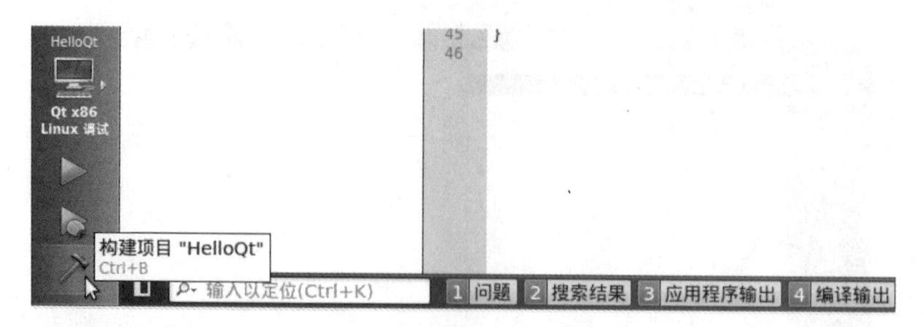

图 2-25　使用构建图标编译工程

由于虚拟机和宿主机的时钟会出现不同步的情况，在编译时，如果虚拟机的时钟比宿主机慢，会出现图 2-26 的忽略错误的提示，未来时间警告如图 2-27 所示。

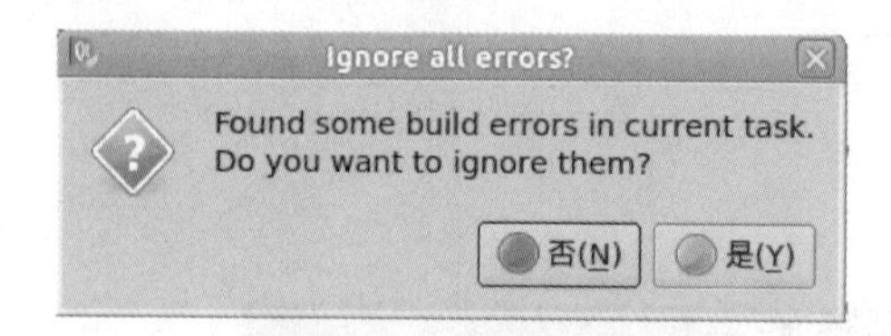

图 2-26　忽略错误提示

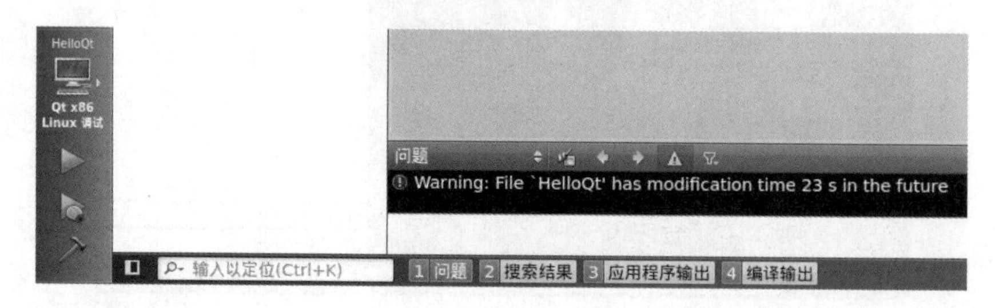

图 2-27　未来时间警告

这个警告不是致命的错误，因此可以在图 2-25 所示的提示的两个选项中任意选择。但是如果出现其他错误需要认真排查，直至无误。

2．调试

编译完成后可以在需要观察的位置设置断点，如图 2-28 所示。

```
32  QTextCodec *app_codec=QTextCodec::codecForName("UTF-8");
33  QTextCodec::setCodecForLocale(app_codec);
34  QTextCodec::setCodecForCStrings(app_codec);
35  QTextCodec::setCodecForTr(app_codec);
36
37  //在堆中创建QLabel类对象并赋值，将其地址赋给指向QLabel类对象的指针变量
38  QLabel *label_text=new QLabel("你好，Qt！");
39
40  //使label_text指针变量所指向的对象可见
41  label_text->show();
42
43  //把应用程序的控制权传递给Qt，进入程序的循环状态并且等待，直到exit被调用
44  return main_app.exec();
45 }
46
```

图 2-28　设置断点

当断点设置完之后可以参照图 2-22 进入程序调试，或单击图 2-29 所示的按钮开始程序调试。

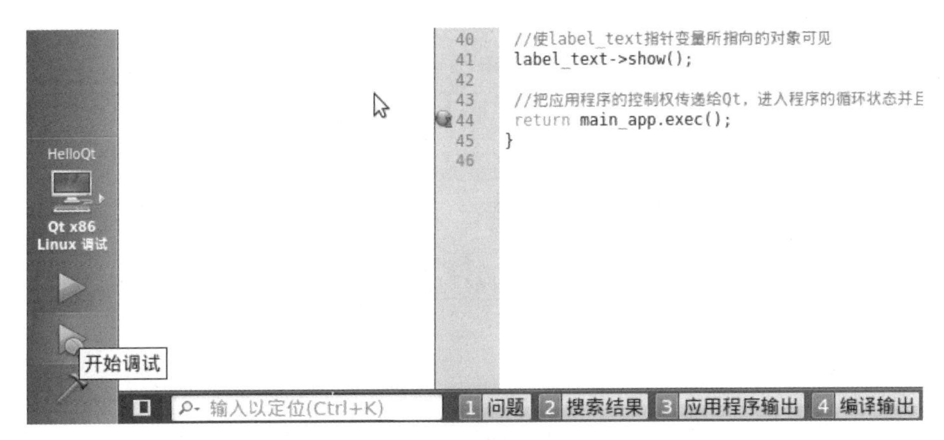

图 2-29　Qt 程序调试按钮

当程序执行到断点所在行时，代表上一行代码已经执行完成，本行代码还没有被执行，HelloQt 程序运行至断点如图 2-30 所示。可以看出：程序界面还未出现。此时继续调试，执行第 44 行代码，此时在 Ubuntu 中出现程序界面，初始位置在 Qt 界面的左上角，HelloQt 程序界面（纯代码、x86）如图 2-31 所示。

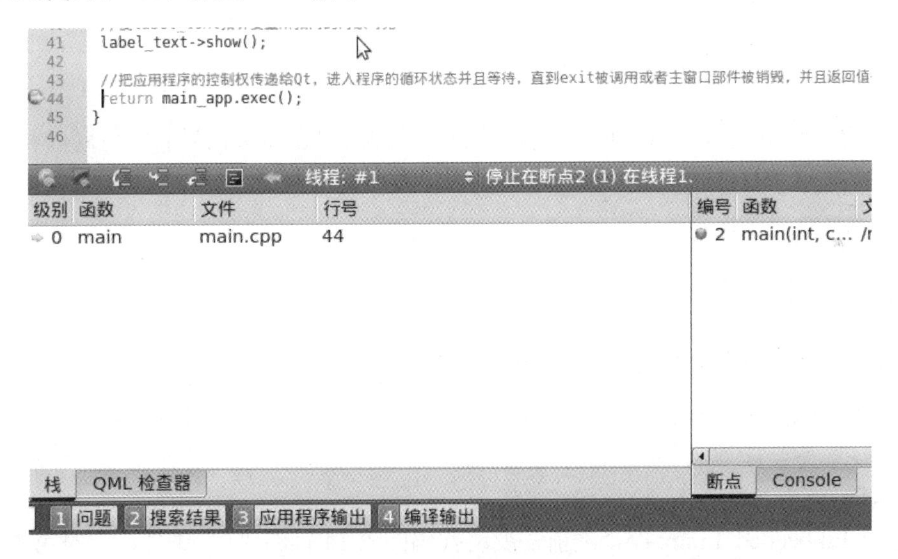

图 2-30　HelloQt 程序运行至断点

图 2-31　HelloQt 程序界面（纯代码、x86）

3．发布

当调试没有问题后，可以发布程序了。参照图 2-23 将工程的目标设置为 Qt x86 Linux 发布版本后重新编译，此时可以在编译文件夹中出现可执行文件，查看编译生成的可执行文件（图形化界面）如图 2-32 所示；或者使用命令行方式进入该文件夹也可以查看，查看编译生成的可执行文件（命令行）如图 2-33 所示。

图 2-32　查看编译生成的可执行文件（图形化界面）

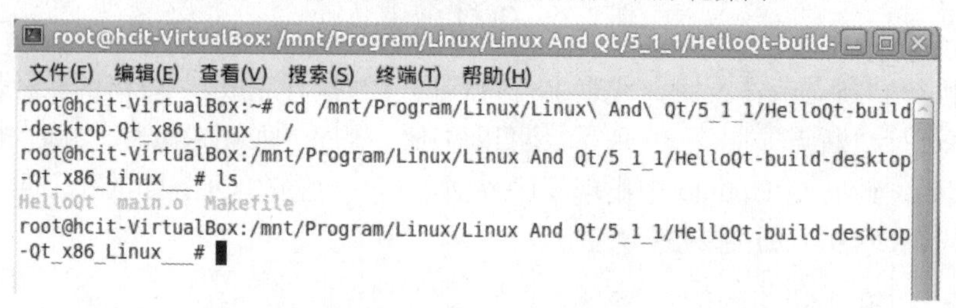

图 2-33　查看编译生成的可执行文件（命令行）

此时可以将可执行文件 HelloQt 进行发布。其他用户在图形化界面中用鼠标双击可执行文件或者在命令行中使用 cd 命令进入该文件夹中后在终端中输入：

```
./HelloQt
```

即可运行程序。

2.1.5　Embedded Linux 编译、发布与运行

在进行 Embedded Linux 编译与发布之前，需要将嵌入式系统和 PC 按照之前的介绍进行连接。

1．编译

在进行 Embedded Linux 编译之前需要将代码的第 14 行的“//”去掉，此时第 14 行代码有效，代表是针对 Embedded Linux 编译。

```
14    #define Embedded_Linux
```

参照图 2-23 将工程的目标设置为 Qt Embedded Linux 发布版本后重新编译，此时可以在编译文件夹中出现可执行文件。

2．发布

（1）使用 U 盘发布程序

将编译生成的可执行文件复制到 U 盘中，为了提高 U 盘在嵌入式系统中被识别的成功

率，建议使用原生的 U 盘，而不使用 USB 读卡器+存储卡的组合形式，同时保证其存储格式为 FAT32 或 VFAT。

将 U 盘从 PC 上取出后插入嵌入式系统，嵌入式系统会在根目录下创建 udisk 目录，并自动挂载 USB 存储设备到该目录，此时在控制台会出现类似图 2-34 所示的信息。

需要注意的是：实际上 USB 存储设备对应的设备名为/dev/udisk。

```
超级终端-COM1-嵌入式 - 超级终端
文件(F) 编辑(E) 查看(V) 呼叫(C) 传送(T) 帮助(H)

[root@FriendlyARM /]# usb 1-1.4: new full speed USB device using s3c2410-ohci an
d address 3
usb 1-1.4: New USB device found, idVendor=058f, idProduct=6387
usb 1-1.4: New USB device strings: Mfr=1, Product=2, SerialNumber=3
usb 1-1.4: Product: Mass Storage
usb 1-1.4: Manufacturer: Generic
usb 1-1.4: SerialNumber: 6CA25C39
usb 1-1.4: configuration #1 chosen from 1 choice
scsi0 : SCSI emulation for USB Mass Storage devices
scsi 0:0:0:0: Direct-Access     Generic  Flash Disk       8.07 PQ: 0 ANSI: 2
sd 0:0:0:0: Attached scsi generic sg0 type 0
sd 0:0:0:0: [sda] 3948544 512-byte logical blocks: (2.02 GB/1.88 GiB)
sd 0:0:0:0: [sda] Write Protect is off
sd 0:0:0:0: [sda] Assuming drive cache: write through
sd 0:0:0:0: [sda] Assuming drive cache: write through
 sda: sda1
sd 0:0:0:0: [sda] Assuming drive cache: write through
sd 0:0:0:0: [sda] Attached SCSI removable disk
FAT: utf8 is not a recommended IO charset for FAT filesystems, filesystem will b
e case sensitive!

[root@FriendlyARM /]#

已连接 0:10:46 ANSIW  115200 8-N-1  SCROLL  CAPS  NUM  捕  打印
```

图 2-34 插入 USB 存储设备相关提示信息

在超级终端中输入命令：

```
cd /udisk
```

可以进入 U 盘。

在超级终端中输入命令：

```
ls
```

可以查看 U 盘中的文件，如图 2-35 所示。

在超级终端中输入命令：

```
cp /udisk/HelloQt /usr
```

将可执行文件复制到/usr 文件夹。

（2）使用 ZModem 文件传输协议发布程序

Modem（调制解调器）是 Modulator（调制器）与 Demodulator（解调器）的简称。它是在发送端通过调制将数字信号转换为模拟信号，而在接收端通过解调再将模拟信号转换为数字信号的一种装置。早期的 Modem 放置于 PC 机箱外，通过串行通信口与 PC 连接。

```
d address 3
usb 1-1.4: New USB device found, idVendor=058f, idProduct=6387
usb 1-1.4: New USB device strings: Mfr=1, Product=2, SerialNumber=3
usb 1-1.4: Product: Mass Storage
usb 1-1.4: Manufacturer: Generic
usb 1-1.4: SerialNumber: 6CA25C39
usb 1-1.4: configuration #1 chosen from 1 choice
scsi0 : SCSI emulation for USB Mass Storage devices
scsi 0:0:0:0: Direct-Access     Generic  Flash Disk       8.07 PQ: 0 ANSI: 2
sd 0:0:0:0: Attached scsi generic sg0 type 0
sd 0:0:0:0: [sda] 3948544 512-byte logical blocks: (2.02 GB/1.88 GiB)
sd 0:0:0:0: [sda] Write Protect is off
sd 0:0:0:0: [sda] Assuming drive cache: write through
sd 0:0:0:0: [sda] Assuming drive cache: write through
 sda: sda1
sd 0:0:0:0: [sda] Assuming drive cache: write through
sd 0:0:0:0: [sda] Attached SCSI removable disk
FAT: utf8 is not a recommended IO charset for FAT filesystems, filesystem will b
e case sensitive!

[root@FriendlyARM /]# cd /udisk/
[root@FriendlyARM /udisk]# ls
HelloQt
[root@FriendlyARM /udisk]# _
```

图 2-35 U 盘中的文件

Modem 的传输协议包括调制协议（Modulation Protocols）、差错控制协议（Error Control Protocols）、数据压缩协议（Data Compression Protocols）和文件传输协议。

XModem 文件传输协议是一种使用拨号调制解调器的个人计算机通信中广泛使用的异步文件运输协议。这种协议以 128B 块的形式传输数据，并且每个块都使用一个校验和过程来进行错误检测。如果接收方关于一个块的校验和与它在发送方的校验和相同时，接收方就向发送方发送一个认可字节。然而，这种对每个块都进行认可的策略将导致低性能，特别是具有很长传播延迟的卫星连接的情况时，问题更加严重。

使用循环冗余校验的与 XModem 相应的一种协议称为 XModem-CRC。还有一种是 XModem-1K，它以 1024B 一块来传输数据。YModem 也是一种 XModem 的实现。它包括 XModem-1K 的所有特征，另外在一次单一会话期间为发送一组文件，增加了批处理文件传输模式。

ZModem 是最有效的一个 XModem 版本，它不需要对每个块都进行认可。事实上，它只是简单地要求对损坏的块进行重发。ZModem 对按块收费的分组交换网络是非常有用的，不需要认可回送分组在很大程度上减少了通信量。它是 XModem 文件传输协议的一种增强形式，不仅能传输更大的数据，而且错误率更小。ZModem 包含了一种名为检查点重启的特性，如果通信链接在数据传输过程中中断，能从断点处而不是从开始处恢复传输。

在超级终端中输入命令：

```
cd /usr
```

进入/usr 目录。

在超级终端中输入命令：

```
ls
```

进行查看，此时/usr 文件夹中的文件如图 2-36 所示。

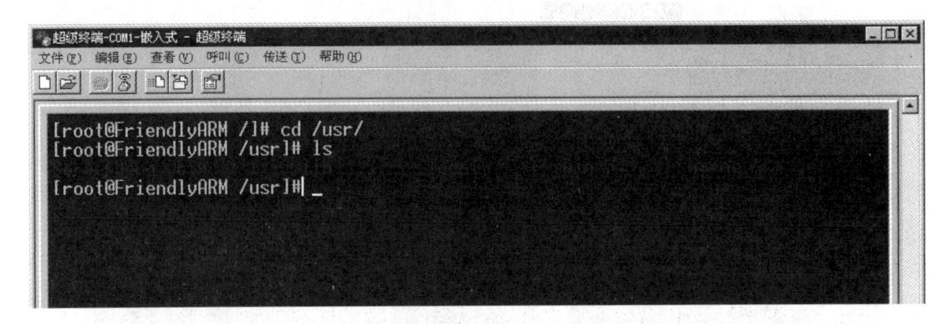

图 2-36　/usr 文件夹中的文件

使用 ZModem 文件传输协议将嵌入式系统看作是 Linux 服务器，从本地上传文件到 Linux 服务器使用 rz 命令。

功能：从本地上传文件到 Linux 服务器。

参数与格式：

```
rz
```

在超级终端中输入命令：

```
rz
```

即可进入等待接收状态，等待接收文件如图 2-37 所示。在超级终端中的“传送”菜单中选择“发送文件”选项，如图 2-38 所示。此时会弹出图 2-39 所示的“文件和协议选择”对话框。

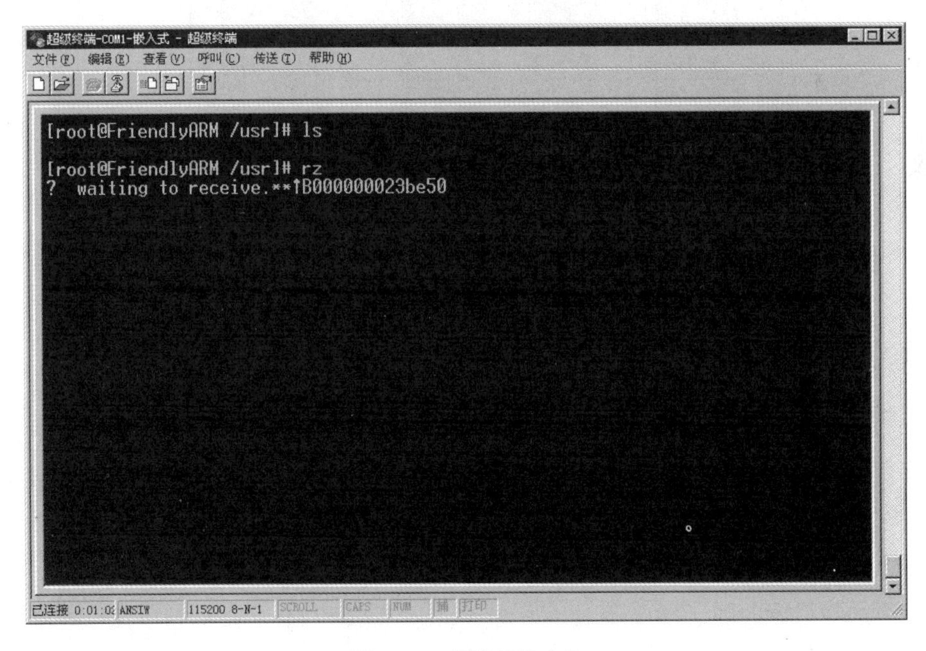

图 2-37　等待接收文件

图 2-38　发送文件选项

在图 2-39 所示的界面中：

➢ 文件名选择当前项目针对 Embedded Linux 编译生成的可执行文件；
➢ 协议选择 ZModem 与崩溃恢复。

然后单击“发送”按钮即可发送文件。

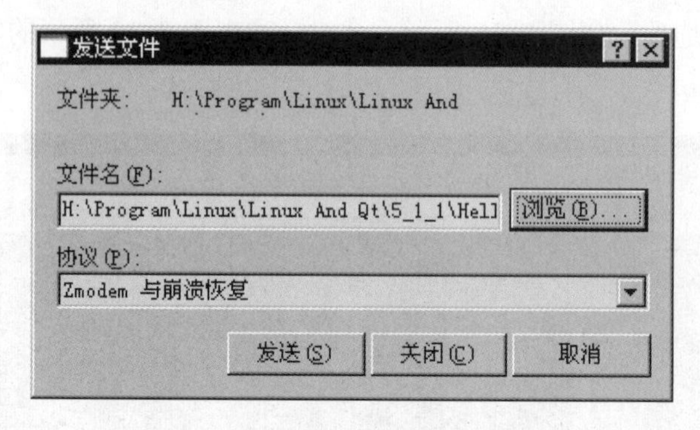

图 2-39　“文件和协议选择”对话框

当嵌入式系统接收完成后在超级终端中输入命令：

```
ls
```

进行查看，接收完成后的/usr 文件夹中的文件如图 2-40 所示，可以看出：此时 HelloQt 并不是一个可执行文件。

在超级终端中输入命令：

```
chmod 777 HelloQt
```

给 HelloQt 的拥有者分配读、写、执行（4+2+1）的权限，给 HelloQt 的所在组分配读、写、执行（4+2+1）的权限，给其他用户分配读、写、执行（4+2+1）的权限。

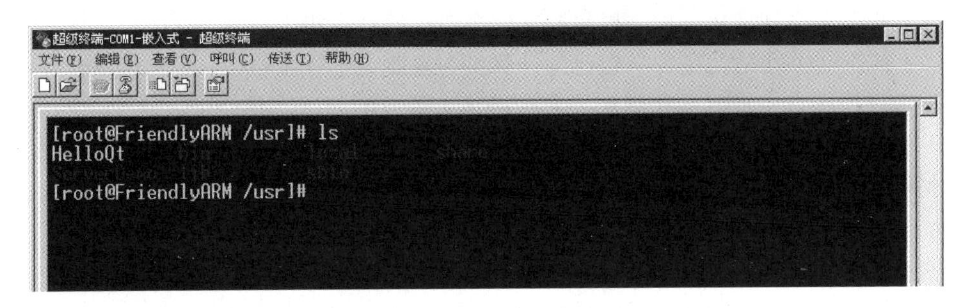

图 2-40　接收完成后的/usr 文件夹中的文件

此时在超级终端中输入命令：

```
ls
```

进行查看，可以看出：此时 HelloQt 已经是一个可执行文件了，更改权限后的/usr 文件夹中的文件如图 2-41 所示。

图 2-41　更改权限后的/usr 文件夹中的文件

（3）使用 FTP 发布程序

无论在 Linux 系统还是 Windows 系统中，一般安装后都自带一个命令行的 FTP 命令程序，使用 FTP 可以登录远程的主机，并传递文件，这需要主机提供 FTP 服务和相应的权限。一般的嵌入式系统中不仅带有 ftp 命令，还在开机时启动了 FTP 服务。这样就可以使用 FTP 来发布程序。

FTP 的全称是 File Transfer Protocol（文件传输协议），顾名思义，就是专门用来传输文件的协议。FTP 的主要作用就是让用户连接上一个远程计算机（这些计算机上运行着 FTP 服务器程序）查看远程计算机有哪些文件，然后把文件从远程计算机上复制到本地计算机，或把本地计算机的文件送到远程计算机去。

早期在 Internet 上传输文件，并不是一件容易的事，我们知道，Internet 是一个非常复杂的计算机环境，有 PC、工作站、MAC、服务器和大型机等，而这些计算机可能运行不同的操作系统，有 UNIX、DOS、Windows 和 MacOS 等，各种操作系统之间的文件交流，需要建立一个统一的文件传输协议，这就是所谓的 FTP。虽然基于不同的操作系统有不同的 FTP 应用程序，而所有这些应用程序都遵守同一种协议，这样用户就可以把自己的文件传送给别人，或者从其他的用户环境中获得文件。

在 FTP 的使用当中，用户经常遇到两个概念：“下载”（Download）和“上传”

（Upload）：

➢ “下载”文件就是从远程主机复制文件至自己的计算机上；

➢ “上传”文件就是将文件从自己的计算机中复制至远程主机上。

FTP 客户程序有字符界面和图形界面两种，为了方便测试，我们可以从 PC 的命令行窗口登录开发板，并向开发板上传文件。

在本书中，HOST 中安装的操作系统为 Windows 系列，首先打开 Windows 中的命令提示符，如图 2-42 所示。随后需要使用 DOS 系统中的 cd 命令将目录切换至代发布程序所在的目录（虽然自 Windows XP 开始，命令提示符并不是真正的 DOS）。

功能：执行 cd 命令可改变当前目录。

参数与格式：

cd [/D] [drive:][path]

参数说明：/D：命令行开关，除了改变驱动器的当前目录之外，还可改变当前驱动器；

drive:：盘符；

path：需要进入的目录的路径（绝对或相对路径）；

\：根目录；

..：上层目录。

需要注意的是：DOS 系统中的命令不区分大小写。

假定代发布的程序在 H 盘根目录下，在命令提示符中输入命令：

```
cd /d h:
```

切换至 H 盘根目录下，如图 2-42 所示。此时需要查看一下目录中的内容确保有待上传的文件，在 DOS 系统中使用 dir 命令。

功能：执行 dir 命令可以查看目录内容。

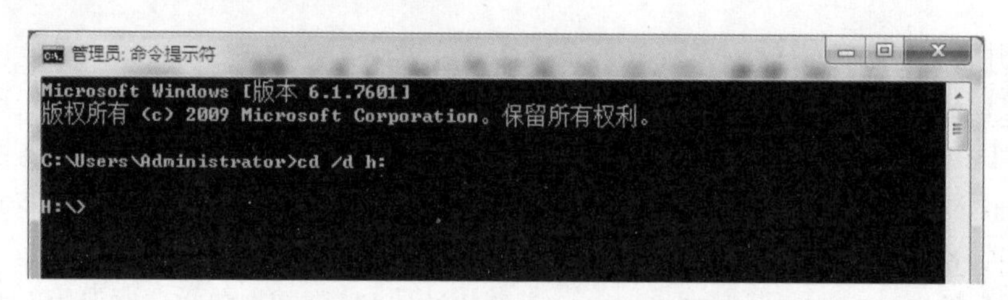

图 2-42　在 Windows 系统中切换目录

参数与格式：

dir [drive:][path] [/P][/W]

参数说明：drive:：盘符；

path：需要列出内容的目录的路径（绝对或相对路径）；

/P：当欲查看的目录太多，无法在一屏显示完屏幕会一直往上滚动，不容易看清，加上/P 参数后，屏幕上会分面一次显示 23 行的文件信息，然后暂停，并提示 Press any key to continue；

/W：加上/W 只显示文件名，至于文件大小及建立的日期和时间则都省略。加上参数后，每行可以显示 5 个文件名。

在命令提示符中输入命令：

```
dir
```

在命令提示符中查看当前目录中的内容，如图 2-43 所示（红圈所示的文件即为带上传的文件：HelloQt）。

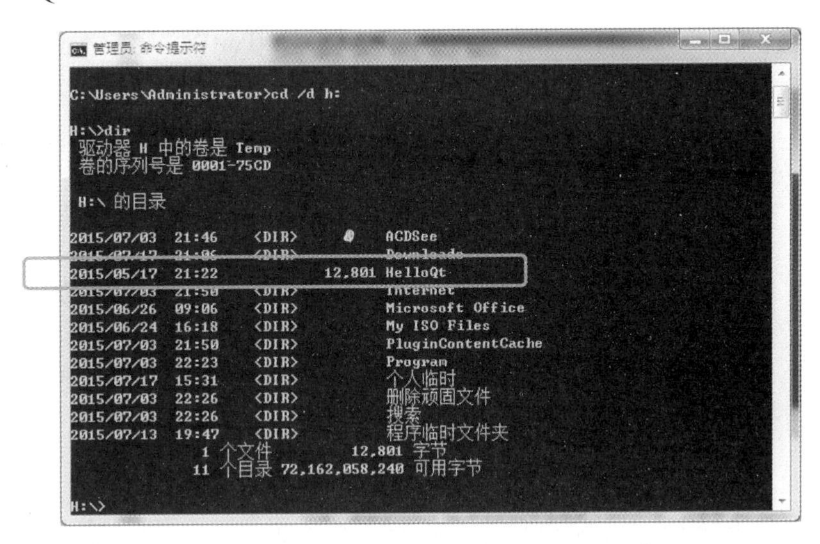

图 2-43　在命令提示符中查看目录中的内容

随后需要设置一下 PC 的 IP 地址。以 Micro2440 为例，其 IP 地址被设置为 192.168.1.230，子网掩码为 255.255.255.0，所以为了保证 FTP 的使用，需要将 PC 的 IP 地址设置在同一网段。打开本地连接的属性，如图 2-44 所示。

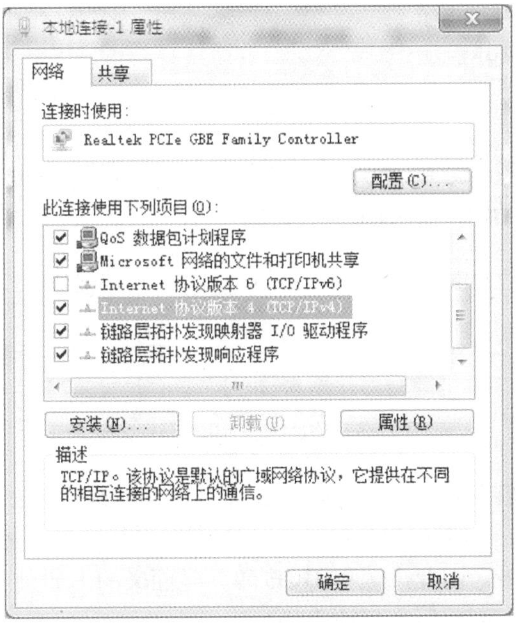

图 2-44　本地连接的属性

在图 2-44 所示的界面中，选中“Internet 协议版本 4 （TCP/IPv4）”。单击“属性”按钮，进入属性设置界面，修改本地连接的 IP 地址如图 2-45 所示。按照图 2-45 的参数进行相关设置即可。

在命令提示符中使用 ftp 命令登录 FTP。

参数与格式：

ftp [-d] [-g] [-i] [-n] [-v [-f] [-k realm] [-q[-C]] [HostName [Port]]

参数说明：-d：将有关 ftp 命令操作的调试信息发送给 syslogd 守护进程；

-g：禁用文件名中的元字符拓展；

-i：关闭多文件传送中的交互式提示；

-n：防止在起始连接中的自动登录。否则，ftp 命令会搜索$HOME/.netrc 登录项；

-v：显示远程服务器的全部响应，并提供数据传输的统计信息。当 ftp 命令的输出是到终端（如控制台或显示）时，此显示方式是默认方式；如果 stdin 不是终端，除非用户调用带有-v 标志的 ftp 命令，或发送 verbose 子命令，否则 ftp 详细方式将禁用；

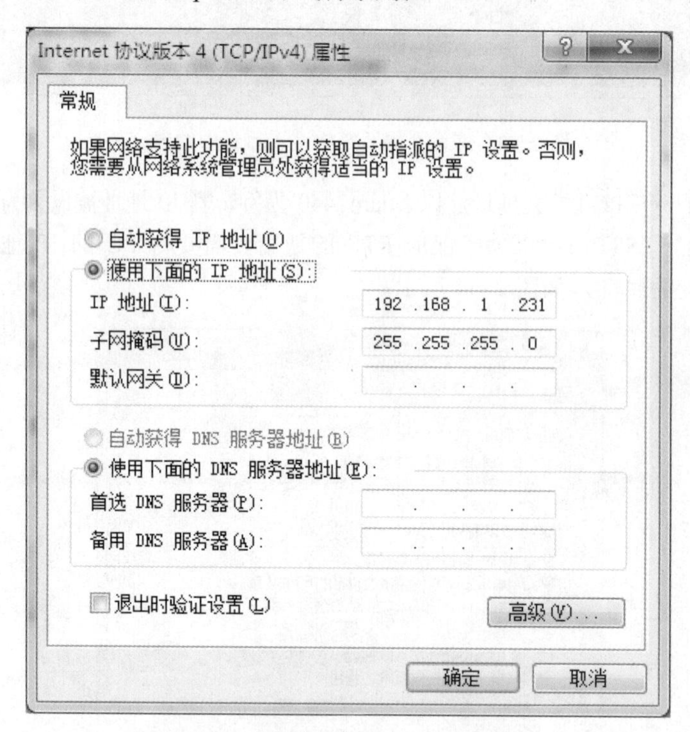

图 2-45　修改本地连接的 IP 地址

-f：导致转发凭证。如果 Kerberos 5 不是当前认证方法，则此标志将被忽略；

-k realm：如果远程站的域不同于本地系统的域，系统将允许用户指定远程站的域。因此，域和 DCE 单元是同义的。如果 Kerberos5 不是当前认证方法，则此标志将被忽略；

-q：允许用户指定 send_file 子例程必须用于在网络上发送文件。只有当文件在无保护的情况下以二进制方式发送时此标志才适用；

-C：允许用户指定通过 send_file 命令发出的文件必须在网络高速缓冲区（NBC）中经过缓存处理。此标志必须在指定了-q 标志的情况下使用。只有当文件在无保护的情况下以二进制方式发送时此标志才适用；

HostName [Port]：主机名[端口号]；

在命令提示符中输入命令：

```
ftp 192.168.1.230
```

即可开始登录 Micro2440 的 FTP，如图 2-46 所示。登录过程中需要输入用户名和密码，Micro2440 的 FTP 的用户名和密码均为：plg。

登录成功后系统提示："230 User plg logged in."，红圈中内容如图 2-46 所示。

登录 FTP 后使用 put 命令上传文件。

参数与格式：

put local-file[remote-file]：将本地文件 local-file 传送至远程主机。

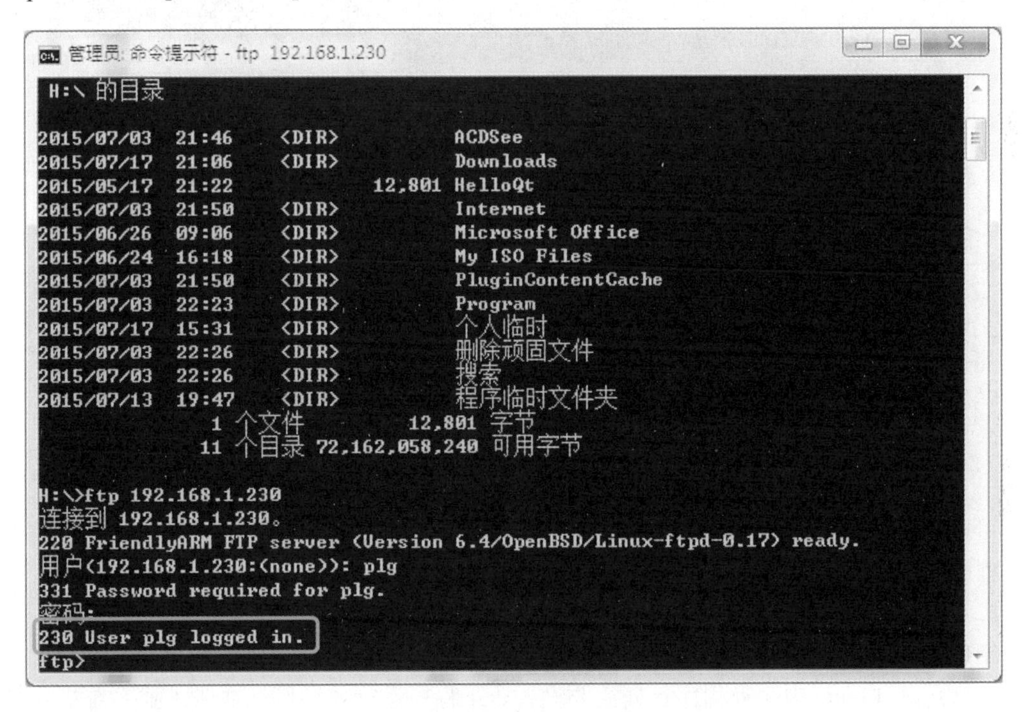

图 2-46　登录 FTP

参数说明：local-file[remote-file]：本地文件名[远程主机文件名]。

在命令提示符中输入命令：

```
put HelloQt
```

即可开始使用 FTP 传送文件，如图 2-47 所示。

传送完毕，您可以在超级终端看到目标板的/home/plg 目录下多了一个 HelloQt 文件，远程主机（嵌入式系统）接收的文件如图 2-48 所示。

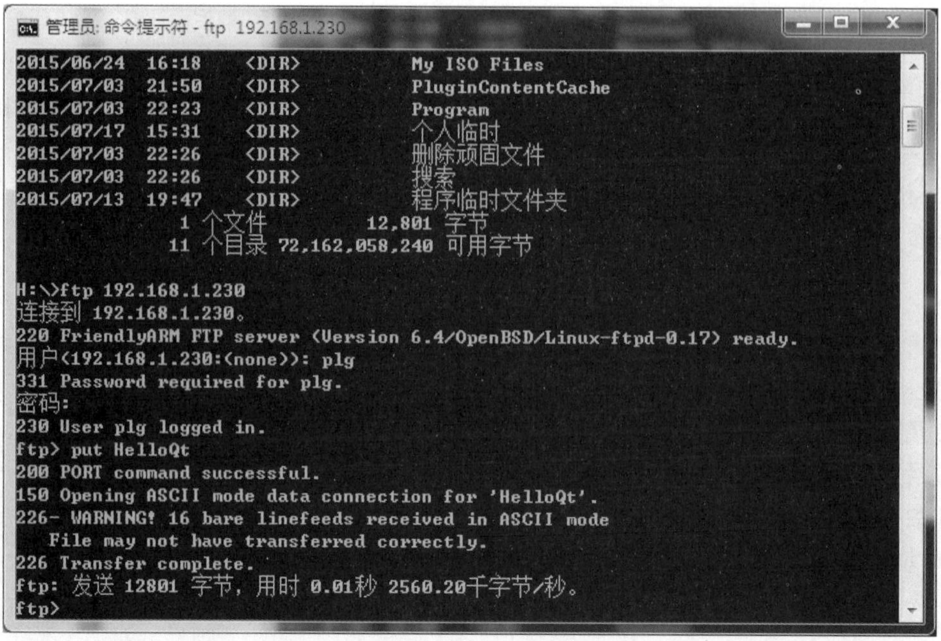

```
管理员: 命令提示符 - ftp 192.168.1.230
2015/06/24  16:18    <DIR>          My ISO Files
2015/07/03  21:50    <DIR>          PluginContentCache
2015/07/03  22:23    <DIR>          Program
2015/07/17  15:31    <DIR>          个人临时
2015/07/03  22:26    <DIR>          删除顽固文件
2015/07/03  22:26    <DIR>          搜索
2015/07/13  19:47    <DIR>          程序临时文件夹
               1 个文件         12,801 字节
              11 个目录 72,162,058,240 可用字节

H:\>ftp 192.168.1.230
连接到 192.168.1.230。
220 FriendlyARM FTP server (Version 6.4/OpenBSD/Linux-ftpd-0.17) ready.
用户(192.168.1.230:(none)): plg
331 Password required for plg.
密码:
230 User plg logged in.
ftp> put HelloQt
200 PORT command successful.
150 Opening ASCII mode data connection for 'HelloQt'.
226- WARNING! 16 bare linefeeds received in ASCII mode
   File may not have transferred correctly.
226 Transfer complete.
ftp: 发送 12801 字节，用时 0.01秒 2560.20千字节/秒。
ftp>
```

图 2-47　使用 FTP 传送文件

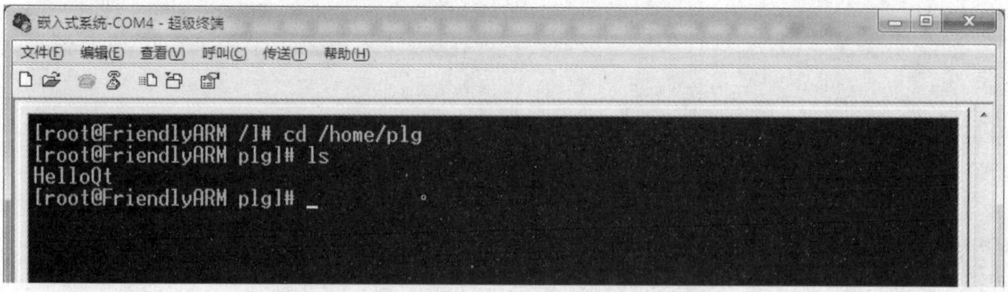

```
嵌入式系统-COM4 - 超级终端
文件(F) 编辑(E) 查看(V) 呼叫(C) 传送(T) 帮助(H)
[root@FriendlyARM /]# cd /home/plg
[root@FriendlyARM plg]# ls
HelloQt
[root@FriendlyARM plg]# _
```

图 2-48　远程主机（嵌入式系统）接收的文件

可以看出：此时 HelloQt 并不是一个可执行文件。可以参照使用 ZModem 文件传输协议发布程序的步骤进行操作，更改 HelloQt 的权限。

3. 运行

当赋予 HelloQt 可执行权限后，即可开始运行程序。

在嵌入式 Linux 中运行程序首先需要设置一下程序运行的环境。在嵌入式系统搭建时，已经将环境设置的脚本存储在/bin 目录下，因此只需要在超级终端中输入：

```
. setqt4env
```

即可完成设置程序运行环境，如图 2-49 所示。

需要注意的是：点和脚本间有一个空格，说明脚本中导出的环境变量将应用到当前的 shell 会话中。

紧接着进入 HelloQt 所在文件夹，在超级终端中输入：

```
./HelloQt -qws
```

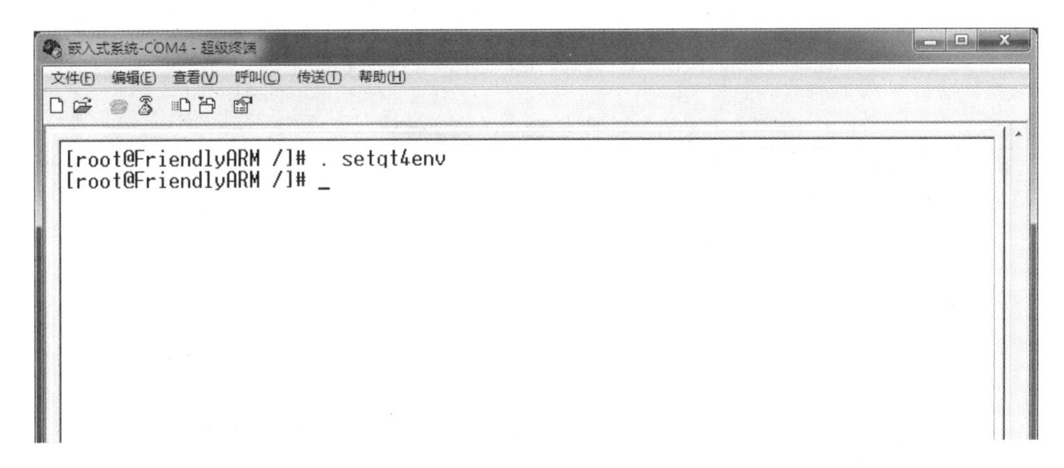

图 2-49　设置程序运行环境

或者不进入 HelloQt 所在文件夹，直接在超级终端中输入完整路径：

```
./usr/HelloQt -qws
```

即可运行程序，HelloQt 程序界面（纯代码、Embedded Linux）如图 2-50 所示。

在这里，可以看到有一个重要的参数：-qws。Qt 编程和文档中的术语 QWS 的全称是 Qt Windows System，是 Qt 自行开发的窗口系统，体系结构类似 X Windows，是一个 C/S 结构，由 QWS Server 在物理设备上显示，由 QWS Client 实现界面，两者通过 socket 进行彼此的通信。在很多嵌入式系统里，Qt 程序基本上都是用 QWS 来实现的，这样可以保证程序的可移植性。

图 2-50　HelloQt 程序界面（纯代码、Embedded Linux）

另外在运行 Qt 程序时添加-qws 参数，表示这个程序是 QWS Server，否则是 QWS Client。任何一个基于 Qt 的 application 都可以做 QWS Server。当然 QWS Server 一定先于 QWS Client 启动，否则 QWS Client 将启动失败。在实际应用中，会指定某个特殊的程序做 QWS Server，这个程序一般还会管理一些其他的系统资源。

2.2　你好，Qt！（UI 版）

2.2.1　新建工程

在 Ubuntu 中打开 Qt Creator，单击“文件”菜单，在弹出菜单中选择“新建文件或工程…”选项，如图 2-1 所示。在随后弹出的界面中选择“Applications”→“Qt Gui 应用”，如图 2-51 所示。

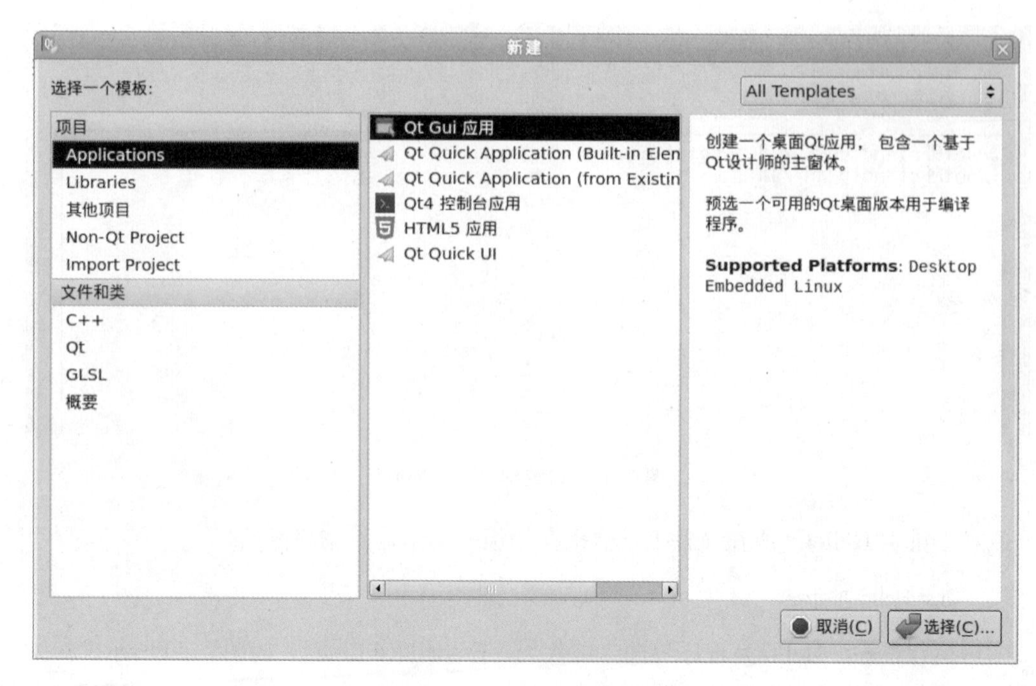

图 2-51　新建 Qt Gui 应用

在图 2-51 所示的界面中单击“选择”按钮会出现图 2-52 所示的项目介绍和位置界面。在这个界面中输入项目的名称：HelloQt，并使用“浏览…”按钮指定项目的位置。

在图 2-52 所示的界面中单击“下一步”按钮会出现图 2-53 所示的目标设置界面；在图 2-53 所示的界面中单击“下一步”按钮会出现图 2-54 所示的类信息界面。

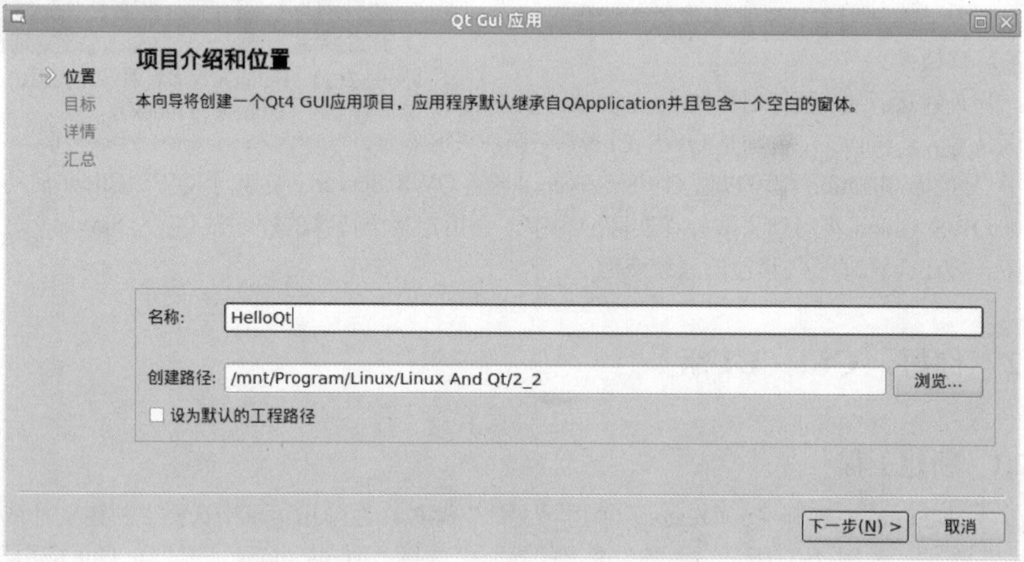

图 2-52　项目介绍和位置界面

在图 2-54 所示的类信息界面中：

➢ “类名”为自定义的类名，本项目中设置为 HelloQt；
➢ “基类”为 HelloQt 所继承的类，在本项目中通过下拉框选择为 QWidget 类；
➢ “头文件”、“源文件”和“界面文件”由系统指定，一般无须修改；
➢ “创建界面”选项一定要选中。

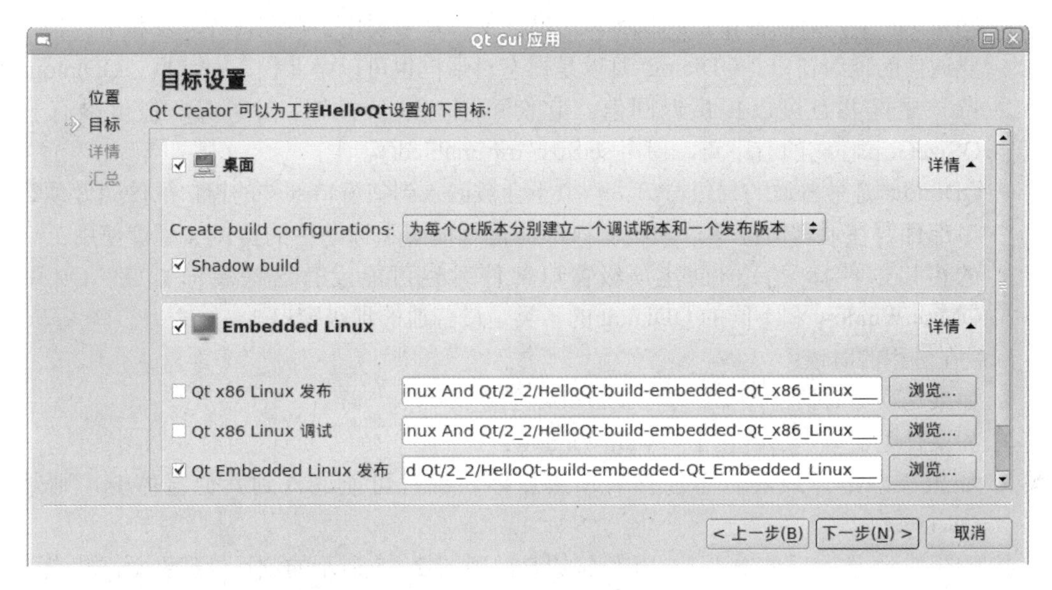

图 2-53　目标设置界面

图 2-54　类信息界面

在图 2-54 的类信息界面中，我们选择了使用 QWidget 类作为基类，那么在图 2-54 所示的界面中可以选择的基类有 3 种：QWidget、QDialog 和 QMainWindow。它们之间的区别在于：

➢ QMainWindow 类提供一个有菜单条、锚接窗口（例如工具条）和一个状态条的主应用程序窗口。主窗口通常用在提供一个大的中央窗口部件（例如文本编辑或者绘制画布）以及周围菜单、工具条和一个状态条。QMainWindow 常常被继承，因为这使得封装中央部件、菜单和工具条以及窗口状态条变得更容易，当用户单击菜单项或者工具条按钮时，槽会被调用。
➢ QDialog 类是对话框窗口的基类。对话框窗口是主要用于短期任务以及和用户进行简要通信的顶级窗口。QDialog 可以是模态对话框也可以是非模态对话框。QDialog 支持扩展性并且可以提供返回值。它们可以有默认按钮。QDialog 也可以有一个 QSizeGrip 在它的右下角，使用 setSizeGripEnabled()。
➢ QDialog 是最普通的顶级窗口。一个不会被嵌入到父窗口部件的窗口部件叫做顶级窗口部件。在通常情况下，顶级窗口部件是有框架和标题栏的窗口（尽管使用了一定的窗口部件标记，但创建顶级窗口部件时也可能没有这些装饰）。在 Qt 中，QMainWindow 和不同的 QDialog 的子类是最普通的顶级窗口。

一般在选用的时候：

➢ 如果是顶级对话框，那就基于 QDialog 创建；
➢ 如果是主窗体，那就基于 QMainWindow；
➢ 如果不确定，或者有可能作为顶级窗体，或有可能嵌入到其他窗体中，则基于 QWidget 创建。

按照图 2-54 设置后单击“下一步”按钮会出现图 2-55 所示的项目管理界面，此界面不需要进行额外设置，直接单击“完成”按钮来完成项目的建立。Qt Creator 会根据图 2-54 中的设置新建对应的文件并把它们添加至工程中去，当工程和文件新建完成后 Qt Creator 的项目框中会出现新建的项目并打开 helloqt.cpp 文件，如图 2-56 所示。用鼠标双击 HelloQt 工程文件可以看到工程中所包含的文件，如图 2-57 所示。

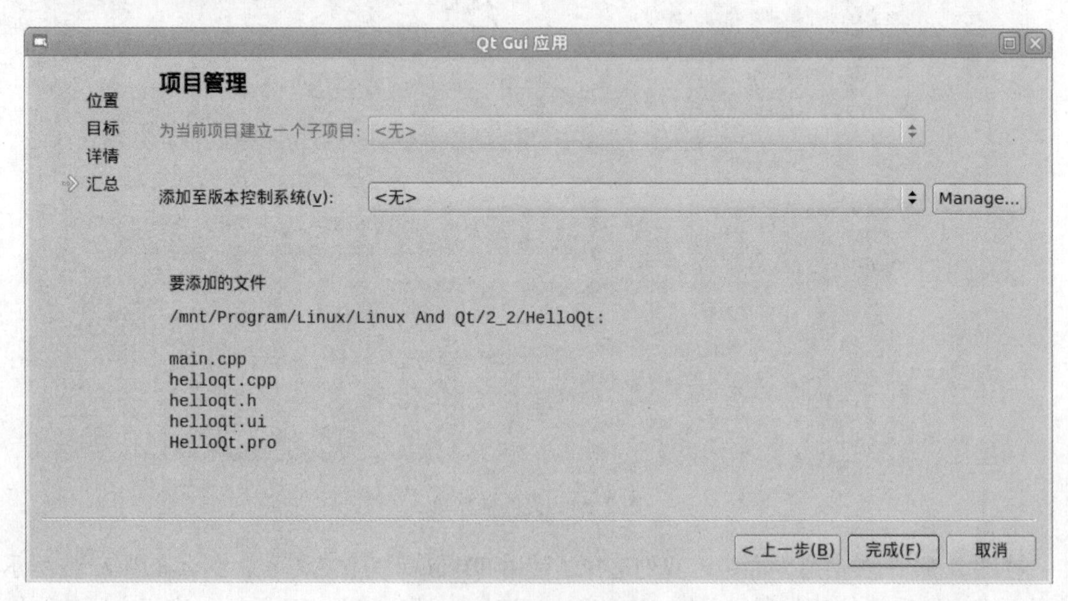

图 2-55　项目管理界面

图 2-56　Qt Creator 项目初始界面

图 2-57　项目包含的文件

2.2.2　编辑界面文件

用鼠标双击本工程中的界面文件 helloqt.ui，即可打开界面文件编辑器，如图 2-58 所示。在图 2-58 所示的界面中：

- 1 号区域中提供了 Qt Creator 的窗口部件；
- 2 号区域中为部分编辑和布局操作的快捷按钮；
- 3 号区域中为窗口部件的放置区域；
- 4 号区域中为 Action 和信号和槽编辑器；
- 5 号圈区域为对象及属性编辑区域。

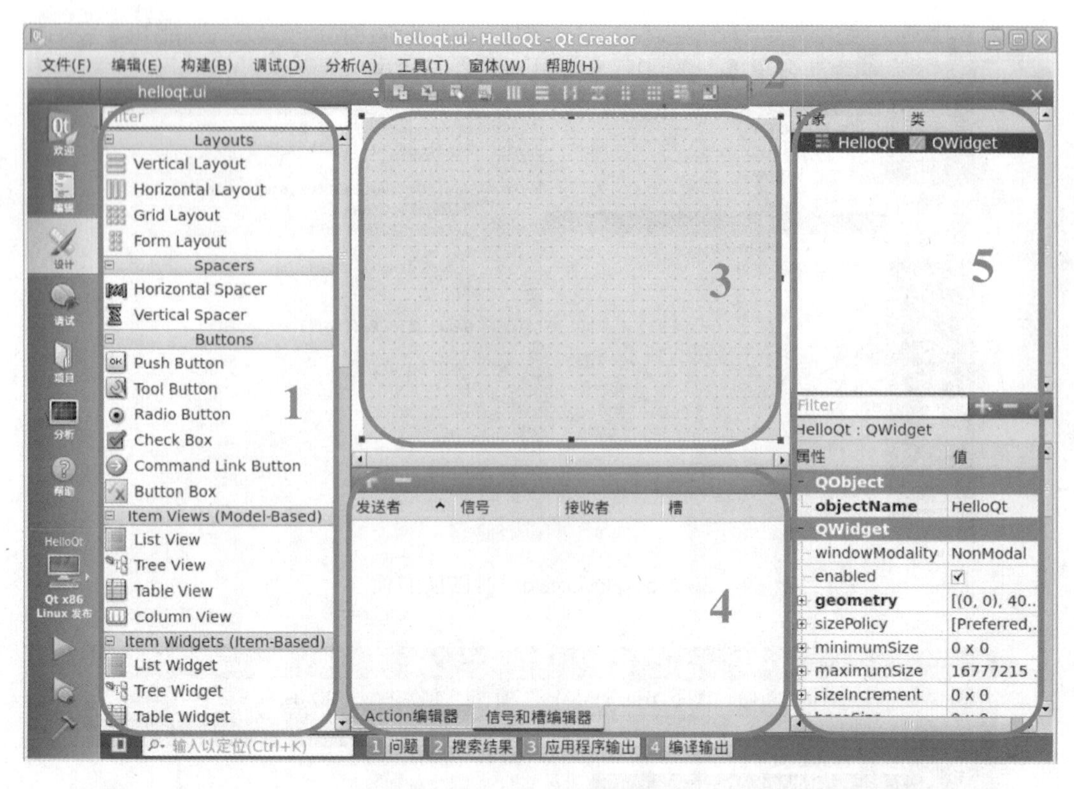

图 2-58　界面文件编辑器

1. 放置 QLabel 类窗口部件并设置其属性

在图 2-58 所示的界面中的 1 号区域中找到“Display Widgets”，如图 2-59 所示。

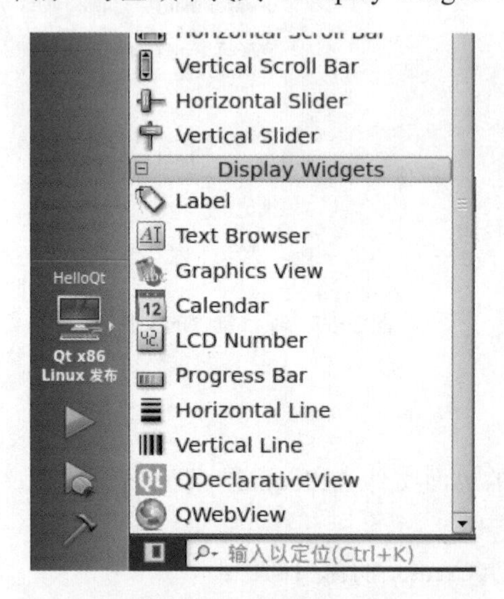

图 2-59　Display Widgets

单击选中“Label”，将其拖动到图 2-58 所示的 3 号区域中，Label 窗口部件放置如图 2-60 所示。

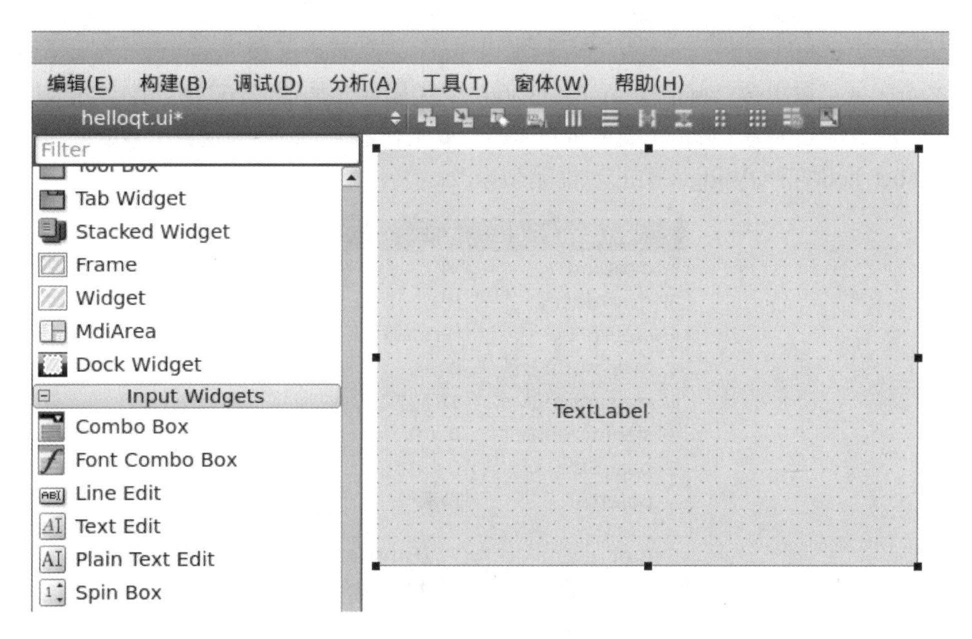

图 2-60　Label 窗口部件放置

当拖放完成后，在图 2-58 所示的 5 号区域中会出现对象及属性设置，如图 2-61 所示。

单击 QLabel 类对象 label 可以在图 2-61 的下方显示 label 的属性设置。

属性设置可以分为几个区域，第一个区域可以修改 QLabel 类对象的 objectName（对象名），如图 2-62 所示。将对象名修改为更容易和其他对象区分的名字，本项目中修改为 label_hello，此时 QLabel 类对象名为 label_hello。

图 2-61　对象及属性设置

图 2-62　修改 QLabel 类对象的 objectName

第二个区域可以更改 label_hello 的 QWidget 类属性，如图 2-63 所示。之所以会修改 QWidget 类的属性是因为 QLabel 类继承自 QFrame 类，QFrame 类继承自 QWidget 类。在本项目中，label_hello 的 QWidget 类的属性无须修改。

QWidget	
enabled	☑
geometry	[(9, 9), 76 ...
sizePolicy	[Preferred,...
minimumSize	0 x 0
maximumSize	16777215 ...
sizeIncrement	0 x 0
baseSize	0 x 0
palette	继承
font	A [Fangso...
字体族	AR PL UKai...
点大小	11
粗体	☐
斜体	☐
下划线	☐
删除线	☐
字距调整	☑
反锯齿	首选默认
cursor	箭头
mouseTracking	☐
focusPolicy	NoFocus
contextMenuP...	DefaultCo...
acceptDrops	☐
toolTip	
statusTip	
whatsThis	
accessibleName	
accessibleDes...	
layoutDirection	LeftToRight
autoFillBackgr...	☐
styleSheet	
locale	Chinese, C...
语言	Chinese
国家/地区	China
inputMethodHi...	ImhNone

图 2-63 label_hello 的 QWidget 类属性

第三个区域可以更改 label_hello 的 QFrame 类属性，如图 2-64 所示。之所以会修改 QFrame 类的属性是因为 QLabel 类继承自 QFrame 类。在本项目中，label_hello 的 QFrame 类的属性无须修改。

第四个区域可以修改 label_hello 的 QLabel 类属性，如图 2-65 所示。在这里将 text 中的内容修改为：“你好，Qt!”。

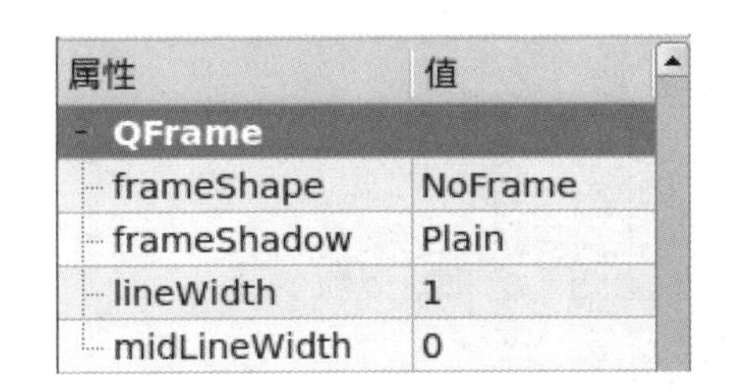

图 2-64　label_hello 的 QFrame 类属性

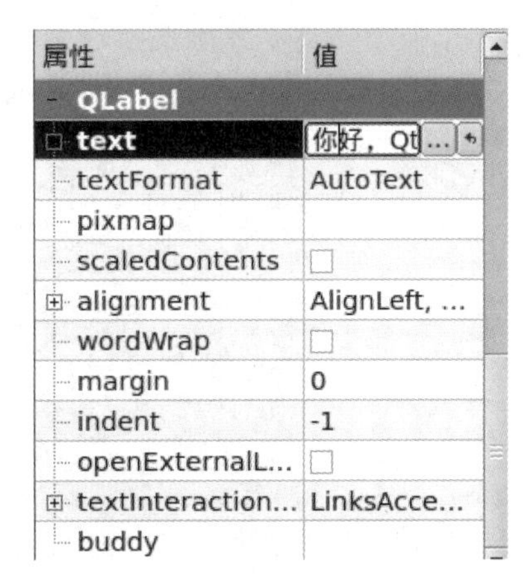

图 2-65　修改 label_hello 的 QLabel 类属性

如果仅仅修改 label_hello 的显示内容而不修改任何属性，更为简单的方法是在图 2-60 的界面中用鼠标双击 label_hello 进入编辑状态直接修改显示内容，如图 2-66 所示。

2. 窗口布局

由于本项目比较简单，因此可以开始进行整体窗口布局了。在图 2-58 所示的 5 号区域中单击窗口对象 HelloQt，然后在图 2-58 所示的 2 号区域中找到“栅格布局”按钮，如图 2-67 所示。

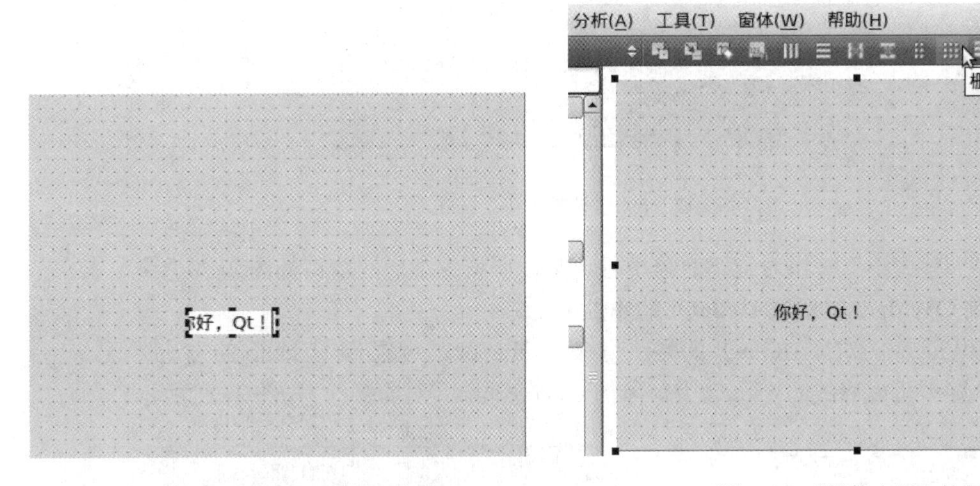

图 2-66　修改 label_hello 的显示内容

图 2-67　“栅格布局”按钮

单击“栅格布局”按钮对窗口对象进行布局，布局完成的窗口如图 2-68 所示。

可以看出：此时窗口显示画面并不协调。在图 2-58 所示的 2 号区域中找到“调整大小”按钮，如图 2-69 所示。

图 2-68　布局完成的窗口

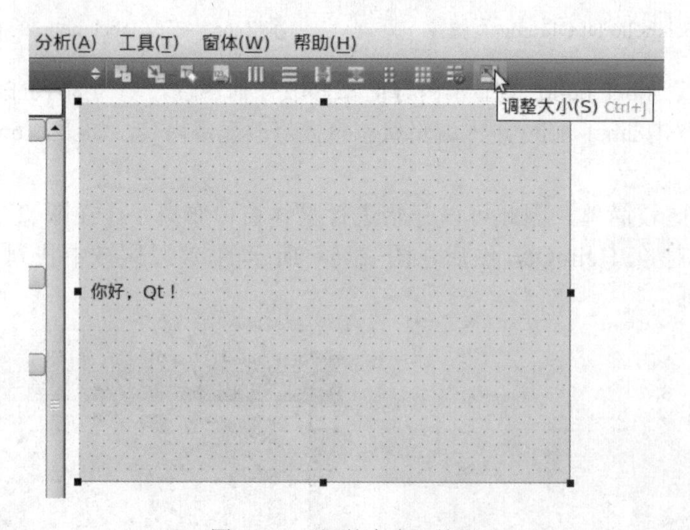

图 2-69　“调整大小”按钮

单击“调整大小”按钮对窗口对象进行调整，调整大小后的窗口如图 2-70 所示。

3. 修改 QWidget 类对象 HelloQt 的属性

修改 QWidget 类对象 HelloQt 的方法与修改 QLabel 类对象 label_hello 的方法类似。第一个区域可以修改 QWidget 类对象的 objectName（对象名），如图 2-71 所示。

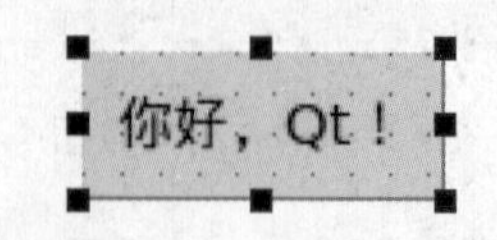

图 2-70　调整大小后的窗口

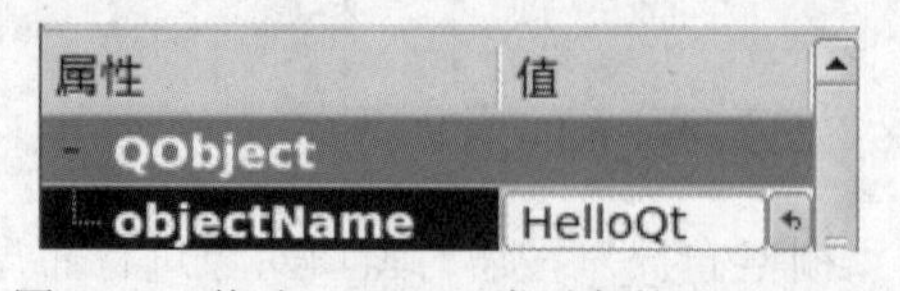

图 2-71　修改 QWidget 类对象的 objectName

需要注意的是：此项请勿轻易修改。

第二个区域可以更改 HelloQt 的 QWidget 类属性。在本项目中将 windowsTitle 修改为

"你好，Qt!"，如图 2-72 所示。

第三个区域可以更改 Layout 的属性。将 Layout 名修改为更容易和其他 Layout 区分的名字，在本项目中将 layoutName 修改为"gridlayout_0"，如图 2-73 所示。

QWidget	
enabled	☑
geometry	[(0, 0), 94 ...
sizePolicy	[Preferred,...
minimumSize	0 x 0
maximumSize	16777215 ...
sizeIncrement	0 x 0
baseSize	0 x 0
palette	继承
粗体	☐
斜体	☐
下划线	☐
删除线	☐
字距调整	☑
反锯齿	首选默认
cursor	箭头
mouseTracking	☐
focusPolicy	NoFocus
contextMenuP...	DefaultCo...
acceptDrops	☐
windowTitle	你好，Qt！
windowIcon	
statusTip	
whatsThis	
accessibleName	
accessibleDes...	
layoutDirection	LeftToRight
autoFillBackgr...	☐
styleSheet	
locale	Chinese, C...
语言	Chinese
国家/地区	China
windowFilePath	
inputMethodHi...	ImhNone
windowModality	NonModal

图 2-72　HelloQt 的 QWidget 类属性

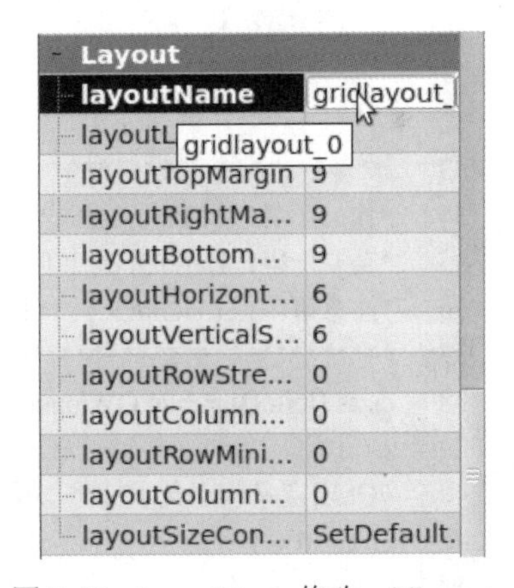

图 2-73　layoutName 修改 gridlayout_o

2.2.3　源代码完善与解读

1. 头文件 helloqt.h

```
1    /*************************************************************************
2    *作      者：604Brother
3    *功      能：HelloQt 类
```

```
4    ****************************************************************************/
5    /*防止对此头文件多重包含*/
6    #ifndef HELLOQT_H
7    #define HELLOQT_H
8
9
10
11   /*用于本项目实现的 Qt 类*/
12   //包含类 QWidget
13   #include <QWidget>
14
15
16
17   //条件编译
18   //#define Embedded_Linux
19
20
21
22   /****************************************************************************
23   *作     者：604Brother
24   *功     能：命名空间与类声明
25   ****************************************************************************/
26   namespace Ui
27   {
28    class HelloQt;
29   }
30
31
32
33   /****************************************************************************
34   *作     者：604Brother
35   *功     能：HelloQt 类声明
36   *注意事项：1.HelloQt 类 public 继承 QWidget 类
37   ****************************************************************************/
38   class HelloQt:public QWidget
39   {
40   //Qt 宏定义，定义了信号与槽的类必须使用
41   Q_OBJECT
42
43   /*private 成员变量*/
44   private:
45   Ui::HelloQt *ui_helloqt;
46
47   /*public 成员函数*/
48   public:
49   /****************************************************************************
```

```
50    *作      者：604Brother
51    *功      能：HelloQt 类构造函数
52    *入口参数：parent 窗口部件
53    *返 回 值：无
54    *注意事项：1.explicit 关键字指定该构造函数只能被明确的使用（不能作为类型转换操作符
      被隐含的使用）
55                2.*parent 的默认参数为 0，即一个空指针（该窗口部件没有父对象）
56    ****************************************************************************/
57    explicit HelloQt(QWidget *parent=0);
58    /****************************************************************************
59    *作      者：604Brother
60    *功      能：HelloQt 类析构函数
61    *入口参数：无
62    *返 回 值：无
63    ****************************************************************************/
64    ~HelloQt();
65    };
66
67
68
69    #endif
```

（1）宏定义

第 6、7 和 69 行代码为宏定义，其作用为防止对 helloqt.h 多重包含。

```
5     /*防止对此头文件多重包含*/
6     #ifndef HELLOQT_H
7     #define HELLOQT_H
      //代码
      ……
69    #endif
```

#ifndef 是 if not defined 的简写，是宏定义的一种，它是可以根据是否已经定义了一个变量来进行分支选择，一般用于调试等。实际上确切说这应该是预处理功能中 3 种（宏定义、文件包含和条件编译）中的一种——条件编译。

在本项目中：main.cpp 和 helloqt.cpp 这两个源文件文件都 include 了 helloqt.h。而编译时，这两个源文件文件要一同编译成一个可运行文件，如果不加处理就会产生大量的声明冲突。当采用上述方法后：

- 当第一次包含 helloqt.h 时，由于没有定义 HELLOQT_H，条件为真，这样就会包含（执行）#ifndef HELLOQT_H 和#endif 之间的代码；
- 当第二次包含 helloqt.h 时前面一次已经定义了 HELLOQT_H，条件为假，#ifndef HELLOQT_H 和#endif 之间的代码也就不会再次被包含，这样就避免了重定义了。

需要注意的是：#ifndef 和#endif 要一起使用，如果丢失#endif，可能会报错。

建议大家以后在编写代码时，把头文件的内容都放在#ifndef 和#endif 中，不管头文件会不会被多个文件引用，都要加上它。一般格式是这样的：

```
#ifndef "标识"
#define "标识"
//代码
……
#endif
```

“标识”在理论上来说可以是自由命名的，但每个头文件的这个“标识”都应该是唯一的。标识的命名规则一般是头文件名全大写，前面加下划线，并把文件名中的“.”也变成下划线，如：helloqt.h 的标识为 HELLOQT_H。

（2）包含 QWidget 类

第 13 行代码的作用为包含 QWidget 类。

```
11    /*用于本项目实现的 QT 类*/
12    //包含类 QQWidget
13    #include <QWidget>
```

QWidget 类是所有用户界面对象的基类。Qt 基本上所有的 UI 类都是由 QWidget 继承出来的。

窗口部件是用户界面的一个基本单元：它从窗口系统接收鼠标、键盘和其他事件，并且在屏幕上绘制自己的表现。每一个窗口部件都是矩形，并且它们是按 Z 轴顺序排列的。一个窗口部件可以被它的父窗口部件或者它前面的窗口部件盖住一部分。

QWidget 类有很多成员函数，但是它们中的一些有少量的直接功能：例如，QWidget 有一个字体属性，但是它自己从来不用。有很多继承它的子类提供了实际的功能，例如 QPushButton、QListBox 和 QTabDialog 等。

（3）命名空间

第 26～29 行声明了命名空间 Ui，并在这个命名空间中声明了类 HelloQt。

```
22    /*************************************************************************
23    *作    者：604Brother
24    *功    能：命名空间与类声明
25    *************************************************************************/
26    namespace Ui
27    {
28      class HelloQt;
29    }
```

命名空间是用来组织和重用代码的编译单元。之所以会有命名空间是因为人类的单词数太少，并且不同的人写的程序不可能所有的变量都没有重名现象；对于库来说，这个问题尤其严重，如果两个人写的库文件中出现同名的变量或函数（不可避免），使用起来就有问题了。为了解决这个问题，引入了名字空间这个概念。通过使用 namespace xxx，你所使用的库函数或变量就是在该名字空间中定义的，这样一来就不会引起不必要的冲突了。

举一个例子：一个年级有若干个班级，每个班级的学生都有学号。但我们不会把 1 班的 1 号和 2 班的 1 号弄混淆，这是因为存在了命名空间 1 班和 2 班。

（4）HelloQt 类声明

第 38～65 行声明了类 HelloQt。

```
33  /*************************************************************************
34  *作    者：604Brother
35  *功    能：HelloQt 类声明
36  *注意事项：1.HelloQt 类 public 继承 QWidget 类
37  *************************************************************************/
38  class HelloQt:public QWidget
39  {
      //代码
      ……
65  };
```

在 HelloQt 的声明中可以看出：其成员函数只进行了声明，并没有立即定义。如果将成员函数的声明和定义合并，又会怎样呢？

要解答这个问题，首先要了解一下内联函数。

当定义了一个函数之后，编译器就会在内存中为其创建一个指令集，当我们调用这个函数时，程序就会跳转到该指令集处。当函数运行完毕之后，程序又会返回到原来执行调用该函数语句的下一行继续执行。假如对该函数执行了上百次调用，那么就会来回跳转上百次，影响了执行效率。

在 C++中，可以使用 inline 关键字声明函数，此函数即为内联函数。编译器不会为内联函数创建真正的函数，只会将内联函数的所有代码复制到调用函数中，程序在执行的时候就不需要来回跳转，提高了程序执行的效率。

内联函数有显式声明和隐式声明之分，将函数的声明和定义合并在一起即为内联函数的隐式声明。

由于内联函数需要进行代码复制，调用次数越多，复制次数越多，程序体积越大，因此内联函数只有在需要频繁调用同时代码比较简单的情况下才可以使用。

在类中，如果成员函数的声明和定义合并在一起，那么这个成员函数称为内联成员函数，其使用特点和普通内联函数一样。

一般来说，为了减小程序体积，往往将类的声明和定义分开。

（5）public 继承

在 C++中，继承有 3 种方式：public、protected 和 private。第 38 行代码中指明了 HelloQt 类 public 继承 QWidget 类。

```
38  class HelloQt:public QWidget
```

对于 public 继承：

- 基类的 public 成员就相当于是派生类的 public 成员，也就是说派生类可以像访问自身 public 成员一样访问从基类继承的 public 成员；
- 基类的 protected 成员就相当于是派生类的 protected 成员，即派生类可以像访问自身的 protected 成员一样访问基类的 protected 成员；
- 对于基类的 private 成员，派生类是无法访问的。

对于 protected 继承：

- 基类的 public 成员和 protected 成员都相当于派生类的 protected 成员，派生类可以通过自身的成员函数访问它们；

➢ 对于基类的 private 成员，派生类是无法访问的。

对于 private 继承：

➢ 基类 public 成员和 protected 成员都相当于派生类的 private 成员，派生类只能通过自身的成员函数访问它们；

➢ 对于基类的 private 成员，派生类是无法访问的。

（6）Q_OBJECT

第 41 行代码出现了 Qt 中非常重要的宏 Q_OBJECT，定义了信号与槽的类必须使用这个宏。

```
40    //Qt 宏定义，定义了信号与槽的类必须使用
41    Q_OBJECT
```

Qt 的主要成就之一就是使用了元对象系统（meta-object system）机制对 C++进行了扩展。元对象系统提供了两项关键的技术：信号-槽和内省（introspection），内省功能对于实现信号与槽是必需的，并且允许应用程序开发人员在运行时获得有关 QObject 子类的“元信息（meta-information）”，包括一个含有对象的类名以及它所支持的信号与槽的列表。

标准 C++没有对 Qt 的元对象系统所需要的动态元信息提供支持。Qt 通过提供一个独立的 moc 工具解决了这个问题，moc 解析 Q_OBJECT 类的定义并且通过 C++函数来提供可供使用的信息。由于 moc 使用纯 C++来实现它的所有功能，所以 Qt 的元对象系统可以在任意 C++编译器上工作。

这一机制是这样工作的：

➢ Q_OBJECT 宏声明了在每一个 QObject 子类中必须实现的一些内省函数：metaObject()、tr()、qt_metacall()以及其他一些函数；

➢ Qt 的 moc 工具生成了用于 Q_OBJECT 声明的所有函数和所有信号的实现；

➢ 像 connect()和 disconnect()这样的 QObject 的成员函数使用这些内省函数来完成它们的工作；

➢ 这些工作是由 qmake、moc 和 QObject 自动处理的。

（7）private 与 public 成员

从第 44 行代码出现 private 开始至第 48 行出现 public 为止，其间声明的成员均为类的 private 成员；从第 48 行代码出现 public 开始没有再出现 public、protected 或 private 字眼，因此从第 48 行代码至结束，其间声明的成员均为类的 public 成员。

```
43    /*private 成员变量*/
44    private:
      //成员

47    /*public 成员函数*/
48    public:
      //成员
```

➢ public 成员可以被该类中的函数、子类的函数、友元函数及该类的对象访问；

➢ protected 成员可以被该类中的函数、子类的函数和友元函数访问，但不能被该类的

对象访问；

➢ private 成员只能由该类中的函数、友元函数访问，不能被除这两者以外的函数访问，该类的对象也不能访问。

友元函数包括 3 种：

➢ 设为友元的普通的非成员函数；
➢ 设为友元的其他类的成员函数；
➢ 设为友元类中的所有成员函数。

在一般情况下，将类的成员变量设置为 private，而使用类的 public 函数来访问它们。这样的好处是数据的赋值和读取分开操作，赋值函数不需要考虑读取函数是如何工作的，读取函数中代码的改变也不会影响到赋值函数。同时由于将变量 private 以后，各个对象不可以直接访问并修改数据，这会提高数据的安全性，避免一些不应有的错误。

2. 源文件 helloqt.cpp

```
1   /*****************************************************************************
2   *作      者：604Brother
3   *功      能：HelloQt 类
4   *注意事项：1.使用 UI
5   *****************************************************************************/
6   //包含头文件
7   #include "helloqt.h"
8   //包含对应的 UI 头文件
9   #include "ui_helloqt.h"
10
11
12
13  /*****************************************************************************
14  *作      者：604Brother
15  *功      能：HelloQt 类构造函数
16  *入口参数：parent 窗口部件
17  *返 回 值：无
18  *注意事项：1.成员变量初始化
19  *                  构造函数(参数):成员变量名 1(值或表达式),成员变量名 2(值或表达式),...
20  *****************************************************************************/
21  HelloQt::HelloQt(QWidget *parent):QWidget(parent),ui_helloqt(new Ui::HelloQt)
22  {
23   //调用 setupUi()函数来初始化窗体
24   //setupUi()函数还会自动将那些符合 on_objectName_signalName()命名惯例的任意槽与相应
    的 objectName 的 signalName()信号连接在一起
25   ui_helloqt->setupUi(this);
26  }
27
28
29
30  /*****************************************************************************
31  *作      者：604Brother
```

```
32    *功    能：HelloQt 类析构函数
33    *入口参数：无
34    *返 回 值：无
35    ************************************************************************/
36    HelloQt::~HelloQt()
37    {
38     delete ui_helloqt;
39    }
```

（1）ui_helloqt.h

第 9 行代码中，包含了 ui_helloqt.h，查看源代码文件夹中的文件，可以发现其中并没有 ui_helloqt.h 这个文件，如图 2-74 所示。

```
8     //包含对应的 UI 头文件
9     #include "ui_helloqt.h"
```

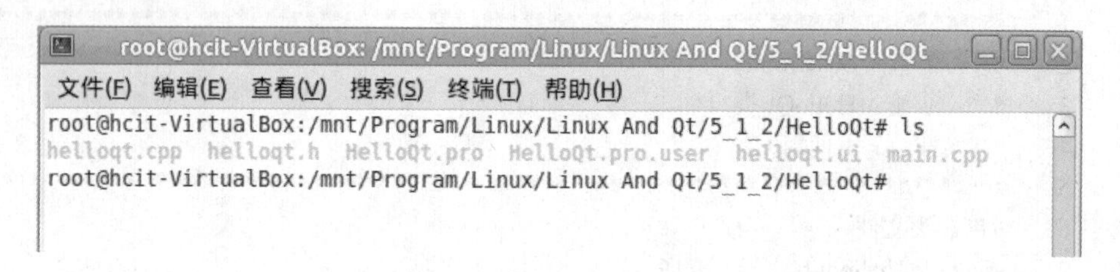

图 2-74　源代码文件夹中的文件

ui_helloqt.h 这个文件是 Qt 根据 helloqt.ui 在编译时生成的，保存在对应的“Shadow Build”文件夹中的文件，如图 2-75 所示。

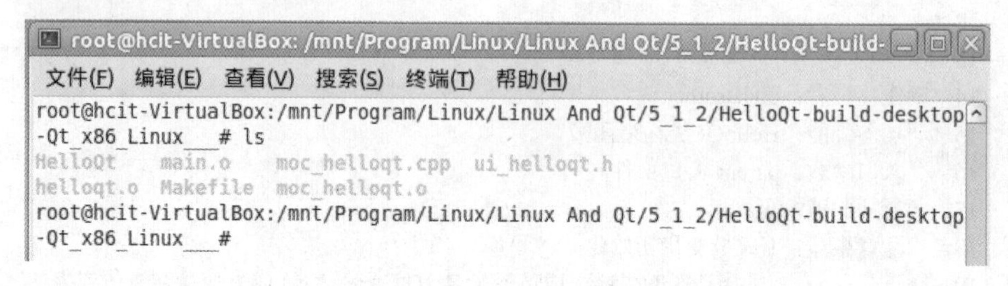

图 2-75　x86 “Shadow Build”文件夹中的文件

（2）成员函数的定义

第 21~26 行代码是 HelloQt 类构造函数的定义。

```
13    /************************************************************************
14    *作    者：604Brother
15    *功    能：HelloQt 类构造函数
16    *入口参数：parent 窗口部件
17    *返 回 值：无
18    *注意事项：1.成员变量初始化
19    *           构造函数(参数):成员变量名 1(值或表达式),成员变量名 2(值或表达式),...
20    ************************************************************************/
```

```
21    HelloQt::HelloQt(QWidget *parent):QWidget(parent),ui_helloqt(new Ui::HelloQt)
22    {
        //代码
        ……
26    }
```

第 36~39 行是 HelloQt 类析构函数的定义。

```
30    /**********************************************************************
31    *作      者：604Brother
32    *功      能：HelloQt 类析构函数
33    *入口参数：无
34    *返 回 值：无
35    **********************************************************************/
36    HelloQt::~HelloQt()
37    {
        //代码
        ……
39    }
```

从这两段代码可以看出：当类中的成员函数的声明和定义是分开的时候，成员函数的定义的格式为：

```
返回值类型 类名::成员函数名(形参列表)
{
 //代码
 ……
}
```

（3）this 指针

为了便于理解 this 指针，首先来看一个例子。

假设一个班级有很多学生，每天上的课程是一致的，每个学生所拥有的教材也是一致的，怎样确保这个班的学生的教材不会拿错呢？

最好的办法就是每个同学都在自己的书上写上自己的名字。

与之类似，一个对象的多个成员就可看作是这个对象所拥有的书；而在很多个对象中间，为了证明某个成员是自己的成员，而不是其他对象的成员，同样需要给这些成员取上名字。在 C++中，利用 this 指针帮助对象做到这一点。

对于类成员函数而言，并不是一个对象对应一个单独的成员函数体，而是此类的所有对象共用这个成员函数体。当程序被编译之后，此成员函数地址即已确定。而成员函数之所以能把属于此类的各个对象的数据区别开，就是靠 this 指针。

也就是说当在类的非静态成员函数中访问类的非静态成员的时候，编译器会自动将对象本身的地址作为一个隐含参数传递给函数。也就是说，即使你没有写上 this 指针，编译器在编译的时候也是加上 this 的，它作为非静态成员函数的隐含形参，对各成员的访问均通过 this 进行。

概括起来：

➢ this 是一个当前类的指针；
➢ this 是由编译器自动产生的，在类的成员函数中有效；
➢ this 指向当前的对象；
➢ this 是一个常量，不允许对其赋值；
➢ 一个对象的 this 指针并不是对象本身的一部分，不会影响 sizeof 的结果。

3. 源文件 main.cpp

```
1    /**************************************************************************
2    *作      者：604Brother
3    *功      能：主函数
4    **************************************************************************/
5    //包含类 QApplication
6    #include <QApplication>
7    //包含类 QTextCodec
8    #include <QTextCodec>
9    //包含头文件
10   #include "helloqt.h"
11
12
13
14   /**************************************************************************
15   *作      者：604Brother
16   *功      能：主函数
17   *入口参数：无
18   *返 回 值：main_app.exec()
19   **************************************************************************/
20   int main(int argc, char *argv[])
21   {
22    //创建 QApplication 类对象，管理整个应用程序所用到的资源
23    QApplication main_app(argc,argv);
24
25    #ifdef Embedded_Linux
26    main_app.setFont(QFont("wenquanyi",12));
27    #endif
28    QTextCodec *app_codec=QTextCodec::codecForName("UTF-8");
29    QTextCodec::setCodecForLocale(app_codec);
30    QTextCodec::setCodecForCStrings(app_codec);
31    QTextCodec::setCodecForTr(app_codec);
32
33    //在堆中创建 HelloQt 类对象，将其地址赋给指向 HelloQt 类对象的指针变量
34    HelloQt *app_w=new HelloQt();
35
36    //使 app_w 指针变量所指向的对象可见
37    app_w->show();
38
39    //把应用程序的控制权传递给 Qt，进入程序的循环状态并且等待，直到 exit 被调用或者主
```

```
        窗口部件被销毁，并且返回值被设置为 exit
40      return main_app.exec();
41    }
```

对比本项目的 main.cpp 代码，可以发现和项目 2.1 的代码并没有太大差别，所以在这里就不多述了。

2.2.4 x86 Linux 编译、调试与发布

当代码编写完成后，就可以对工程开始编译、调试与运行了。具体的操作方法和 2.1.4 节介绍的相同，在这里就不多述了。HelloQt 程序界面（UI、x86）如图 2-76 所示。

图 2-76 HelloQt 程序界面（UI、x86）

2.2.5 Embedded Linux 编译、发布与运行

在进行 Embedded Linux 编译与发布之前，需要将嵌入式系统和 PC 按照之前的介绍进行连接。具体的操作方法和 2.1.5 小节介绍的相同，在这里就不赘言了。HelloQt 程序界面（UI、Embedded Linux）如图 2-77 所示。

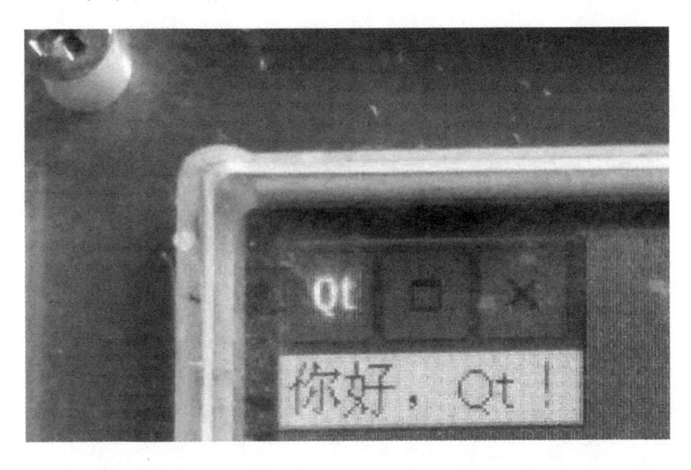

图 2-77 HelloQt 程序界面（UI、Embedded Linux）

2.3 实训

1. 用纯代码方式编写程序，在嵌入式系统中显示“你好，你的姓名”。
2. 用 UI 方式编写程序，在嵌入式系统中显示“你好，你的姓名”。

2.4 习题

1．面向对象程序语言的特征是什么？

2．中文版 Windows 操作系统采用的是什么编码？Linux 通常采用的是什么编码？

3．UTF-8 是怎样编码的？

4．举例说明类、对象和成员之间的关系。

5．举例说明构造函数的作用。

6．举例说明析构函数的作用。

7．什么是 C++中的引用和别名？

8．静态函数的特点什么？怎样使用静态函数？

9．什么是“堆”？什么是“栈”？它们的特点分别是什么？

10．继承和派生的特点是什么？

11．举例说明 Qt 父-子对象机制的优点。

第 3 章　信号与连接

Qt 的主要成就之一就是使用了元对象系统（meta-object system）机制对 C++进行了扩展。元对象系统提供了两项关键的技术：信号-槽和内省（introspection）机制。在本节中，将对信号-槽的机制进行介绍。本节例子中的程序由一个按钮构成，用户可以单击这个按钮退出程序。

3.1　信号与连接（代码版）

3.1.1　新建工程与源代码

新建工程的方法与 2.1.1 小节中的方法类似，不过需要将项目名称和存储位置进行修改，如图 3-1 所示。

新建源代码并将其添加到工程中的方法与 2.1.1 小节类似，就不多述了。

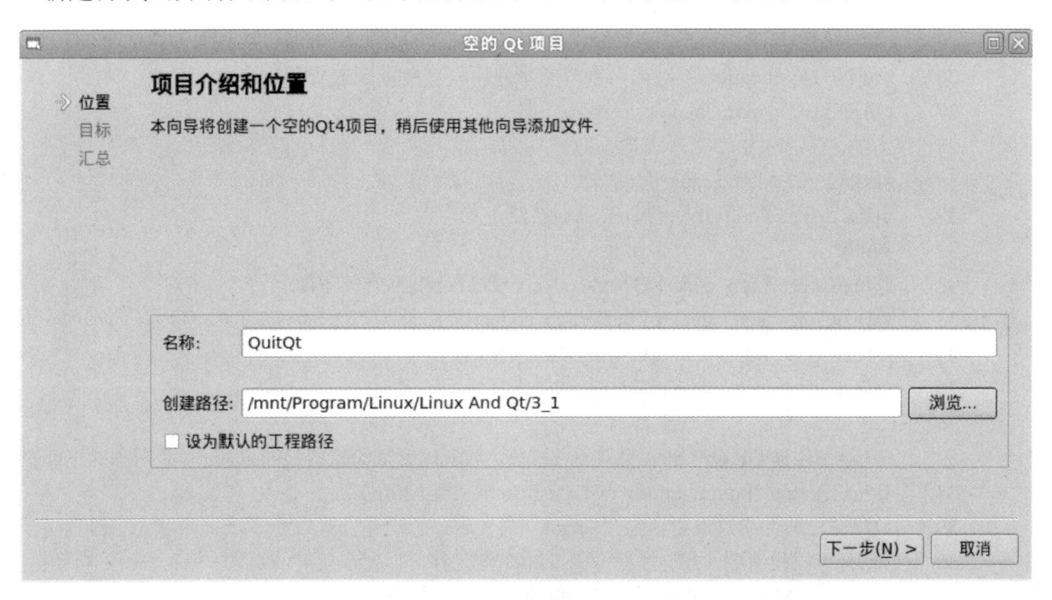

图 3-1　项目名称和位置

3.1.2　源代码编写与解读

在 Qt Creator 的项目框中双击打开 main.cpp 文件，开始编写源代码。

```
1    /*************************************************************************
2    *作      者：604Brother
```

```
3    *功      能：主函数
4    ***************************************************************************/
5    //包含类 QApplication
6    #include <QApplication>
7    //包含类 QTextCodec
8    #include <QTextCodec>
9    //包含类 QPushButton
10   #include <QPushButton>
11
12
13
14   //#define Embedded_Linux
15
16
17
18   /***************************************************************************
19   *作      者：604Brother
20   *功      能：主函数
21   *入口参数：无
22   *返 回 值：main_app.exec()
23   ***************************************************************************/
24   int main(int argc,char *argv[])
25   {
26    //创建 QApplication 类对象，管理整个应用程序所用到的资源
27    QApplication main_app(argc,argv);
28
29    #ifdef Embedded_Linux
30    main_app.setFont(QFont("wenquanyi",12));
31    #endif
32    QTextCodec *app_codec=QTextCodec::codecForName("UTF-8");
33    QTextCodec::setCodecForLocale(app_codec);
34    QTextCodec::setCodecForCStrings(app_codec);
35    QTextCodec::setCodecForTr(app_codec);
36
37    //在堆中创建 QPushButton 类对象并赋值，将其地址赋给指向 QPushButton 类对象的指针变量
38    QPushButton *button_quit=new QPushButton("退出(&Q)");
39    //Qt 窗口部件通过发射信号（singal）来表明一个动作已经发生了或一个状态已经改变了
40    //信号可以和函数（在这里称为槽，slot）相连接，以便在发射信号时，槽可以得到自动执行
41    //宏 SIGNAL()和 SLOT()是 Qt 语法的一部分
42    //将 button_quit 的 clicked()信号与 main_app 的 quit()槽连接起来
43    QObject::connect(button_quit,SIGNAL(clicked()),
44                     &main_app,SLOT(quit()));
45    //使 button_quit 可见
46    button_quit->show();
47
48    //把应用程序的控制权传递给 Qt，进入程序的循环状态并且等待，直到 exit 被调用或者主
```

```
        窗口部件被销毁，并且返回值被设置为exit
49      return main_app.exec();
50  }
```

1．包含 QPushButton 类

第10行代码的作用为包含 QPushButton 类。QPushButton 窗口部件提供了命令按钮。

```
9    //包含类 QPushButton
10   #include <QPushButton>
```

推动按钮或者命令按钮或许是任何图形用户界面中最常用到的窗口部件。推动（单击）按钮来命令计算机执行一些操作，或者回答一个问题。典型的按钮有确定（OK）、应用（Apply）、撤销（Cancel）、关闭（Close）、是（Yes）、否（No）和帮助（Help）。

当推动按钮被鼠标、空格键或者键盘快捷键激活，它发射 clicked()信号。连接这个信号来执行按钮的操作。推动按钮也提供不太常用的信号，例如，pressed()和 released()。

因为如此重要，按钮窗口部件在过去的时代中已经发展并提供了大量的变体。Microsoft 风格指南现在显示 Windows 推动按钮大约有 10 种不同状态并且文本暗示有当所有的特种组合都被考虑进去的时候，大约有几十种或更多的情况。

最重要的模式或状态有：

- 可用或不可用（变灰，失效）；
- 标准推动按钮、切换推动按钮或菜单按钮；
- 开或关（仅对切换推动按钮）；
- 默认或普通。对话框中的默认按钮通常可以被使用〈Enter〉键或换行键“单击”；
- 自动重复或者不自动重复；
- 被按下或者没有被按下。

2．指向 QPushButton 类对象的指针变量

第38行代码的作用为：

- 使用关键字“new”在堆中创建一个 QPushButton 类对象并设置初始值；
- 在 QPushButton 类对象中设置了一个文本标签来描述它的操作为“退出(Q)”；
- 标签中有下划线的字母（在文本中它的前面被“&”标明）用来表明快捷键为〈Alt〉+〈Q〉；
- 创建了一个指向 QPushButton 类对象的指针变量 button_quit 并将它的值初始化为堆中对象的地址。

```
37    //在堆中创建QPushButton类对象并赋值，将其地址赋给指向QPushButton类对象的指针变量
38    QPushButton *button_quit=new QPushButton("退出(&Q)");
```

3．信号与槽

（1）信号与槽的机制

信号和槽机制是 Qt 编程的基础。它可以让应用程序编程人员把这些互不了解的对象绑定在一起。

- Qt 窗口部件通过发射信号（singal）来表明一个动作已经发生了或一个状态已经改变了；

➢ 信号可以和函数（在这里称为槽，slot）相连接，以便在发射信号时，槽可以得到自动执行。

槽和普通的 C++成员函数几乎是一样的：可以是虚函数；可以被重载；可以是 public、protected 或 private；并且也可以被其他 C++成员函数直接调用；还有，它们的参数可以是任意类型。唯一不同的是：槽还可以和信号连接在一起，在这种情况下。每当发射这个信号的时候，就会自动调用这个槽。

（2）信号与槽的连接

信号与槽的连接语句如第 43 和 44 行代码所示。

```
39    //Qt 窗口部件通过发射信号（singal）来表明一个动作已经发生了或一个状态已经改变了
40    //信号可以和函数（在这里称为槽，slot）相连接，以便在发射信号时，槽可以得到自动执行
41    //宏 SIGNAL()和 SLOT()是 Qt 语法的一部分
42    //将 button_quit 的 clicked()信号与 main_app 的 quit()槽连接起来
43    QObject::connect(button_quit,SIGNAL(clicked()),
44                          &main_app,SLOT(quit()));
```

在这两行代码中：

➢ button_quit 是指向 QPushButton 类的指针；
➢ &main_app 获取了 QApplication 对象的地址；
➢ clicked()是 QPushButton 类提供的信号，SIGNAL()宏会把其参数转换成相应的字符串；
➢ quit()是 QApplication 类提供的槽，SLOT()宏会把其参数转换成相应的字符串。

（3）信号与槽连接的特点

信号与槽连接的特点主要有：

➢ 一个信号可以连接多个槽；
➢ 多个信号可以连接一个槽；
➢ 当信号与槽函数的参数数量相同时，它们参数类型要完全一致；
➢ 当信号的参数与槽函数的参数数量不同时，只能是信号的参数数量多于槽函数的参数数量，且前面相同数量的参数类型应一致，信号中多余的参数会被忽略；
➢ 在不进行参数传递时，信号与槽连接时也是要求信号的参数数量大于等于槽函数的参数数量，这种情况一般是一个带参数的信号去绑定一个无参数的槽函数；
➢ 一个信号可以和另外一个信号相连接；
➢ 连接可以被移除。

3.1.3 x86 Linux 编译、调试与发布

当代码编写完成后，就可以对工程开始编译、调试与运行了。具体的操作方法与之前小节介绍的相同，在这里就不赘言了。QuitQt 程序界面（纯代码、x86）如图 3-2 所示。

图 3-2　QuitQt 程序界面（纯代码、x86）

可以看出：这个按钮拥有〈Alt〉+〈Q〉组合键，单击按钮或者按〈Alt〉+〈Q〉组合键

或者按空格键，都将退出程序。

3.1.4　Embedded Linux 编译、发布与运行

在进行 Embedded Linux 编译与发布之前，需要将嵌入式系统和 PC 按照之前的介绍进行连接。具体的操作方法与之前小节介绍的相同，在这里就不多述了。QuitQt 程序界面（纯代码、Embedded Linux）如图 3-3 所示。

图 3-3　QuitQt 程序界面（纯代码、Embedded Linux）

3.2　信号与连接（UI 版）

3.2.1　新建工程

新建工程的方法与 2.2.1 小节中的方法类似，不过需要将项目介绍和存储位置进行修改，如图 3-4 所示。

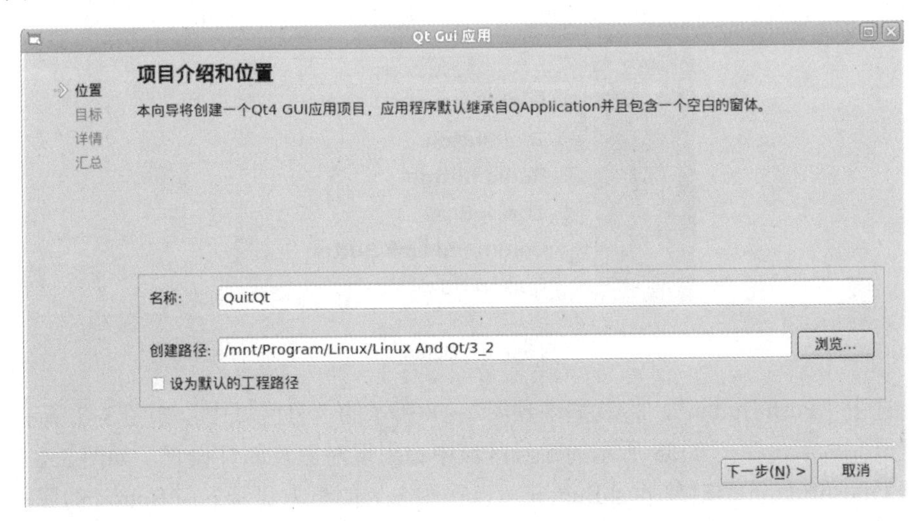

图 3-4　项目介绍和位置

创建 UI 和源代码的方法与 2.2.1 小节类似，就不多述了。在出现图 3-5 所示的类信息界面中。

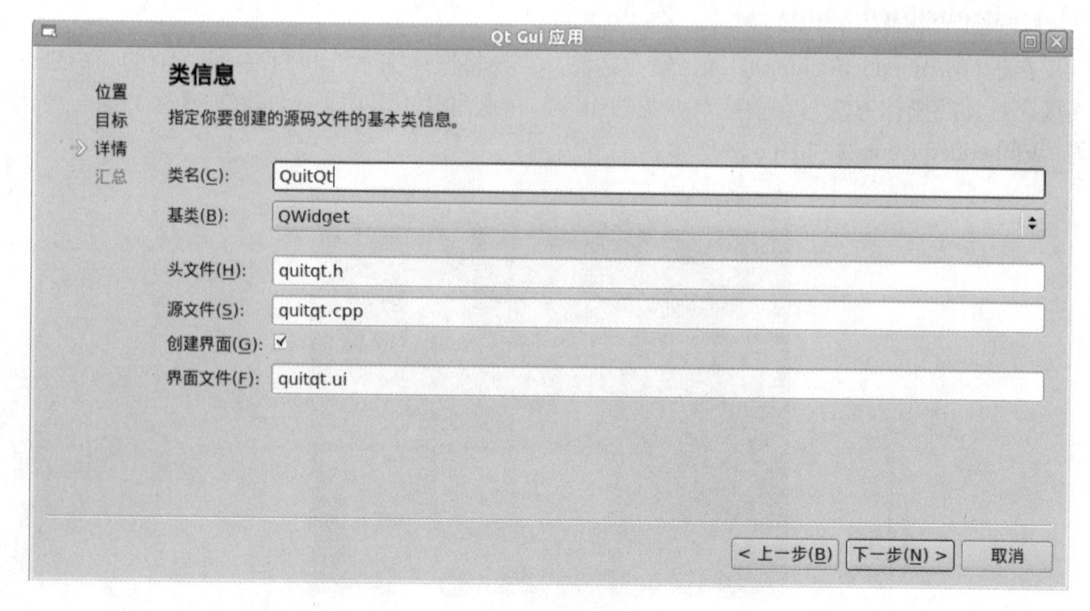

图 3-5　类信息界面

➢ “类名（C）”为自定义的类名，本项目中设置为 QuitQt；
➢ “基类（B）”为 QuitQt 所继承的类，在本项目中通过下拉框选择为 QWidget 类；
➢ “头文件（H）”“源文件（S）”和“界面文件（F）”由系统指定，一般无须修改；
➢ “创建界面（G）”选项一定要选中。

3.2.2　编辑界面文件

1. 放置 QPushButton 类窗口部件并设置其属性

在图 2-58 所示的界面中的 1 号区域中找到“Buttons”，如图 3-6 所示。

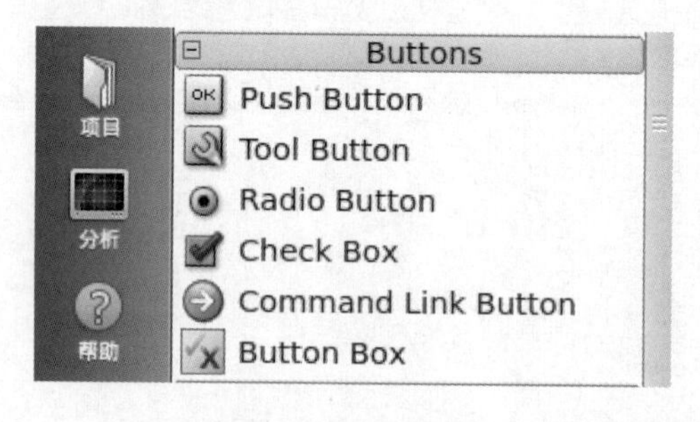

图 3-6　Buttons

单击选中“Push Button”，将其拖动到图 2-58 所示的 3 号区域中，如图 3-7 所示。

当拖放完成后，在图 2-58 所示的 5 号区域中会出现对象及属性设置，如图 3-8 所示。

单击 QPushButton 类对象 pushButton 可以在图 3-8 的下方显示 pushButton 的属性设置。其具体的设置方法与 2.2.2 小节中类似。

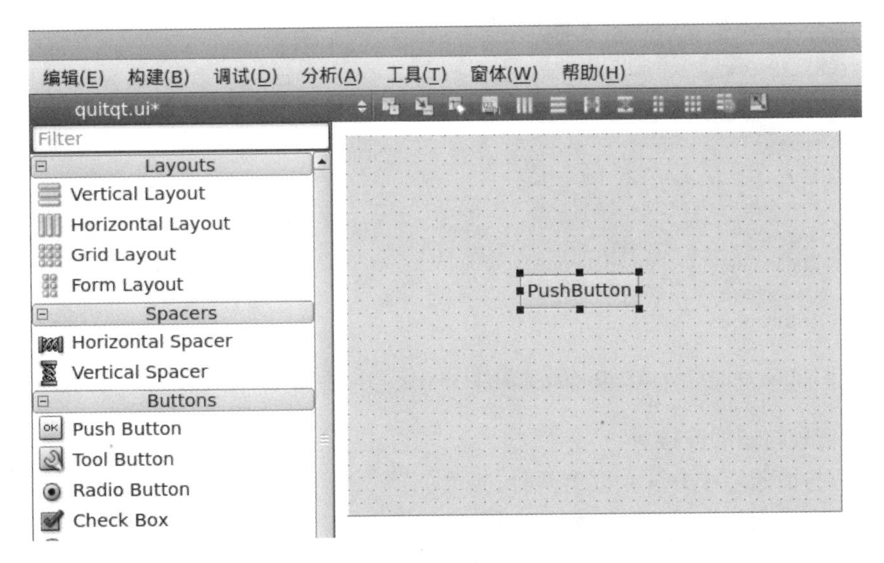

图 3-7 Push Button 窗口部件放置

在本小节中还是将对象名修改为更容易和其他对象区分的名字，本项目中修改为 button_0，如图 3-9 所示。此时 QPushButton 类对象名为 button_0。

紧接着修改 button_0 的 QAbstractButton 类属性，如图 3-10 所示。在这里将 text 中的内容修改为“退出(&Q)”。

如果仅仅修改 button_0 的显示内容而不修改任何属性，更为简单的方法是在图 3-7 的界面中用鼠标双击 button_0 进入编辑状态直接修改显示内容，如图 3-11 所示。

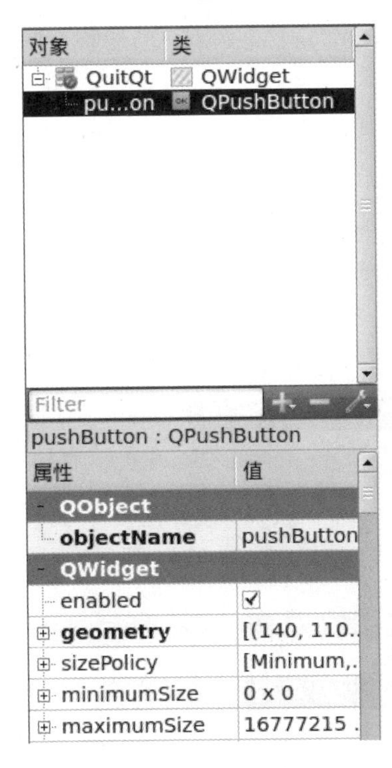

图 3-8 对象及属性设置

图 3-9 修改 QPushButton 类对象的 objectName

QAbstractButton	
text	退出(&Q
可翻译的	✓
澄清	
注释	
icon	
iconSize	24 x 24
shortcut	
checkable	☐
checked	☐
autoRepeat	☐

图 3-10　修改 button_0 的 QAbstractButton 类属性

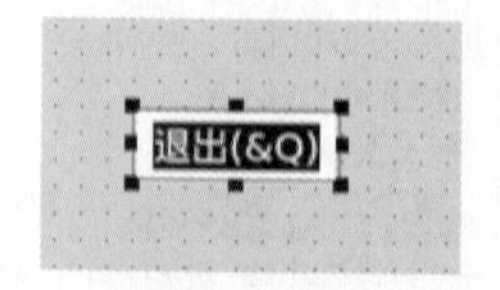

图 3-11　修改 button_0 的显示内容

2．配置信号与槽的连接

配置信号与槽的连接方法主要有两种。

（1）拖动窗口部件完成信号与槽的连接

单击 Qt Creator 的“编辑”菜单，会显示图 3-12 所示的菜单选项，可以看到“编辑信号/槽”选项。或者将鼠标指向图 2-58 所示的界面文件编辑器的 3 号区域中的第二个图标也可以看到“编辑信号/槽”选项，如图 3-13 所示。

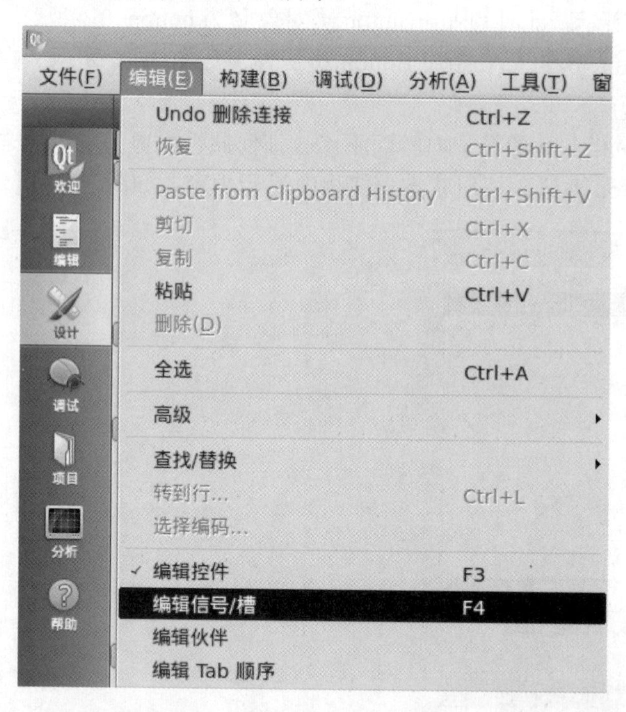

图 3-12　“编辑（E）”菜单中“编辑信号/槽”选项

图 3-13　界面文件编辑界面中“编辑信号/槽”选项

此时单击该选项或使用“F4”快捷键即可将窗口部件切换至信号与槽编辑界面，如图 3-14 所示。

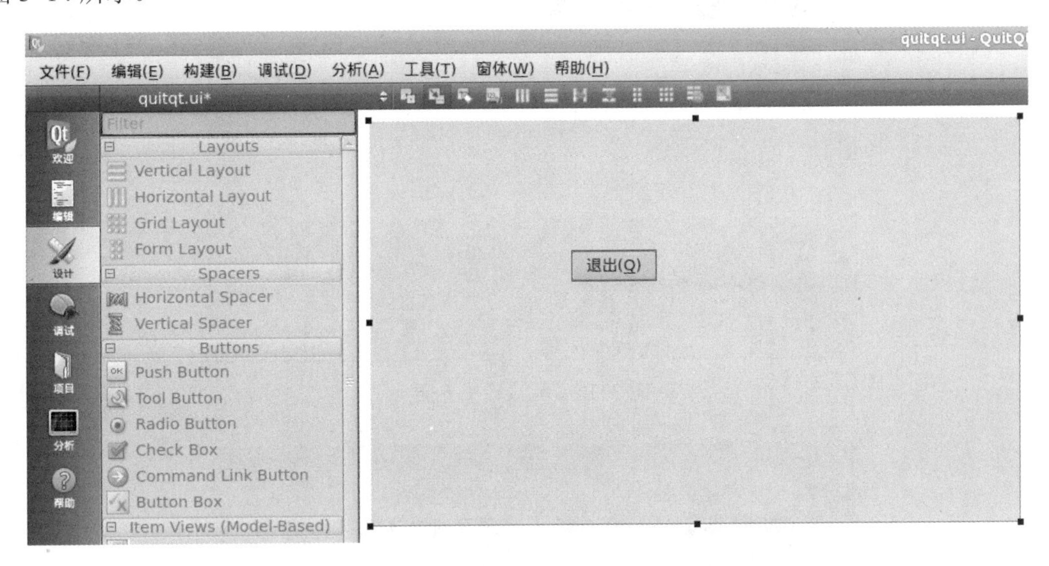

图 3-14　信号与槽编辑界面

从图 3-14 可以看出：Qt Creator 的窗口部件此时均为灰色（无效的）。

在图 3-14 所示的界面中，用鼠标左键单击选中 button_0 后将其拖动到 QWidget 类对象上，如图 3-15 所示。此时会弹出图 3-16 所示的配置连接界面。

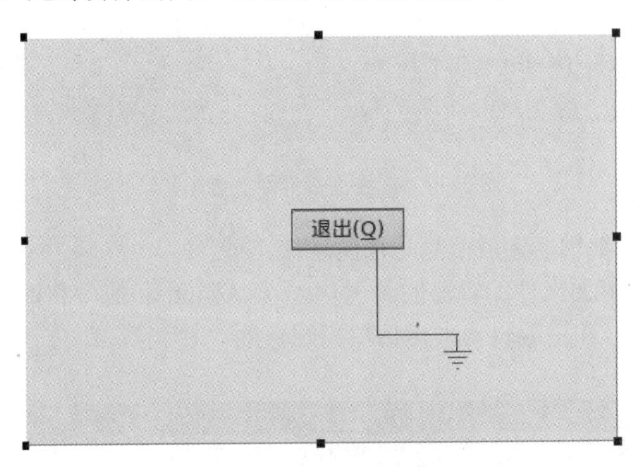

图 3-15　拖动控件

从图 3-16 可以看出：此时 QWidget 对象中没有槽。此时将图 3-16 界面中左下角的“显示从 QWidget 继承的信号和槽”选项勾选上，会出现图 3-17 所示的配置连接界面（选中）。

从图 3-17 可以看出：QWidget 对象中出现槽，同时 button_0 的信号种类也增多了。根据功能要求选中 QWidget 对象的槽“close()”，然后单击“确定”按钮即可完成信号与槽的连接。

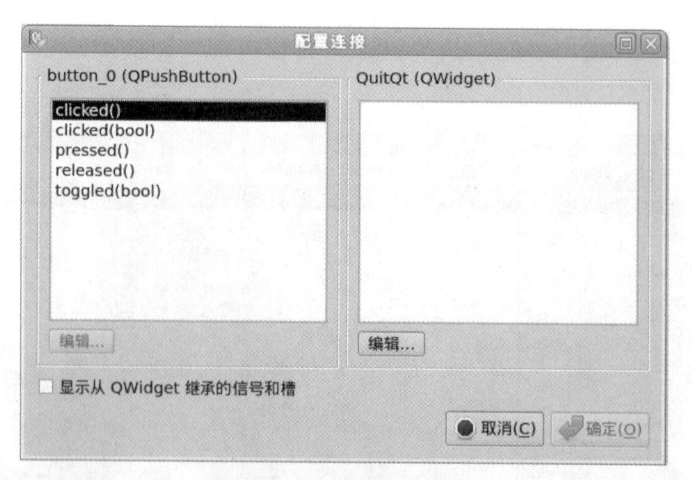

图 3-16　配置连接界面

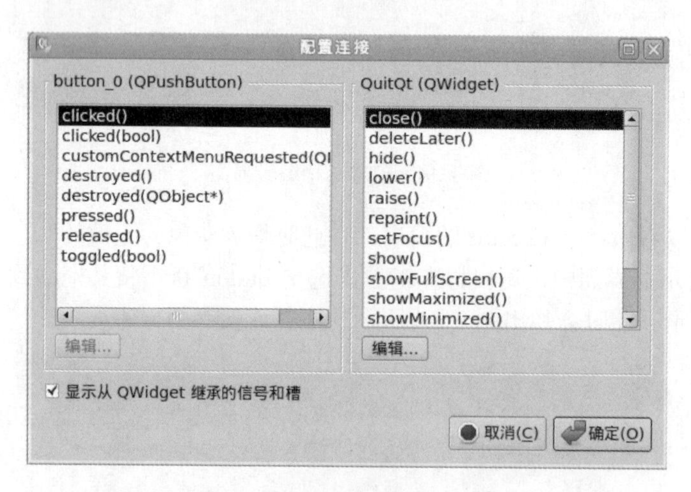

图 3-17　配置连接界面（选中）

（2）使用信号与槽编辑器完成信号与槽的连接

如图 2-58 所示，界面文件编辑器的 4 号区域为 Action 和信号和槽编辑器，此时只需要将 4 号区域切换至信号和槽编辑器。然后单击绿色的“+”号，即会添加一组信号与槽，如图 3-18 所示。

图 3-18　添加一组信号与槽

➢ 用鼠标双击“<发送者>”选项即可选择发送信号的窗口部件，如图 3-19 所示；

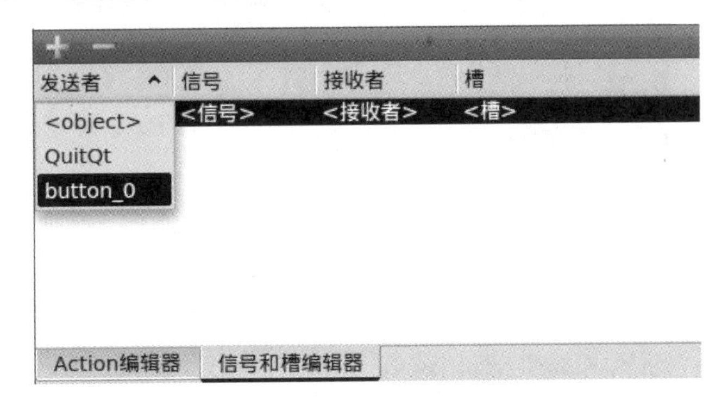

图 3-19　选择发送信号的窗口部件

➢ 用鼠标双击“<信号>”选项即可选择发送的信号，如图 3-20 所示；

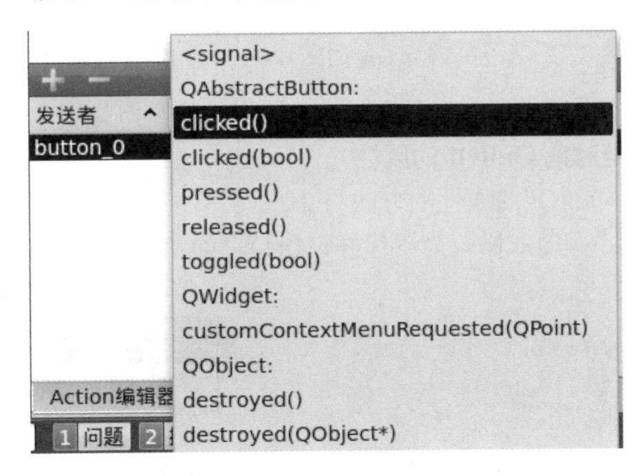

图 3-20　选择发送的信号

➢ 用鼠标双击“<接收者>”选项即可选择响应信号的窗口部件，如图 3-21 所示；

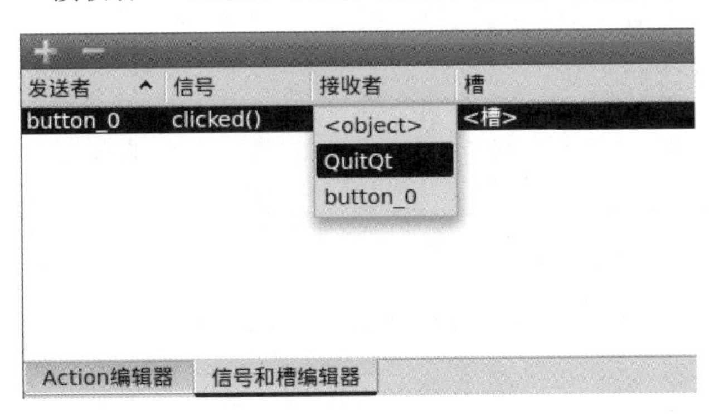

图 3-21　选择响应信号的窗口部件

➢ 用鼠标双击“<槽>”选项即可选择响应的槽，如图 3-22 所示。

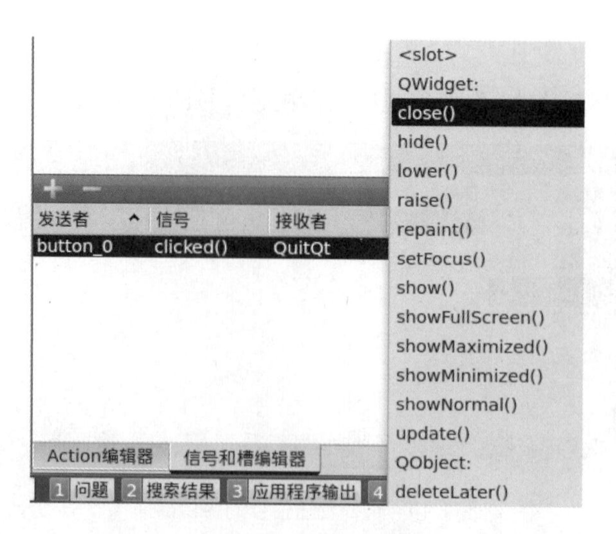

图 3-22　选择响应的槽

3. 窗口布局

由于本项目比较简单，因此可以开始进行整体窗口布局了。整体窗口布局依然采用栅格布局，其具体的设置方法与 2.2.2 小节中类似。布局完成的窗口如图 3-23 所示。

4. 修改 QWidget 类对象 QuitQt 的属性

修改 QWidget 对象 QuitQt 的属性的方法与 2.2.2 小节中介绍类似。

在本项目中将 windowsTitle 修改为“你好，Qt!”，如图 3-24 所示。

图 3-23　布局完成的窗口

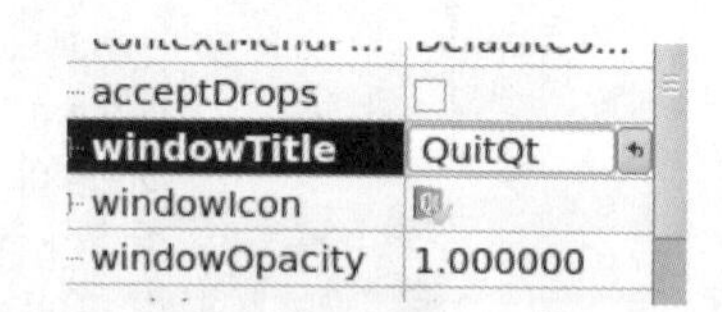

图 3-24　QuitQt 的 QWidget 类属性

同时将 Layout 名修改为更容易和其他 Layout 区分的名字，在本项目中将 layoutName 修改为“gridlayout_0”。

3.2.3　源代码完善与解读

1. 头文件 quitqt.h

```
1   /**************************************************************************
2   *作      者：604Brother
3   *功      能：QUITQT 类
4   **************************************************************************/
5   /*防止对此头文件多重包含*/
6   #ifndef QUITQT_H
7   #define QUITQT_H
8
9
10
```

```
11  /*用于本项目实现的 Qt 类*/
12  //包含类 QWidget
13  #include <QWidget>
14
15
16
17  //条件编译
18  //#define Embedded_Linux
19
20
21
22  /*************************************************************************
23  *作      者：604Brother
24  *功      能：命名空间与类声明
25  *************************************************************************/
26  namespace Ui
27  {
28   class QuitQt;
29  }
30
31
32
33  /*************************************************************************
34  *作      者：604Brother
35  *功      能：QuitQt 类声明
36  *注意事项：1.QuitQt 类 public 继承 QWidget 类
37  *************************************************************************/
38  class QuitQt:public QWidget
39  {
40  //Qt 宏定义，定义了信号与槽的类必须使用
41  Q_OBJECT
42
43  /*private 成员变量*/
44  private:
45  Ui::QuitQt *ui_quitqt;
46
47  /*public 成员函数*/
48  public:
49  /*************************************************************************
50  *作      者：604Brother
51  *功      能：QuitQt 类构造函数
52  *入口参数：parent 窗口部件
53  *返 回 值：无
54  *注意事项：1.explicit 关键字指定该构造函数只能被明确的使用（不能作为类型转换操作符
    被隐含的使用）
55             2.*parent 的默认参数为 0，即一个空指针（该窗口部件没有父对象）
```

```
56  ***************************************************************************/
57  explicit QuitQt(QWidget *parent=0);
58  /***************************************************************************
59  *作    者：604Brother
60  *功    能：QuitQt 类析构函数
61  *入口参数：无
62  *返 回 值：无
63  ***************************************************************************/
64  ~QuitQt();
65  };
66
67
68
69  #endiff
```

2. 源文件 quitqt.cpp

```
1   /***************************************************************************
2   *作    者：604Brother
3   *功    能：QuitQt 类
4   *注意事项：1.使用 UI
5   ***************************************************************************/
6   //包含头文件
7   #include "quitqt.h"
8   //包含对应的 UI 头文件
9   #include "ui_quitqt.h"
10
11
12
13  /***************************************************************************
14  *作    者：604Brother
15  *功    能：QuitQt 类构造函数
16  *入口参数：parent 窗口部件
17  *返 回 值：无
18  *注意事项：1.成员变量初始化
19  *              构造函数(参数):成员变量名 1(值或表达式),成员变量名 2(值或表达式),…
20  ***************************************************************************/
21  QuitQt::QuitQt(QWidget *parent):QWidget(parent),ui_quitqt(new Ui::QuitQt)
22  {
23   //调用 setupUi()函数来初始化窗体
24   //setupUi()函数还会自动将那些符合 on_objectName_signalName()命名惯例的任意槽与相应
    的 objectName 的 signalName()信号连接在一起
25   ui_quitqt->setupUi(this);
26  }
27
28
29
```

```
30    /*************************************************************************
31    *作      者：604Brother
32    *功      能：QuitQt 类析构函数
33    *入口参数：无
34    *返 回 值：无
35    *************************************************************************/
36    QuitQt::~QuitQt()
37    {
38     delete ui_quitqt;
39    }
```

3. 源文件 main.cpp

```
1     /*************************************************************************
2     *作      者：604Brother
3     *功      能：主函数
4     *************************************************************************/
5     //包含类 QApplication
6     #include <QApplication>
7     //包含类 QTextCodec
8     #include <QTextCodec>
9     //包含头文件
10    #include "quitqt.h"
11
12
13
14    /*************************************************************************
15    *作      者：604Brother
16    *功      能：主函数
17    *入口参数：无
18    *返 回 值：main_app.exec()
19    *************************************************************************/
20    int main(int argc, char *argv[])
21    {
22     //创建 QApplication 类对象，管理整个应用程序所用到的资源
23     QApplication main_app(argc,argv);
24
25     #ifdef Embedded_Linux
26     main_app.setFont(QFont("wenquanyi",12));
27     #endif
28     QTextCodec *app_codec=QTextCodec::codecForName("UTF-8");
29     QTextCodec::setCodecForLocale(app_codec);
30     QTextCodec::setCodecForCStrings(app_codec);
31     QTextCodec::setCodecForTr(app_codec);
32
33     //在堆中创建 QuitQt 类对象，将其地址赋给指向 QuitQt 类对象的指针变量
34     QuitQt *app_w=new QuitQt();
```

```
35
36  //使 app_w 指针变量所指向的对象可见
37  app_w->show();
38
39  //把应用程序的控制权传递给 Qt，进入程序的循环状态并且等待，直到 exit 被调用或者主
    窗口部件被销毁，并且返回值被设置为 exit
40  return main_app.exec();
41  }
```

可以看出：本小节的代码与 2.2.3 小节中的代码除了类的名字不同，其他完全一致。

3.2.4　x86 Linux 编译、调试与发布

当代码编写完成后，就可以对工程开始编译、调试与运行了。具体的操作方法与之前小节介绍的相同，在这里就不多述了。QuitQt 程序界面（UI、x86）如图 3-25 所示。

图 3-25　QuitQt 程序界面（UI、x86）

可以看出：这个按钮拥有〈Alt〉+〈Q〉组合键，单击按钮或者按〈Alt〉+〈Q〉组合键或者按空格键，都将退出程序。

3.2.5　Embedded Linux 编译、发布与运行

在进行 Embedded Linux 编译与发布之前，需要将嵌入式系统和 PC 按照之前的介绍进行连接。具体的操作方法与之前小节介绍的相同，在这里就不多述了。QuitQt 程序界面（UI、Embedded Linux）如图 3-26 所示。

图 3-26　QuitQt 程序界面（UI、Embedded Linux）

3.3 实训

1．用纯代码方式编写程序，在嵌入式系统中显示 3 个按钮，其中：1 个按钮的作用是最大化；1 个按钮的作用是最小化；一个按钮的作用是退出。

2．用 UI 方式编写程序，在嵌入式系统中显示 3 个按钮，其中：1 个按钮的作用是最大化；1 个按钮的作用是最小化；一个按钮的作用是退出。

3.4 习题

1．信号的作用是什么？

2．举例说明槽函数的特点。

3．信号与槽连接的特点是什么？

第4章　窗口部件的布局

本章的例子和程序将说明如何用布局（layout）来管理窗口中的几何形状，同时说明如何利用信号和槽来同步窗口部件。

4.1　窗口部件的布局（代码版）

4.1.1　新建工程与源代码

新建工程的方法与之前小节中的方法类似，不过需要将项目介绍和存储位置进行修改，如图4-1所示。

新建源代码并将其添加到工程中的方法与之前小节类似，就不多述了。

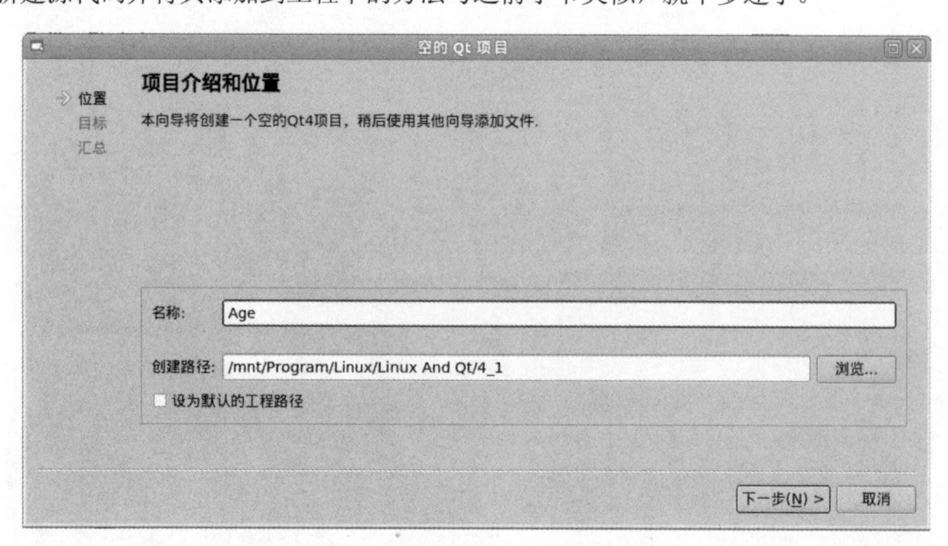

图4-1　项目介绍和位置

4.1.2　源代码编写与解读

在Qt Creator的项目框中用鼠标双击打开main.cpp文件，开始编写源代码。

```
1    /**************************************************************************
2    *作 者：604Brother
3    *功 能：主函数
4    **************************************************************************/
5    //包含类 QApplication
6    #include <QApplication>
```

```
7    //包含类 QTextCodec
8    #include <QTextCodec>
9    //包含类 QHBoxLayout
10   #include <QHBoxLayout>
11   //包含类 QSpinBox（微调框）
12   #include <QSpinBox>
13   //包含类 QSlider（滑块）
14   #include <QSlider>
15
16
17
18   //#define Embedded_Linux
19
20
21
22   /***************************************************************************
23   *作  者：604Brother
24   *功  能：主函数
25   *入口参数：无
26   *返 回 值：main_app.exec()
27   ***************************************************************************/
28   int main(int argc,char *argv[])
29   {
30    //创建 QApplication 类对象，管理整个应用程序所用到的资源
31    QApplication main_app(argc,argv);
32
33    #ifdef Embedded_Linux
34    main_app.setFont(QFont("wenquanyi",12));
35    #endif
36    QTextCodec *app_codec=QTextCodec::codecForName("UTF-8");
37    QTextCodec::setCodecForLocale(app_codec);
38    QTextCodec::setCodecForCStrings(app_codec);
39    QTextCodec::setCodecForTr(app_codec);
40
41    //在堆中创建 QWidget 类对象，将其地址赋给指向 QWidget 类对象的指针变量
42    QWidget *widget_main=new QWidget;
43    //设置窗口标题栏文字
44    widget_main->setWindowTitle("请输入年龄");
45
46    //在堆中创建 QSpinBox 类对象（未显式的指定父对象），将其地址赋给指向 QSpinBox 类
     对象的指针变量
47    QSpinBox *spinbox_0=new QSpinBox;
48    //设定 spinbox_0 所指向的对象的数值范围
49    spinbox_0->setRange(0,130);
50
51    //在堆中创建 QSlider 类对象（未显式的指定父对象），将其地址赋给指向 QSlider 类对象的
```

```
    指针变量
52   QSlider *slider_0=new QSlider(Qt::Horizontal);
53   //设定 slider_0 所指向的对象的数值范围
54   slider_0->setRange(0,130);
55
56   /*调用两次 QObject::connect，其目的是为了同步*/
57   //Qt 窗口部件通过发射信号（singal）来表明一个动作已经发生了或一个状态已经改变了
58   //信号可以和函数（在这里称为槽，slot）相连接，以便在发射信号时，槽可以得到自动执行
59   //宏 SIGNAL()和 SLOT()是 Qt 语法的一部分
60   //将 spinbox_0 的 valueChanged(int)信号与 slider_0 的 setValue(int)槽连接起来
61   QObject::connect(spinbox_0,SIGNAL(valueChanged(int)),
62                    slider_0,SLOT(setValue(int)));
63   //Qt 窗口部件通过发射信号（singal）来表明一个动作已经发生了或一个状态已经改变了
64   //信号可以和函数（在这里称为槽，slot）相连接，以便在发射信号时，槽可以得到自动执行
65   //宏 SIGNAL()和 SLOT()是 Qt 语法的一部分
66   //将 slider_0 的 valueChanged(int)信号与 spinbox_0 的 setValue(int)槽连接起来
67   QObject::connect(slider_0,SIGNAL(valueChanged(int)),
68                    spinbox_0,SLOT(setValue(int)));
69
70   //设置 spinbox_0 的初始值为 35
71   //spinbox_0 会发射 valueChanged(int)信号，参数值为 int 型 35；这样 slider_0 会设置滑块的
    值为 int 型 35
72   //slider_0 会发射 valueChanged(int)信号，参数值为 int 型 35；这样 spinbox_0 会设置微调框
    的值为 int 型 35
73   spinbox_0->setValue(35);
74
75   //在堆中创建 QHBoxLayout 类对象，将其地址赋给指向 QHBoxLayout 类对象的指针变量
76   //使用布局管理器对微调框和滑块进行布局处理
77   QHBoxLayout *layout_main=new QHBoxLayout;
78   layout_main->addWidget(spinbox_0);
79   layout_main->addWidget(slider_0);
80
81   //在 widget_main 上安装布局管理器
82   //从底层实现上来说，spinbox_0 和 slider_0 会自动“重定义父对象”，成为 widget_main 的
    子对象
83   //所以当创建一个需要放进布局的窗口部件时，不需要显式的指定父对象
84   widget_main->setLayout(layout_main);
85
86   //使 widget_main 可见
87   widget_main->show();
88
89   //把应用程序的控制权传递给 Qt，进入程序的循环状态并且等待，直到 exit 被调用或者主
    窗口部件被销毁，并且返回值被设置为 exit
90   return main_app.exec();
91  }
```

1．包含 QHBoxLayout 类

第 10 行代码的作用为包含 QHBoxLayout 类。

```
9    //包含类 QHBoxLayout
10   #include <QHBoxLayout>
```

QHBoxLayout 类提供了窗口部件的水平布局。

2．包含 QSpinBox 类

第 12 行代码的作用为包含 QSpinBox 类。

```
11   //包含类 QSpinBox（微调框）
12   #include <QSpinBox>
```

QSpinBox 窗口部件提供了微调框。

3．包含 QSlider 类

第 14 行代码的作用为包含 QSlider 类。

```
13   //包含类 QSlider（滑块）
14   #include <QSlider>
```

QSlider 窗口部件提供了滑块。

4．指向 QWidget 类对象的指针变量

第 42 和 44 行代码的作用为：

- 使用关键字“new”在堆中创建一个 QWidget 类对象；
- 创建了一个指向 QWidget 类对象的指针变量 widget_main 并将它的值初始化为堆中对象的地址；
- 使用成员函数 setWindowTitle 将窗口标题栏文字设置为“请输入年龄”。

```
41   //在堆中创建 QWidget 类对象，将其地址赋给指向 QWidget 类对象的指针变量
42   QWidget *widget_main=new QWidget;
43   //设置窗口标题栏文字
44   widget_main->setWindowTitle("请输入年龄");
```

5．指向 QSpinBox 类对象的指针变量

第 47 和 49 行代码的作用为：

- 使用关键字“new”在堆中创建一个 QSpinBox 类对象；
- 创建了一个指向 QSpinBox 类对象的指针变量 spinbox_0，并将它的值初始化为堆中对象的地址；
- 使用成员函数 setRange 将 QSpinBox 类对象的数值范围设置为 0～130。

```
46   //在堆中创建 QSpinBox 类对象（未显式的指定父对象），将其地址赋给指向 QSpinBox 类
    对象的指针变量
47   QSpinBox *spinbox_0=new QSpinBox;
48   //设定 spinbox_0 所指向的对象的数值范围
49   spinbox_0->setRange(0,130);
```

6．指向 QSlider 类对象的指针变量

第 52 和 54 行代码的作用为：

➢ 使用关键字“new”在堆中创建一个 QSlider 类对象；
➢ 创建了一个指向 QSlider 类对象的指针变量 slider_0 并将它的值初始化为堆中对象的地址；
➢ 使用成员函数 setRange 将 QSlider 类对象的数值范围设置为 0～130。

```
51  //在堆中创建 QSlider 类对象（未显式的指定父对象），将其地址赋给指向 QSlider 类对象的指针变量
52   QSlider *slider_0=new QSlider(Qt::Horizontal);
53   //设定 slider_0 所指向的对象的数值范围
54   slider_0->setRange(0,130);
```

7．同步 QSpinBox 类对象和 QSlider 类对象的值

第 61、62 和 67、68 行代码的作用为：

➢ 确保能够让微调框和滑块同步，以便它们两个总是可以显示相同的数值；
➢ 一旦有一个窗口部件的值发生了改变，那么就会发射它的 valueChanged(int)信号，而另一个窗口部件就会用这个新值调用它的 setValue(int)槽。

```
56   /*调用两次 QObject::connect，其目的是为了同步*/
57   //Qt 窗口部件通过发射信号（singal）来表明一个动作已经发生了或一个状态已经改变了
58   //信号可以和函数（在这里称为槽，slot）相连接，以便在发射信号时，槽可以得到自动执行
59   //宏 SIGNAL()和 SLOT()是 Qt 语法的一部分
60   //将 spinbox_0 的 valueChanged(int)信号与 slider_0 的 setValue(int)槽连接起来
61   QObject::connect(spinbox_0,SIGNAL(valueChanged(int)),
62                    slider_0,SLOT(setValue(int)));
63   //Qt 窗口部件通过发射信号（singal）来表明一个动作已经发生了或一个状态已经改变了
64   //信号可以和函数（在这里称为槽，slot）相连接，以便在发射信号时，槽可以得到自动执行
65   //宏 SIGNAL()和 SLOT()是 Qt 语法的一部分
66   //将 slider_0 的 valueChanged(int)信号与 spinbox_0 的 setValue(int)槽连接起来
67   QObject::connect(slider_0,SIGNAL(valueChanged(int)),
68                    spinbox_0,SLOT(setValue(int)));
```

8．设置 QSpinBox 类对象的初始值

第 73 行代码的作用为设置微调框的初始值为 35，由于微调框和滑块的值已经同步，此时微调框和滑块的初始值都会为 35。

```
70   //设置 spinbox_0 的初始值为 35
71   //spinbox_0 会发射 valueChanged(int)信号，参数值为 int 型 35；这样 slider_0 会设置滑块的值为 int 型 35
72   //slider_0 会发射 valueChanged(int)信号，参数值为 int 型 35；这样 spinbox_0 会设置微调框的值为 int 型 35
73   spinbox_0->setValue(35);
```

9．水平布局处理

第 77、78 和 79 行代码的作用为：

➢ 使用关键字“new”在堆中创建一个 QHBoxLayout 类对象即水平布局管理器；
➢ 创建了一个指向 QHBoxLayout 类对象的指针变量 layout_main，并将它的值初始化为堆中对象的地址；

➢ 将微调框 spinbox_0 和滑块 slider_0 加入到水平布局中。

```
75    //在堆中创建 QHBoxLayout 类对象，将其地址赋给指向 QHBoxLayout 类对象的指针变量
76    //使用布局管理器对微调框和滑块进行布局处理
77    QHBoxLayout *layout_main=new QHBoxLayout;
78    layout_main->addWidget(spinbox_0);
79    layout_main->addWidget(slider_0);
```

布局管理器（layout manager）就是一个能够对其所负责窗口部件的尺寸大小和位置进行设置的对象。Qt 有 3 个主要的布局管理器类：

➢ QHBoxLayout：在水平方向上排列窗口部件，从左到右（在某些文化中是从右到左）；

➢ QVBoxLayout：在竖直方向上排列窗口部件，从上到下；

➢ QGridLayout：把各个窗口部件排列在一个网格中。

在 Qt 中，当窗口部件添加到布局中后，布局管理器会自动设置它们的大小和位置。布局管理器可以使程序员从应用程序的各种屏幕关系指定的繁杂纷扰中解脱出来，并且它还可以确保窗口尺寸大小发生改变时的平稳性。

10. 安装布局管理器

第 81 行代码的作用为安装布局管理器 layout_main。

```
81    //在 widget_main 上安装布局管理器
82    //从底层实现上来说，spinbox_0 和 slider_0 会自动“重定义父对象”，成为 widget_main 的
      子对象
83    //所以当创建一个需要放进布局的窗口部件时，不需要显式的指定父对象
84    widget_main->setLayout(layout_main);
```

不被嵌入到一个父窗口部件的窗口部件被叫做顶级窗口部件。在通常情况下，顶级窗口部件是有框架和标题栏的窗口（尽管如果使用了一定的窗口部件标记，创建顶级窗口部件时也可能没有这些装饰）。

非顶级窗口部件是子窗口部件，是它们的父窗口部件中的子窗口。通常不能在视觉角度从它们的父窗口部件中辨别一个子窗口部件。在 Qt 中的绝大多数其他窗口部件仅仅作为子窗口部件才是有用的（当然把一个按钮作为或者叫做顶级窗口部件也是可能的，但绝大多数人喜欢把他们的按钮放到其他按钮当中，例如 QDialog）。

在第 84 行代码中，setLayout 函数会在窗口上自动安装水平布局 layout_main，项目中的窗口部件和布局如图 4-2 所示。

图 4-2　项目中的窗口部件和布局

从软件的底层实现上来说，spinbox_0 和 slider_0 会自动“重定义父对象”，成为 widget_main 的子对象。所以当创建一个需要放进布局的窗口部件时，不需要显式地指定父对象。

4.1.3　x86 Linux 编译、调试与发布

当代码编写完成后，就可以对工程开始编译、调试与运行了。具体的操作方法与之前小节介绍的相同，在这里就不多述了。Age 程序界面（纯代码、x86）如图 4-3 所示。

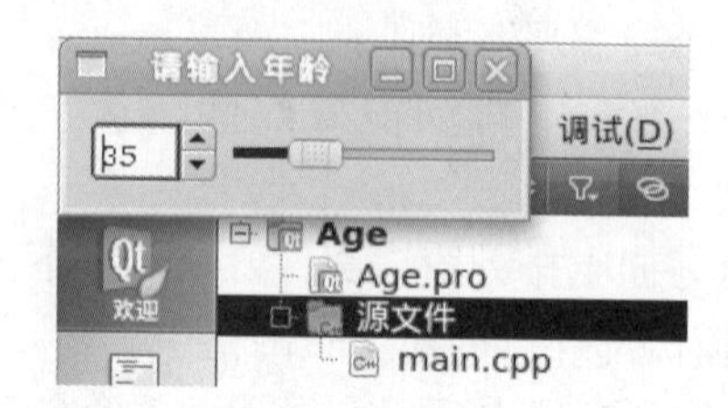

图 4-3　Age 程序界面（纯代码、x86）

4.1.4　Embedded Linux 编译、发布与运行

在进行 Embedded Linux 编译与发布之前，需要将嵌入式系统和 PC 按照之前的介绍进行连接。具体的操作方法与之前小节介绍的相同，在这里就不多述了。Age 程序界面（纯代码、Embedded Linux）如图 4-4 所示。

图 4-4　Age 程序界面（纯代码、Embedded Linux）

4.2　窗口部件的布局（UI 版）

4.2.1　新建工程

新建工程的方法与之前小节中的方法类似，不过需要将项目介绍和存储位置进行修改，如图 4-5 所示。

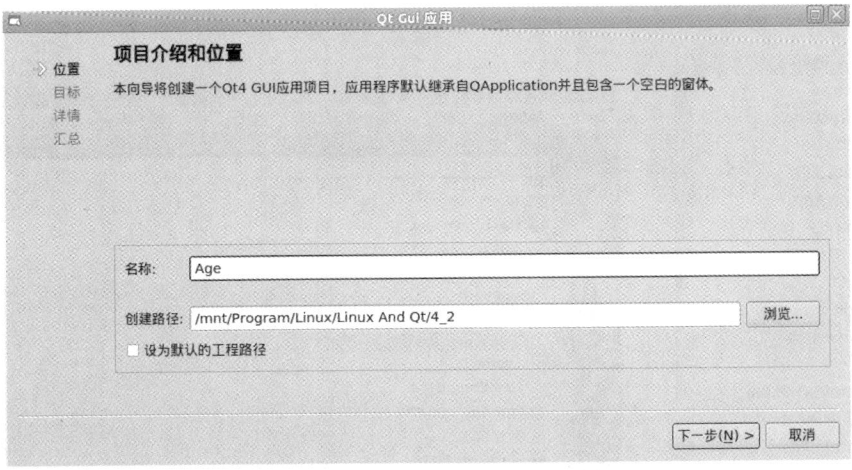

图 4-5　项目介绍和位置

创建 UI 和源代码的方法与之前小节类似，就不多述了。在出现图 4-6 所示的类信息界面中。

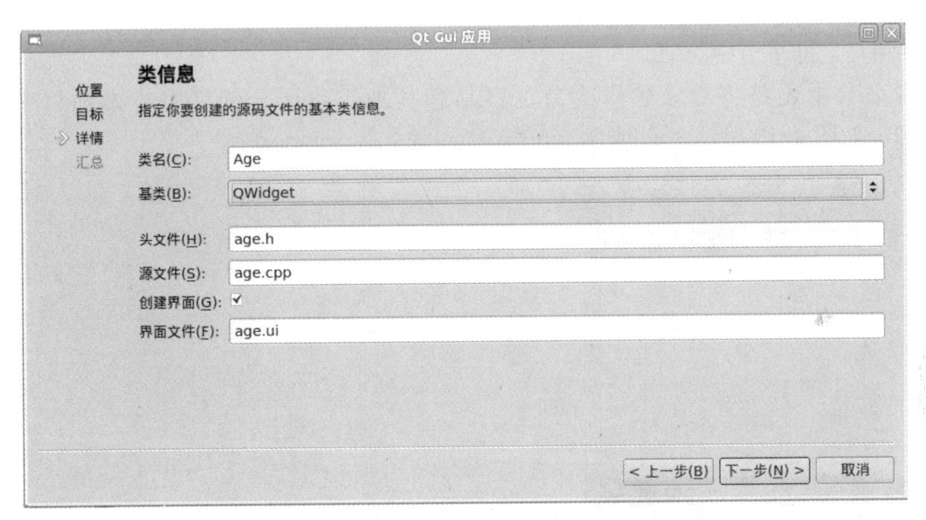

图 4-6　类信息界面

- “类名（C）”为自定义的类名，本项目中设置为 Age；
- “基类（B）”为 Age 所继承的类，在本项目中通过下拉框选择为 QWidget 类；
- “头文件（H）”“源文件（S）”和“界面文件（F）”由系统指定，一般无须修改；
- “创建界面（G）”选项一定要选中。

4.2.2　编辑界面文件

1. 放置 QSpinBox 类窗口部件并设置其属性

在图 2-58 所示的界面中的 1 号区域中找到“Input Widgets”，如图 4-7 所示。

单击选中“Spin Box”，将其拖动到图 2-58 所示的 3 号区域中，Spin Box 窗口部件放置如图 4-8 所示。

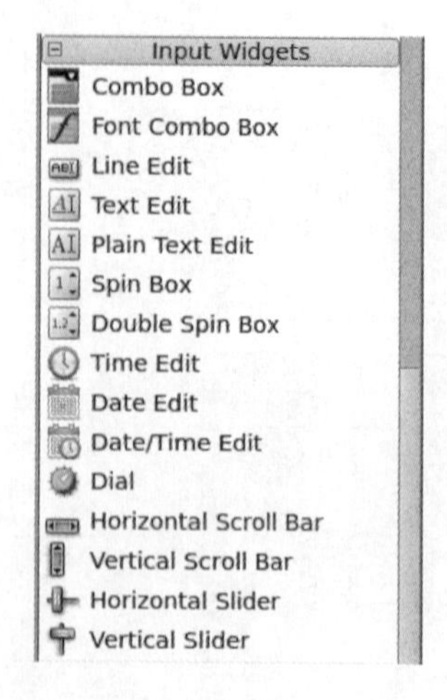

图 4-7　Input Widgets

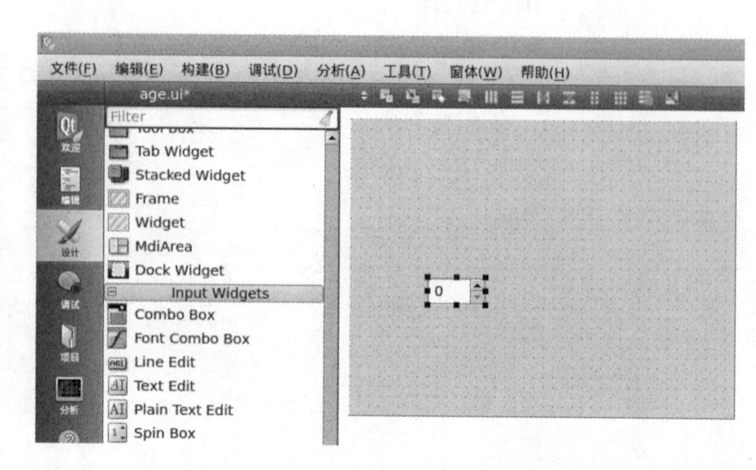

图 4-8　Spin Box 窗口部件放置

当拖放完成后，在图 2-58 所示的 5 号区域中会出现对象及属性设置，如图 4-9 所示。

单击 QSpinBox 类对象 spinBox 可以在图 4-9 的下方显示 spinBox 的属性设置。其具体的设置方法与之前小节中类似。

在本小节中还是将对象名修改为更容易和其他对象区分的名字，本项目中修改为 spinbox_0，如图 4-10 所示。此时 QSpinBox 类对象名为 spinbox_0。

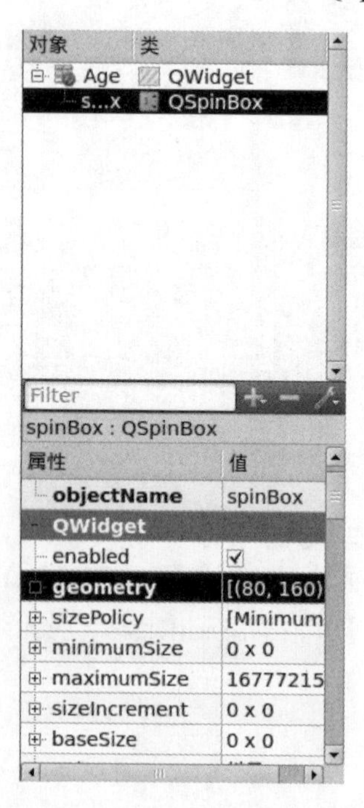

图 4-9　对象及属性设置

图 4-10　修改 QSpinBox 类对象的 objectName

紧接着修改 spinbox_0 的 QSpinBox 类的属性，如图 4-11 所示。在这里将：

➢ maximum 的值修改为 130；

➢ value 的值修改为 35。

修改 spinbox_0 的 QSpinBox 类属性后的显示状态如图 4-12 所示。

QSpinBox	
suffix	
prefix	
minimum	0
maximum	130
singleStep	1
value	35

图 4-11　修改 spinbox_0 的 QSpinBox 类属性

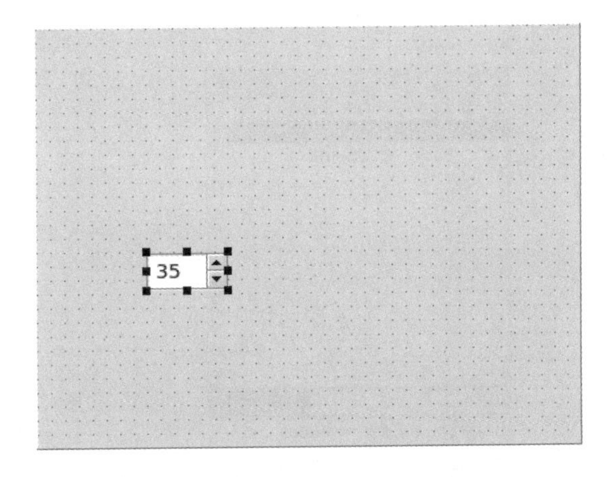

图 4-12　修改 spinbox_0 的 QSpinBox 类属性后的显示状态

2．放置 QSlider 类窗口部件并设置其属性

在图 4-7 所示的界面中单击选中“Horizontal Slider”，将其拖动到图 2-58 所示的 3 号区域中，Horizontal Slider 窗口部件放置如图 4-13 所示。

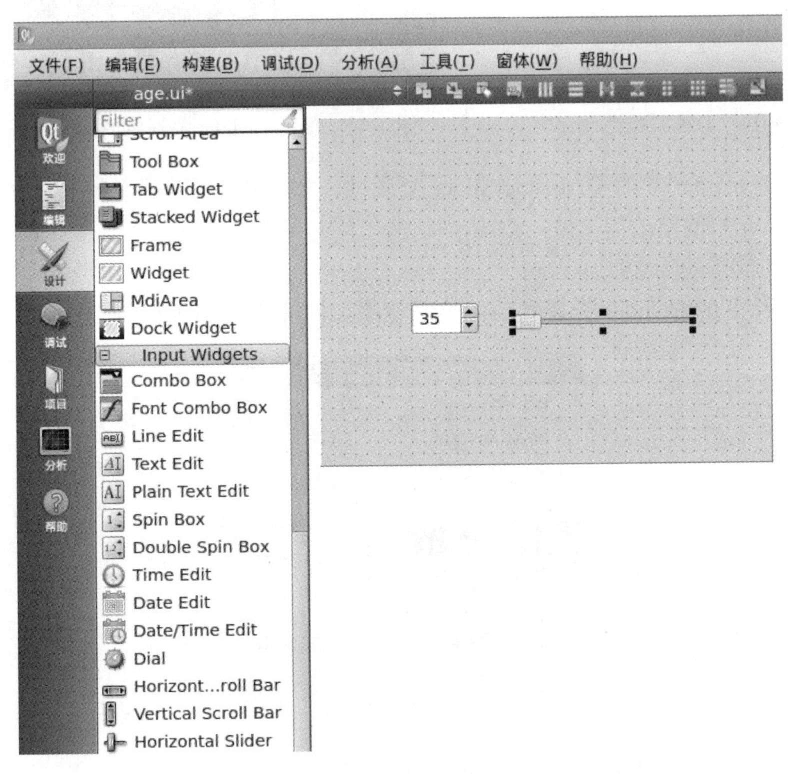

图 4-13　Horizontal Slider 窗口部件放置

单击 QSlider 类对象 horizontalSlider，可以在图 4-14 的下方进行 horizontalSliderspinBox 的属性设置。其具体的设置方法与之前小节中类似。

在本小节中还是将对象名修改为更容易和其他对象区分的名字，本项目中修改为 hslider_0，如图 4-15 所示。此时 QSlider 类对象名为 hslider_0。

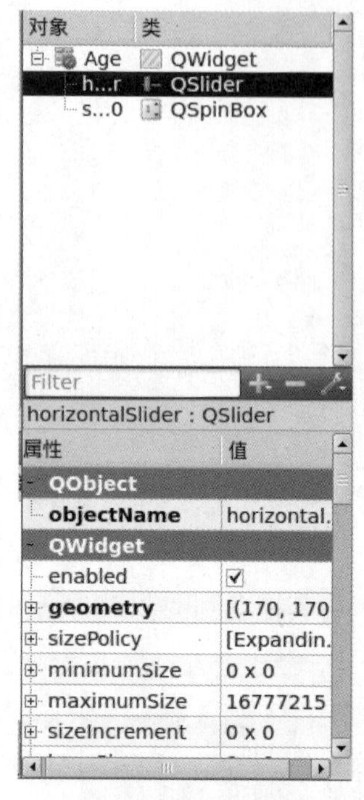

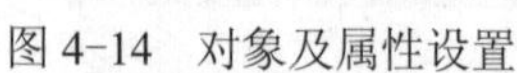

图 4-14　对象及属性设置

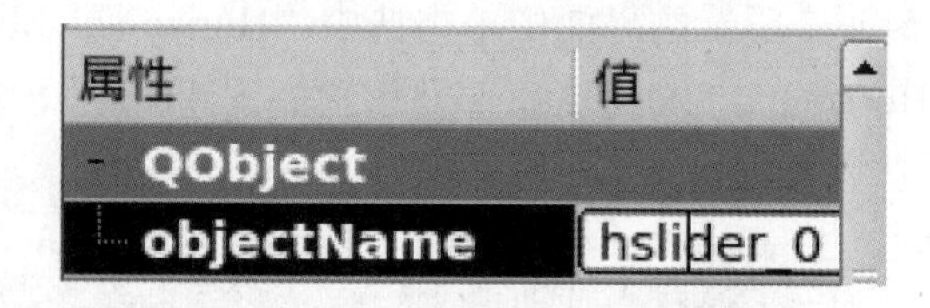

图 4-15　修改 QSlider 类对象的 objectName

紧接着修改 hslider_0 的 QAbstractSlider 类属性，如图 4-16 所示。在这里将：

➢ maximum 的值修改为 130；

➢ value 的值修改为 35。

修改 hslider_0 的 QSlider 类属性后的显示状态如图 4-17 所示。

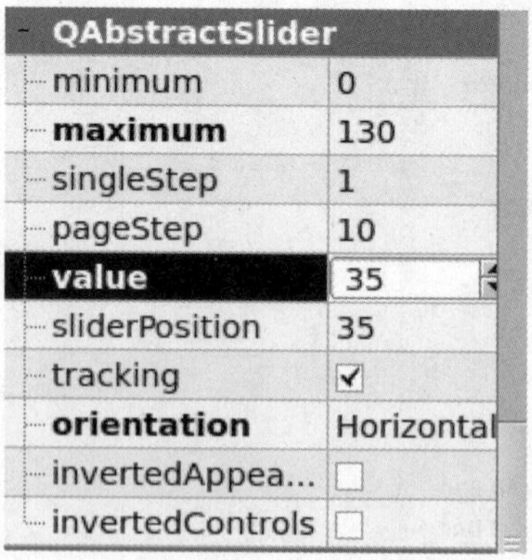

QAbstractSlider	
minimum	0
maximum	130
singleStep	1
pageStep	10
value	35
sliderPosition	35
tracking	☑
orientation	Horizontal
invertedAppea...	☐
invertedControls	☐

图 4-16　修改 hslider_0 的 QAbstractSlider 类属性

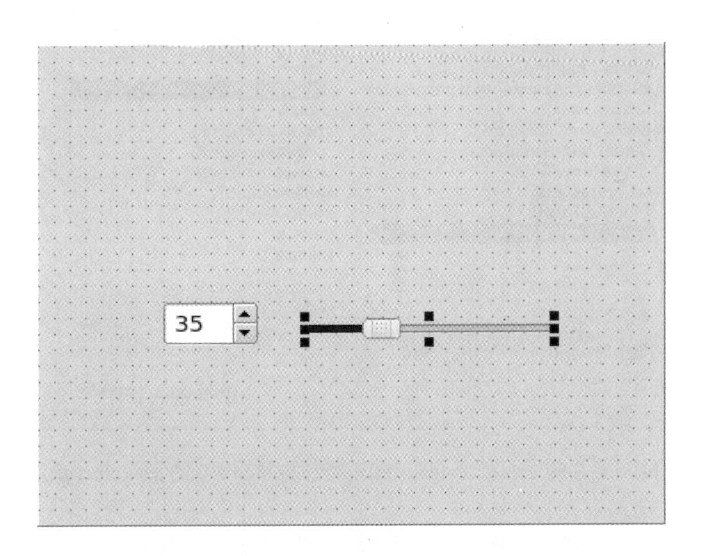

图 4-17　修改 spinbox_0 的 QSpinBox 类属性后的显示状态

3. 配置信号与槽的连接

（1）拖动窗口部件完成信号与槽的连接

第一步完成 spinbox_0 的 valueChanged(int)信号与 hslider_0 的 setValue(int)槽的连接，如图 4-18 所示。

图 4-18　spinbox_0 的 valueChanged(int)信号与 hslider_0 的 setValue(int)槽的连接

第二步完成 hslider_0 的 valueChanged(int)信号与 spinbox_0 的 setValue(int)槽的连接，如图 4-19 所示。

（2）使用信号与槽编辑器完成信号与槽的连接

使用信号与槽编辑器完成信号与槽的连接的方法可以参照之前小节。最终完成的信号与槽的连接如图 4-20 所示。

图 4-19　hslider_0 的 valueChanged(int)信号与 spinbox_0 的 setValue(int)槽的连接

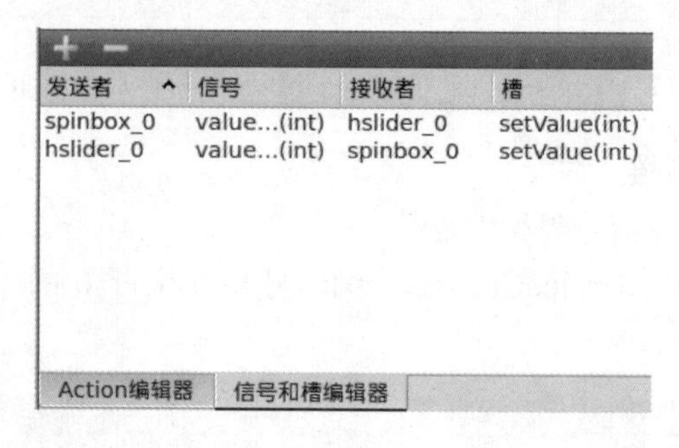

图 4-20　信号与槽的连接

4．窗口布局

（1）水平布局

在本项目中，需要将 spinbox_0 和 hslider_0 这两个窗口部件进行水平布局。

首先用鼠标框选 spinbox_0 和 hslider_0 这两个窗口部件，在图 2-58 所示的 2 号区域中找到“水平布局”按钮，如图 4-21 所示。

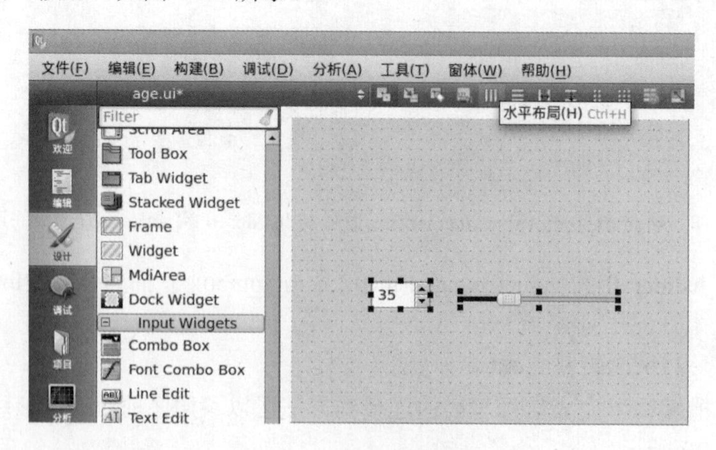

图 4-21　“水平布局”按钮

单击“水平布局”按钮完成水平布局后会在图 2-58 所示的 5 号区域中会出现布局对象及属性设置，如图 4-22 所示。

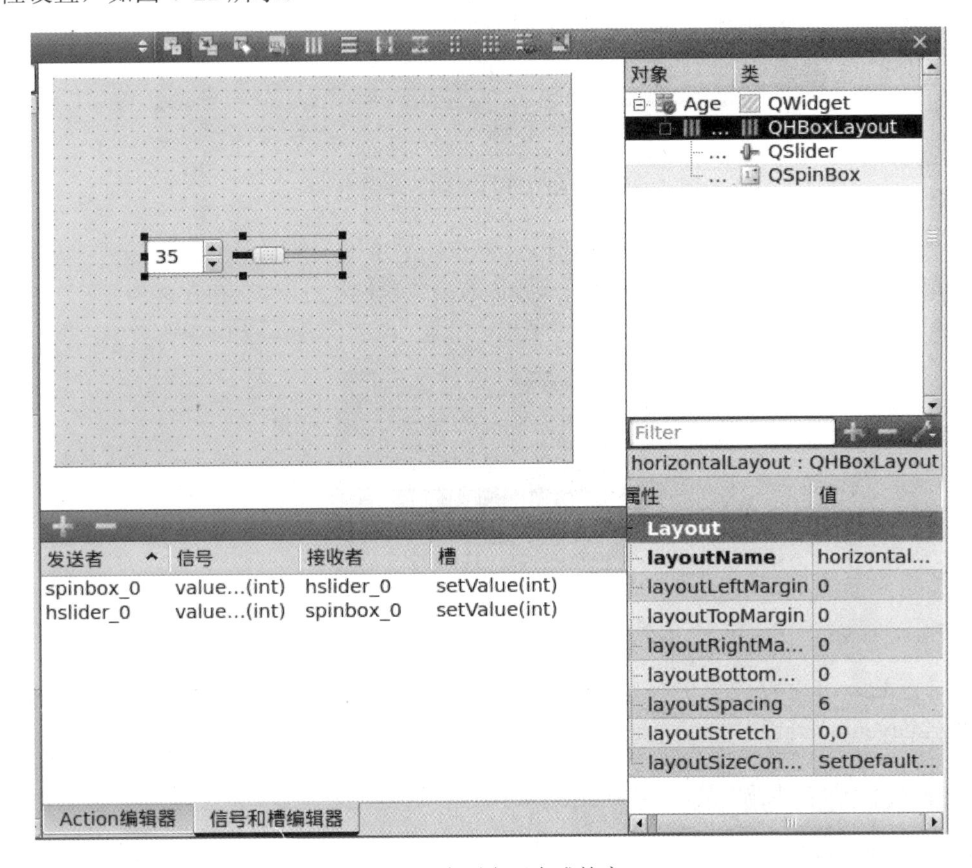

图 4-22　水平布局完成的窗口

单击 QHBoxLayout 类对象 horizontalLayout，可以在图 4-22 的下方显示 horizontalLayout 的属性设置。其具体的设置方法与之前小节中类似。

在本小节中还是将对象名修改为更容易和其他对象区分的名字，本项目中修改为 hlayout_0，如图 4-23 所示。此时 QHBoxLayout 类对象名为 hlayout_0。

属性	值
Layout	
layoutName	hlayout_0
layoutLeftMargin	0
layoutTopMargin	0
layoutRightMa...	0
layoutBottom...	0
layoutSpacing	6
layoutStretch	0,0
layoutSizeCon...	SetDefault..

图 4-23　修改 QHBoxLayout 类对象的 layoutName

（2）整体布局与调整

整体窗口布局依然采用栅格布局，具体的方法与之前小节中类似。在调整窗口尺寸的过程中可以适当拉长水平距离，布局完成的窗口如图 4-24 所示。

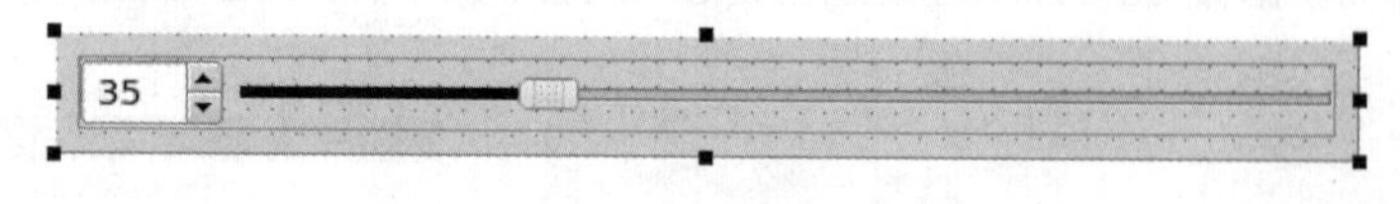

图 4-24　布局完成的窗口

5. 修改 QWidget 类对象 Age 的属性

修改 QWidget 对象 Age 的属性的方法与之前小节类似。

在本项目中将 windowsTitle 修改为“请输入年龄”，如图 4-25 所示。

图 4-25　Age 的 QWidget 类属性

同时将 Layout 名修改为更容易和其他 Layout 区分的名字，在本项目中将 layoutName 修改为“gridlayout_main”。

4.2.3 源代码完善与解读

1. 头文件 age.h

```
70  /*************************************************************************
71  *作    者：604Brother
72  *功    能：AGE 类
73  *************************************************************************/
74  /*防止对此头文件多重包含*/
75  #ifndef AGE_H
76  #define AGE_H
77
78
79
80  /*用于本项目实现的 Qt 类*/
81  //包含类 QWidget
82  #include <QWidget>
83
84
85
86  //条件编译
87  #define Embedded_Linux
```

```
88
89
90
91  /****************************************************************************
92  *作      者：604Brother
93  *功      能：命名空间与类声明
94  ****************************************************************************/
95  namespace Ui
96  {
97   class Age;
98  }
99
100
101
102 /****************************************************************************
103 *作      者：604Brother
104 *功      能：Age 类声明
105 *注意事项：1.Age 类 public 继承 QWidget 类
106 ****************************************************************************/
107 class Age:public QWidget
108 {
109 //Qt 宏定义，定义了信号与槽的类必须使用
110 Q_OBJECT
111
112 /*private 成员变量*/
113 private:
114 Ui::Age *ui_age;
115
116 /*public 成员函数*/
117 public:
118 /****************************************************************************
119 *作      者：604Brother
120 *功      能：Age 类构造函数
121 *入口参数：parent 窗口部件
122 *返 回 值：无
123 *注意事项：1.explicit 关键字指定该构造函数只能被明确的使用（不能作为类型转换操作符
    被隐含的使用）
124               2.*parent 的默认参数为 0，即一个空指针（该窗口部件没有父对象）
125 ****************************************************************************/
126 explicit Age(QWidget *parent=0);
127 /****************************************************************************
128 *作      者：604Brother
129 *功      能：Age 类析构函数
130 *入口参数：无
131 *返 回 值：无
132 ****************************************************************************/
```

```
133  ～Age();
134  };
135
136
137
138  #endif
```

2．源文件 age.cpp

```
40   /*****************************************************************************
41   *作      者：604Brother
42   *功      能：Age 类
43   *注意事项：1.使用 UI
44   *****************************************************************************/
45   //包含头文件
46   #include "age.h"
47   //包含对应的 UI 头文件
48   #include "ui_age.h"
49
50
51
52   /*****************************************************************************
53   *作      者：604Brother
54   *功      能：Age 类构造函数
55   *入口参数：parent 窗口部件
56   *返 回 值：无
57   *注意事项：1.成员变量初始化
58   *              构造函数(参数):成员变量名 1(值或表达式),成员变量名 2(值或表达式),…
59   *****************************************************************************/
60   Age::Age(QWidget *parent):QWidget(parent),ui_age(new Ui::Age)
61   {
62    //调用 setupUi()函数来初始化窗体
63    //setupUi()函数还会自动将那些符合 on_objectName_signalName()命名惯例的任意槽与相应
     的 objectName 的 signalName()信号连接在一起
64    ui_age->setupUi(this);
65   }
66
67
68
69   /*****************************************************************************
70   *作      者：604Brother
71   *功      能：Age 类析构函数
72   *入口参数：无
73   *返 回 值：无
74   *****************************************************************************/
75   Age::～Age()
76   {
```

```
77    delete ui_age;
78  }
```

3．源文件 main.cpp

```
42  /**************************************************************************
43  *作    者：604Brother
44  *功    能：主函数
45  **************************************************************************/
46  //包含类 QApplication
47  #include <QApplication>
48  //包含类 QTextCodec
49  #include <QTextCodec>
50  //包含头文件
51  #include "age.h"
52
53
54
55  /**************************************************************************
56  *作    者：604Brother
57  *功    能：主函数
58  *入口参数：无
59  *返 回 值：main_app.exec()
60  **************************************************************************/
61  int main(int argc, char *argv[])
62  {
63   //创建 QApplication 类对象，管理整个应用程序所用到的资源
64   QApplication main_app(argc,argv);
65
66   #ifdef Embedded_Linux
67   main_app.setFont(QFont("wenquanyi",12));
68   #endif
69   QTextCodec *app_codec=QTextCodec::codecForName("UTF-8");
70   QTextCodec::setCodecForLocale(app_codec);
71   QTextCodec::setCodecForCStrings(app_codec);
72   QTextCodec::setCodecForTr(app_codec);
73
74   //在堆中创建 Age 类对象，将其地址赋给指向 Age 类对象的指针变量
75   Age *app_w=new Age();
76
77   //使 app_w 指针变量所指向的对象可见
78   app_w->show();
79
80   //把应用程序的控制权传递给 Qt，进入程序的循环状态并且等待，直到 exit 被调用或者主
    窗口部件被销毁，并且返回值被设置为 exit
81   return main_app.exec();
82  }
```

可以看出：本小节的代码与之前小节中的代码除了类的名字不同，其他完全一致。

4.2.4 x86 Linux 编译、调试与发布

当代码编写完成后，就可以对工程开始编译、调试与运行了。具体的操作方法与之前小节介绍的相同，在这里就不多述了。Age 程序界面（UI、x86）如图 4-26 所示。

图 4-26 Age 程序界面（UI、x86）

4.2.5 Embedded Linux 编译、发布与运行

在进行 Embedded Linux 编译与发布之前，需要将嵌入式系统和 PC 按照之前的介绍进行连接。具体的操作方法与之前小节介绍的相同，在这里就不多述了。Age 程序界面（UI、Embedded Linux）如图 4-27 所示。

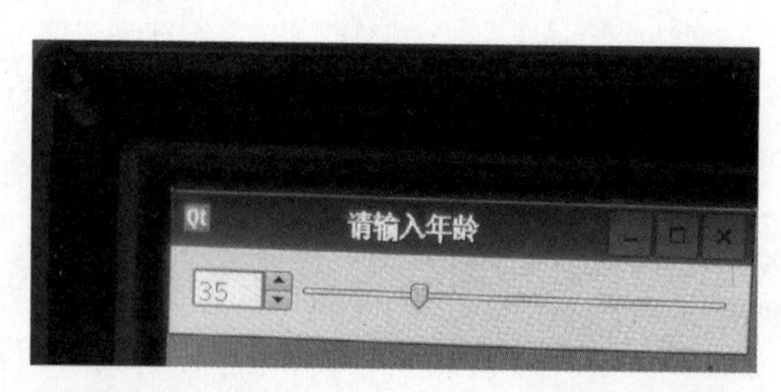

图 4-27 Age 程序界面（UI、Embedded Linux）

4.3 实训

1. 用纯代码方式编写程序，在嵌入式系统中显示 1 个微调框、1 个水平滑块和 1 个垂直滑块；这三者的数值范围从 0～100，初始值为 30；当某一个部件调整的时候，其他两个部件也要同步变化。

2. 用 UI 方式编写程序，在嵌入式系统中显示 1 个微调框、1 个水平滑块和 1 个垂直滑块；这三者的数值范围从 0～100，初始值为 30；当某一个部件调整的时候，其他两个部件也要同步变化。

4.4 习题

1. 什么是顶级窗口部件？
2. 在 Qt 中需要指定父对象吗？说明原因。

第 5 章　嵌入式串口通信程序

5.1　Linux 串行通信概述

1．RS232 串口通信协议

串行通信协议有很多种，像 RS232、RS485 和 RS422，甚至现今流行的 USB 等都是串行通信协议。而串行通信技术的应用无处不在，其中以 RS232 的通信方式最为多见。

RS-232-C（又称为 EIA RS-232-C，以下简称为 RS232）是在 1970 年由美国电子工业协会（EIA）联合贝尔系统、调制解调器厂家及计算机终端生产厂家共同制定的用于串行通信的标准。RS232 是一个全双工的通信协议，它可以同时进行数据接收和发送的工作。RS232 的端口通常有两种：9 针（DB9）和 25 针（DB25）。25 针（DB25）和 9 针（DB9）串口外形及信号线分配如图 5-1 所示，串口引脚定义如表 5-1 所示。

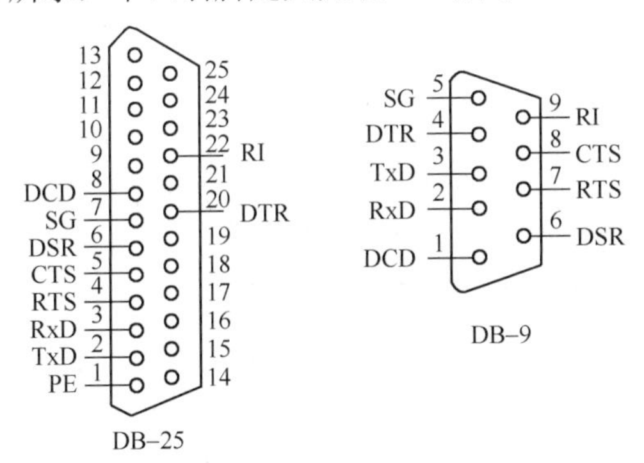

图 5-1　25 针（DB25）和 9 针（DB9）串口外形及信号线分配

表 5-1　串口引脚定义

9 针串口（DB9）			25 针串口（DB25）		
针号	功能说明	缩写	针号	功能说明	缩写
1	数据载波检测	DCD	8	数据载波检测	DCD
2	接收数据	RXD	3	接收数据	RXD
3	发送数据	TXD	2	发送数据	TXD
4	数据终端准备	DTR	20	数据终端准备	DTR
5	信号地	GND	7	信号地	GND
6	数据设备准备好	DSR	6	数据设备准备好	DSR
7	请求发送	RTS	4	请求发送	RTS
8	清除发送	CTS	5	清除发送	CTS
9	振铃指示	DELL	22	振铃指示	DELL

2．通信方式

常见的通信方式有 3 种：单工、半双工和全双工。

➢ 如果在通信过程的任意时刻，信息只能由一方 A 传到另一方 B，则称为单工通信方式；

➢ 如果在任意时刻，信息既可由 A 传到 B，又能由 B 传 A，但只能由一个方向上的传输存在，称为半双工传输通信方式；

➢ 如果在任意时刻，线路上存在 A 到 B 和 B 到 A 的双向信号传输，则称为全双工通信方式。

3．RS232 串口通信接线方法

RS232 串口通信硬件接线方法常采用三线制接法，其原则是：

➢ 接收数据针脚（或线）与发送数据针脚（或线）相连，彼此交叉；

➢ 信号地对应相接。

以 9 针 RS232 串口为例，其三线制接法如图 5-2 所示。

```
2(RXD)    --------    3(TXD)
3(TXD)    --------    2(TXD)
5(GND)    --------    5(GND)
```

图 5-2　9 针 RS232 串口通信三线制接法

4．奇偶校验

串行数据在传输过程中，由于干扰可能引起信息的出错。例如，传输字符“E”，其各位为：

0100 0101

由于干扰，可能使位变为 1，这种情况，我们称为出现了“误码”。

➢ 把如何发现传输中的错误，称为“检错”；

➢ 把发现错误后，如何消除错误，称为“纠错”。

最简单的检错方法是“奇偶校验”，即在传送字符的各位之外，再传送 1 位奇/偶校验位。

奇校验：所有传送的数位（含字符的各数位和校验位）中，“1”的个数为奇数，如表 5-2 所示。

偶校验：所有传送的数位（含字符的各数位和校验位）中，“1”的个数为偶数，如表 5-3 所示。

表 5-2　奇校验位计算

数据位	校验位
0110 0101	1
0110 0001	0

表 5-3　偶校验位计算

数据位	校验位
0110 0101	0
0110 0001	1

奇偶校验能够检测出信息传输过程中的部分误码（1 位误码能检出，2 位及 2 位以上误码不能检出），同时，它不能纠错。在发现错误后，只能要求重发。但由于其实现简单，仍得到了广泛使用。

5．流控制

在串行通信处理中，常常看到 RTS/CTS 和 XON/XOFF 这两个选项，这就是两个流控制的选项，目前流控制主要应用于调制解调器的数据通信中。但在普通的 RS232 编程中了解一点这方面的知识是有好处的。

（1）流控制在串行通信中的作用

这里讲到的“流”，当然指的是数据流。数据在两个串口之间传输时，常常会出现丢失数据的现象，或者两台计算机的处理速度不同，如台式机与单片机之间的通信，接收端数据缓冲区已满，则此时继续发送来的数据就会丢失。现在我们在网络上通过 Modem 进行数据传输，这个问题就尤为突出。流控制能解决这个问题，当接收端数据处理不过来时，就发出“不再接收”的信号，发送端就停止发送，直到收到“可以继续发送”的信号再发送数据。因此流控制可以控制数据传输的进程，防止数据的丢失。

PC 中常用的两种流控制是硬件流控制（包括 RTS/CTS、DTR/CTS 等）和软件流控制 XON/XOFF（继续/停止）。

（2）硬件流控制

硬件流控制常用的有 RTS/CTS 流控制和 DTR/DSR（数据终端就绪/数据设置就绪）流控制。

硬件流控制必须将相应的电缆线连上，用 RTS/CTS（请求发送/清除发送）流控制时，应将通信两端的 RTS、CTS 线对应相连，数据终端设备（如计算机）使用 RTS 来起始调制解调器或其他数据通信设备的数据流，而数据通信设备（如调制解调器）则用 CTS 来起动和暂停来自计算机的数据流。这种硬件握手方式的过程为：

- 在编程时根据接收端缓冲区大小设置一个高位标志（可为缓冲区大小的 75%）和一个低位标志（可为缓冲区大小的 25%）；
- 当缓冲区内数据量达到高位时，在接收端将 CTS 线置低电平（送逻辑 0），当发送端的程序检测到 CTS 为低后，就停止发送数据，直到接收端缓冲区的数据量低于低位而将 CTS 置高电平；
- RTS 则用来标明接收设备有没有准备好接收数据。

常用的流控制还有还有 DTR/DSR（数据终端就绪/数据设置就绪），在此不再详述了。

（3）软件流控制

由于电缆线的限制，在普通的控制通信中一般不用硬件流控制，而用软件流控制。一般通过 XON/XOFF 来实现软件流控制。常用方法是：

- 当接收端的输入缓冲区内数据量超过设定的高位时，就向数据发送端发出 XOFF 字符（十进制的 19 或 Control-S，设备编程说明书应该有详细阐述），发送端收到 XOFF 字符后就立即停止发送数据；
- 当接收端的输入缓冲区内数据量低于设定的低位时，就向数据发送端发出 XON 字符（十进制的 17 或 Control-Q），发送端收到 XON 字符后就立即开始发送数据；
- 一般可以从设备配套源程序中找到发送的是什么字符。

应该注意的是若传输的是二进制数据，标志字符也有可能在数据流中出现而引起误操作，这是软件流控制的缺陷，而硬件流控制不会有这个问题。

6．Linux 设备文件简介

在 Linux 中，将外设看作一个文件来管理，用户使用外设就像使用普通文件一样。这些设备中，有些设备是对实际存在的物理硬件的抽象，而有些设备则是内核自身提供的功能（不依赖于特定的物理硬件，又称为“虚拟设备”）。

设备文件存储在/dev 目录下，它使用设备的主设备号和次设备号来区分指定的外设：

➢ 主设备号说明设备类型；
➢ 次设备号说明具体指哪一个设备。

例如：

```
/dev/fd0
```

➢ 主设备号：fd 是软盘驱动器（floppy disk）；
➢ 次设备号：0 是软盘驱动器编号。

Linux 下的/dev 目录中有大量的设备文件，主要可以分为块设备文件和字符设备文件：

➢ 块设备文件的主要特点是有缓冲同时可以随机读写；
➢ 最常见的块设备就是磁盘，如/dev/hda1、/dev/sda2 和/dev/fd0 等；
➢ 字符设备的主要特点是无缓冲且只能顺序存取；
➢ 最常见的字符设备是打印机和终端，它们可以接受字符流；
➢ /dev/null 是一个非常有用的字符设备文件，如果将程序的输出结果重定向到/dev/null，则看不到任何输出信息。

7. Linux 串口设备文件

（1）Ubuntu 中的串口设备文件

打开 Ubuntu 的终端后输入命令：

```
cd /dev
```

进入/dev 目录后输入命令：

```
ls
```

即可查看 Ubuntu 中的设备文件，如图 5-3 所示。

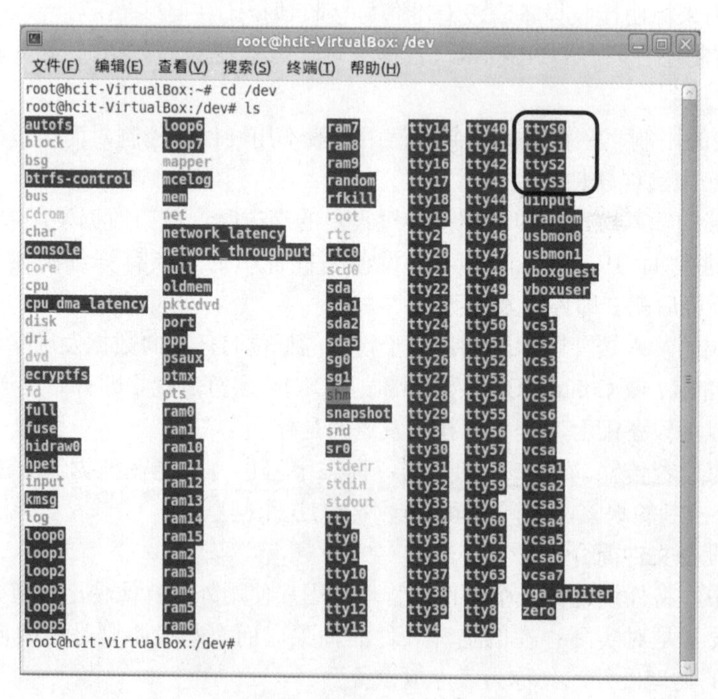

图 5-3 Ubuntu 中的设备文件

从图 5-3 可以看出：在 Ubuntu 中和串口相关的设备文件有 4 个：ttyS0、ttyS1、ttyS2 和 ttyS3。

（2）嵌入式 Linux 中的串口设备文件

将嵌入式系统和 PC 按照之前的介绍进行连接。具体的操作方法与之前小节介绍的相同，在这里就不多述了。

打开 Windows 的超级终端，输入命令：

```
cd /dev
```

进入/dev 目录后输入命令：

```
ls
```

即可查看嵌入式 Linux 中的设备文件，如图 5-4 所示。

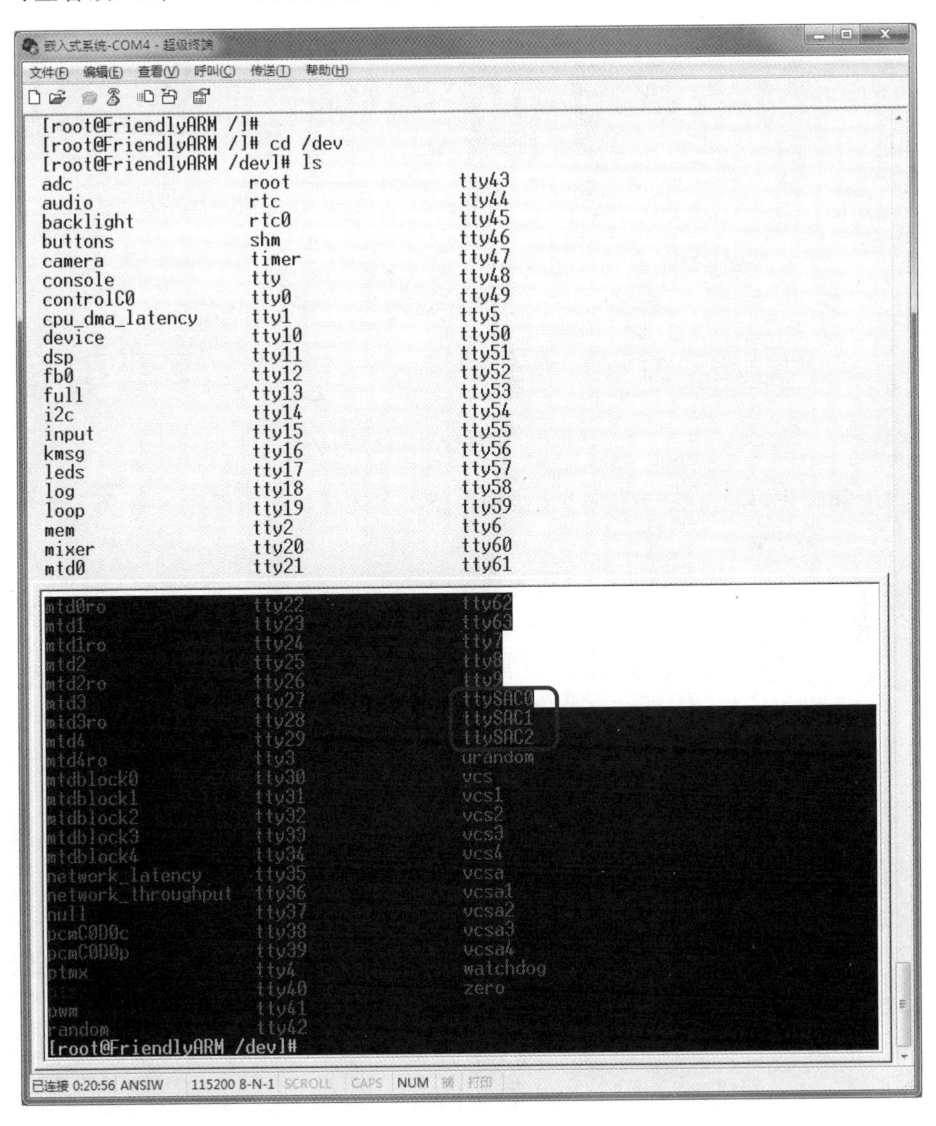

图 5-4　嵌入式 Linux 中的设备文件

从图 5-4 可以看出：在嵌入式 Linux 中和串口相关的设备文件有 3 个：ttySAC0、ttySAC1 和 ttySAC2。

5.2 新建工程

新建工程的方法与之前小节中的方法类似，不过需要将项目介绍和存储位置进行修改，如图 5-5 所示。

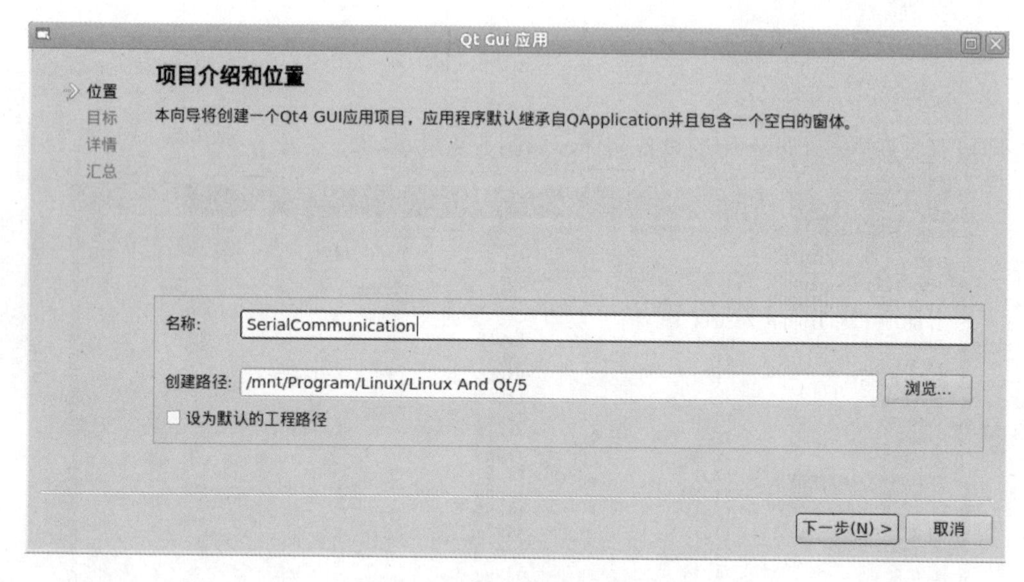

图 5-5 项目介绍和位置

创建 UI 和源代码的方法与之前小节类似，就不多述了。在出现图 5-6 所示的类信息界面中。

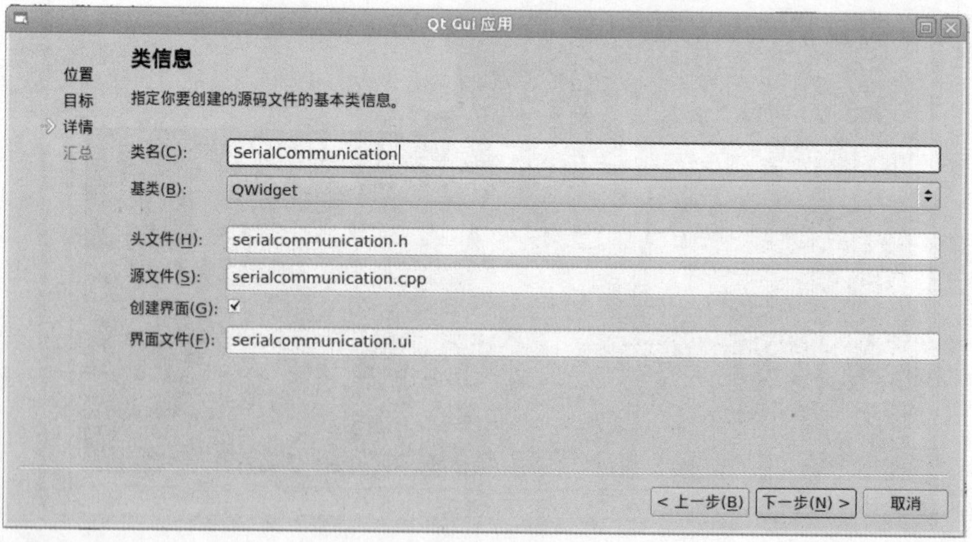

图 5-6 类信息界面

➢ “类名（C）”为自定义的类名，本项目中设置为 SerialCommunication；

➢ “基类（B）”为 SerialCommunication 所继承的类，在本项目中通过下拉框选择为 QWidget 类；

➢ “头文件（H）”“源文件（S）”和“界面文件（F）”由系统指定，一般无须修改；

➢ “创建界面（G）”选项一定要选中。

图 5-7　Input Widgets

5.3　编辑界面文件

1．放置 QComboBox 类窗口部件并设置其属性

QComboBox 是 Qt 中的下拉列表框。

（1）放置 QComboBox 类窗口部件并设置其属性

在图 2-58 所示的界面中的 1 号区域中找到“Input Widgets”，如图 5-7 所示。

单击选中“Combo Box”，将其拖动到图 2-58 所示的 3 号区域中，Combo Box 窗口部件放置如图 5-8 所示。

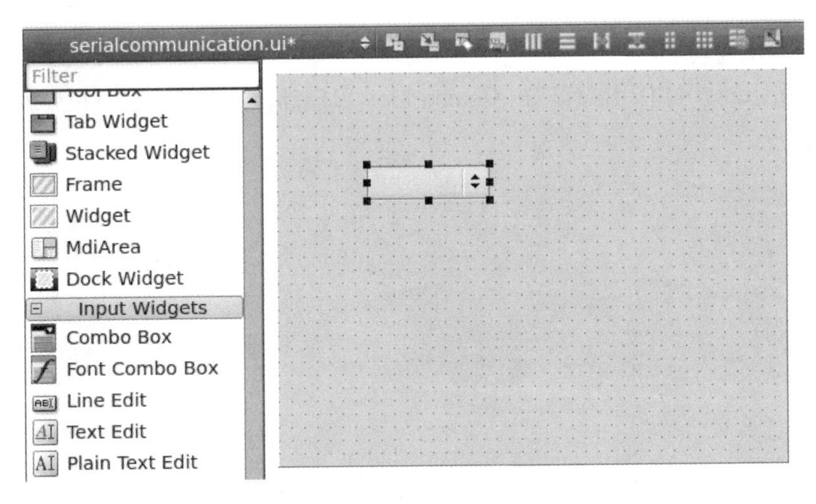

图 5-8　Combo Box 窗口部件放置

当拖放完成后，在图 2-58 所示的 5 号区域中会出现对象及属性设置，如图 5-9 所示。

单击 QComboBox 类对象 comboBox 可以在图 5-9 的下方显示 comboBox 的属性设置。其具体的设置方法与之前小节中类似。

在本小节中还是将对象名修改为更容易和其他对象区分的名字。在本项目中，该下拉框列表是用来选择串口的，因此将其对象名修改为 combox_ttyname，如图 5-10 所示。此时 QComboBox 类对象名为 combox_ttyname。

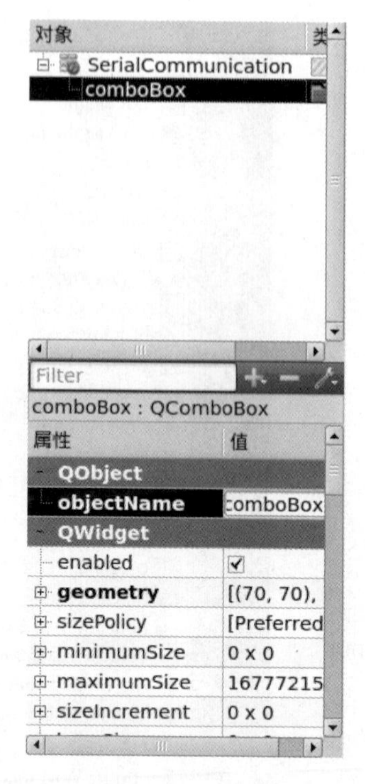

图 5-9　对象及属性设置

图 5-10　修改 QComboBox 类对象的 objectName

（2）添加下拉列表

在图 5-8 所示的界面中用鼠标双击 Combo Box 窗口部件，开始添加下拉列表，如图 5-11 所示。

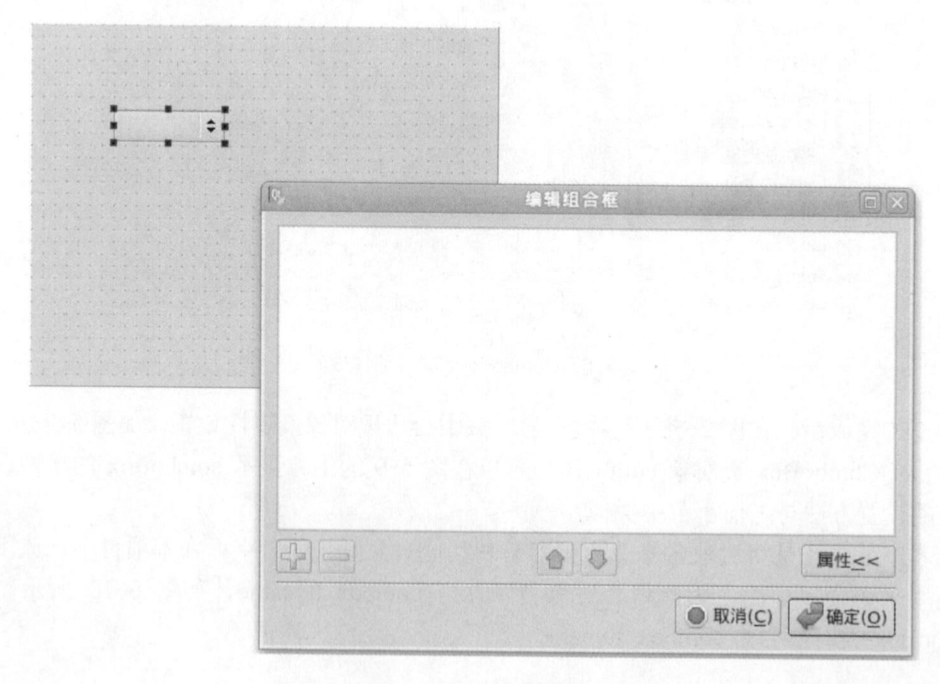

图 5-11　添加下拉列表

此下拉列表是用来选择串口设备的，单击图 5-11 所示中的“+”按钮添加下拉选择项，编辑组合框如图 5-12 所示。

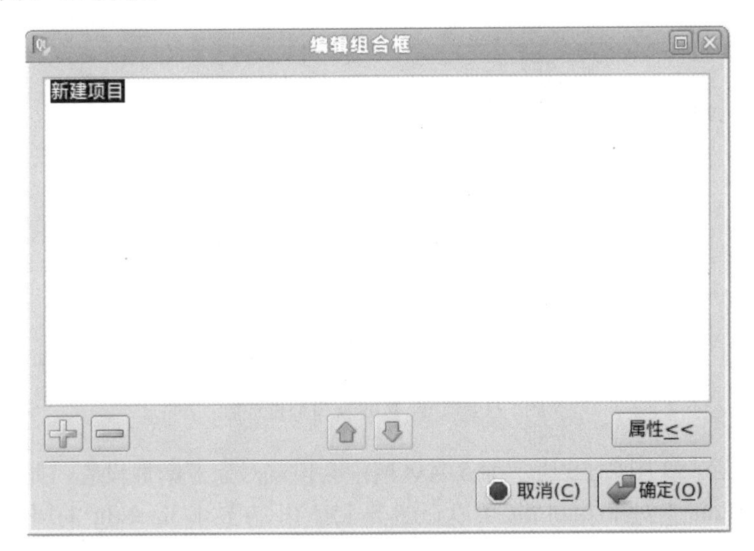

图 5-12　编辑组合框

根据 5.1 节和之前章节的介绍，此时在下拉列表中添加所有可能用到的串口设备，如图 5-13 所示。

图 5-13　编辑组合框

2．放置 QLineEdit 类窗口部件并设置其属性

QLineEdit 是单行文本框。

如图 5-7 所示，在“Input Widgets”的界面中，单击选中“Line Edit”，将其拖动到图 2-58 所示的 3 号区域中，Line Edit 窗口部件放置如图 5-14 所示。

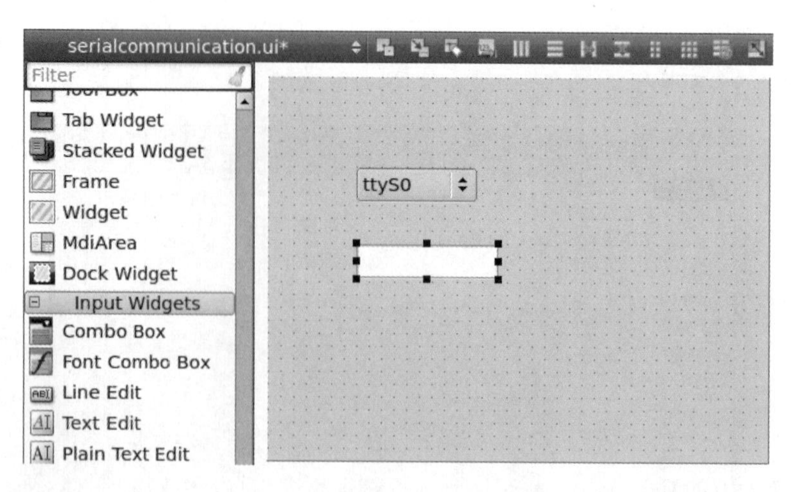

图 5-14　Line Edit 窗口部件放置

当拖放完成后，在图 2-58 所示的 5 号区域中会出现对象及属性设置，如图 5-15 所示。

单击 QLineEdit 类对象 lineEdit 可以在图 5-15 的下方显示 lineEdit 的属性设置。其具体的设置方法与之前小节中类似。

在本小节中还是将对象名修改为更容易和其他对象区分的名字。在本项目中，该文本框中的内容是待发送的消息，因此将其对象名修改为 lineedit_send，如图 5-16 所示。此时 QLineEdit 类对象名为 lineedit_send。

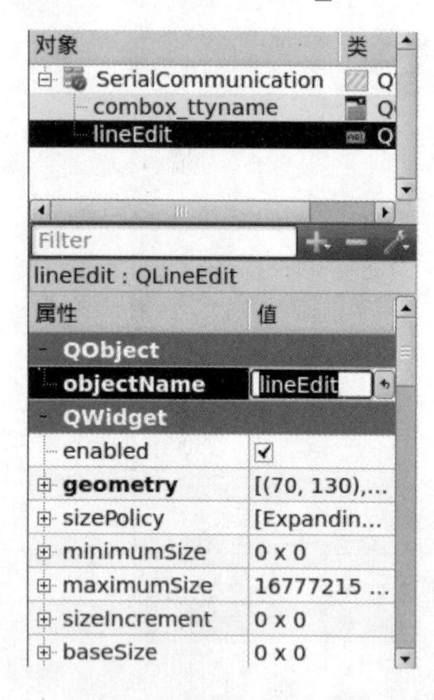

图 5-15　对象及属性设置

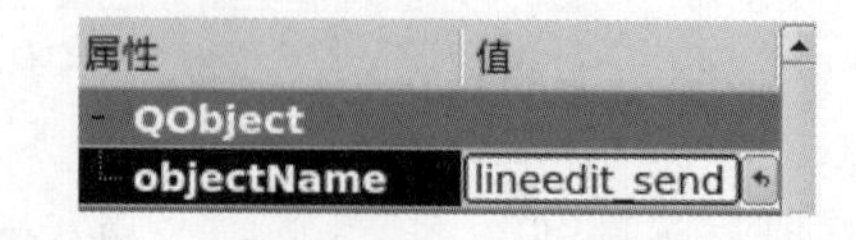

图 5-16　修改 QLineEdit 类对象的 objectName

3. 放置 QPushButton 类窗口部件并设置其属性

参照之前小节的内容，放置两个 QPushButton 类窗口部件，Push Button 窗口部件放置如图 5-17 所示。

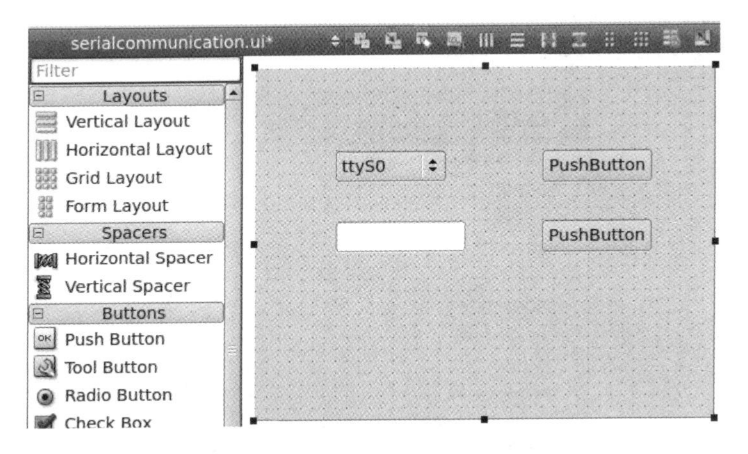

图 5-17 Push Button 窗口部件放置

将图 5-17 上方的 QPushButton 类对象 pushButton 作为开启串口设备的按钮来使用：

➢ 将其对象名修改为 pushbutton_open，如图 5-18 所示；

图 5-18 修改 QPushButton 类对象的 objectName

➢ 修改 pushbutton_open 的 QAbstractButton 类属性，如图 5-19 所示；

➢ 将 text 中的内容修改为“开启设备(&O)”。

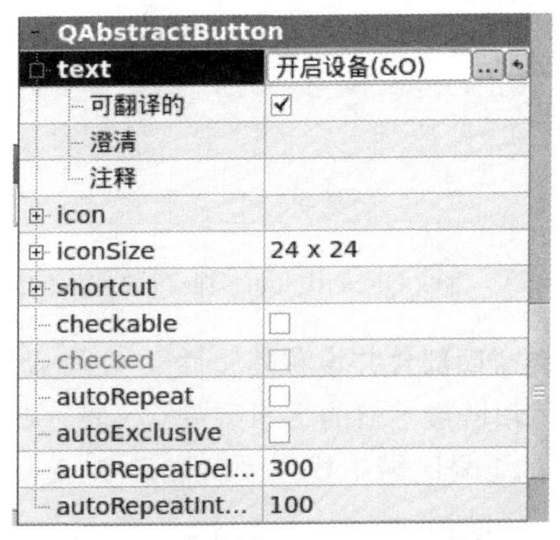

图 5-19 修改 pushbutton_open 的 QAbstractButton 类属性

将图 5-17 下方的 QPushButton 类对象 pushButton_2 作为发送消息的按钮来使用：

➢ 将其对象名修改为 pushbutton_send，如图 5-20 所示；

图 5-20 修改 QPushButton 类对象的 objectName

➢ 修改 pushbutton_send 的 QAbstractButton 类属性，如图 5-21 所示；

➢ 将 text 中的内容修改为“发送消息(&S)”。

QAbstractButton	
text	发送消息(&S)
可翻译的	☑
澄清	
注释	
icon	
iconSize	24 x 24
shortcut	
checkable	☐
checked	☐
autoRepeat	☐
autoExclusive	☐
autoRepeatDel...	300
autoRepeatInt...	100

图 5-21　修改 pushbutton_send 的 QAbstractButton 类属性

修改 QPushButton 类窗口部件后的界面如图 5-22 所示。

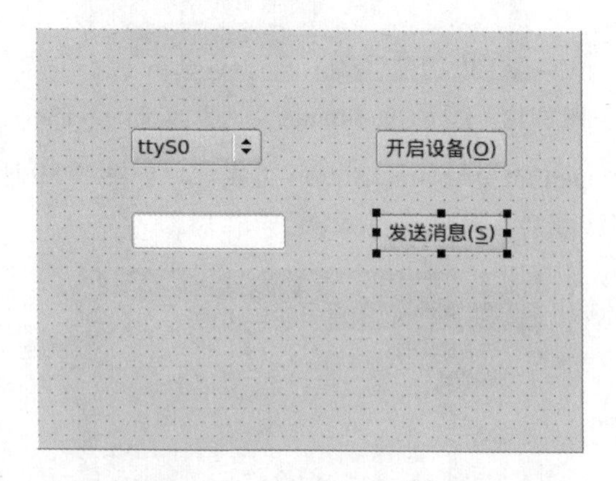

图 5-22　修改 QPushButton 类窗口部件后的界面

4．放置 QTextBrowser 类窗口部件并设置其属性

QTextBrowser 是可以支持超链接导航的文本浏览器，默认是只读的。

在图 2-58 所示的界面中的 1 号区域中找到“Display Widgets”，如图 5-23 所示。

图 5-23　Display Widgets

在图 5-23 所示 “Display Widgets” 的界面中，单击选中 “Text Brower”，将其拖动到图 2-58 所示的 3 号区域中，Text Brower 窗口部件放置如图 5-24 所示。

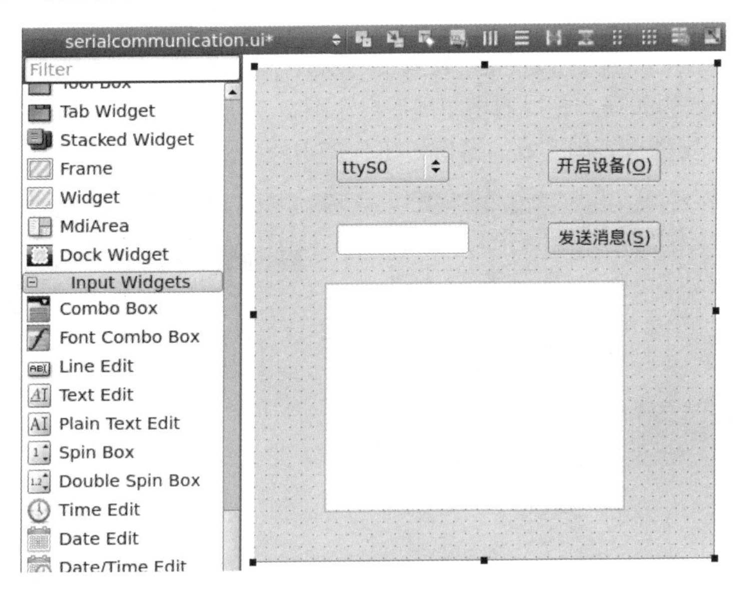

图 5-24　Text Brower 窗口部件放置

单击 QTextBrowser 类对象 lineEdit 可以在图 5-25 的下方显示 txtBrowser 的属性设置。其具体的设置方法与之前小节中类似。

在本小节中还是将对象名修改为更容易和其他对象区分的名字。在本项目中，该文本浏览器中的内容是串口接收的消息，因此将其对象名修改为 textbrowser_receive，如图 5-26 所示。此时 QTextBrowser 类对象名为 textbrowser_receive。

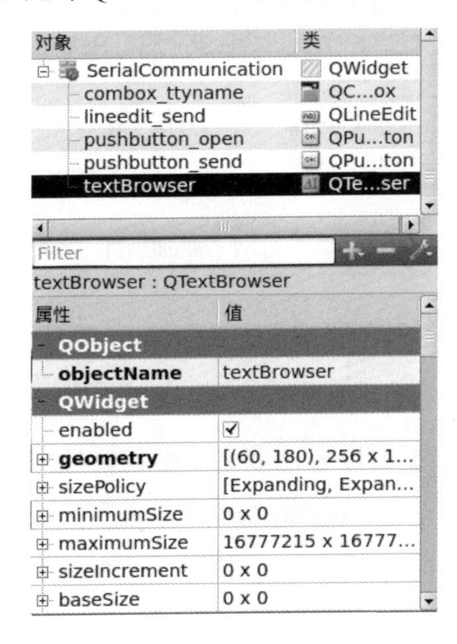

图 5-25　对象及属性设置

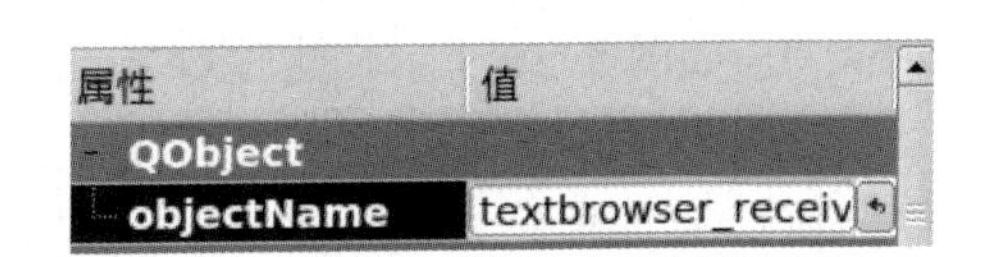

图 5-26　修改 QTextBrowser 类对象的 objectName

5．窗口布局

（1）第一层栅格布局

首先用鼠标框选 combox_ttyname、lineedit_send、pushbutton_open 和 pushbutton_send 这 4 个窗口部件进行栅格布局。完成栅格布局后会在图 2-58 所示的 5 号区域中会出现布局对象及属性设置，第一层栅格布局完成的窗口如图 5-27 所示。

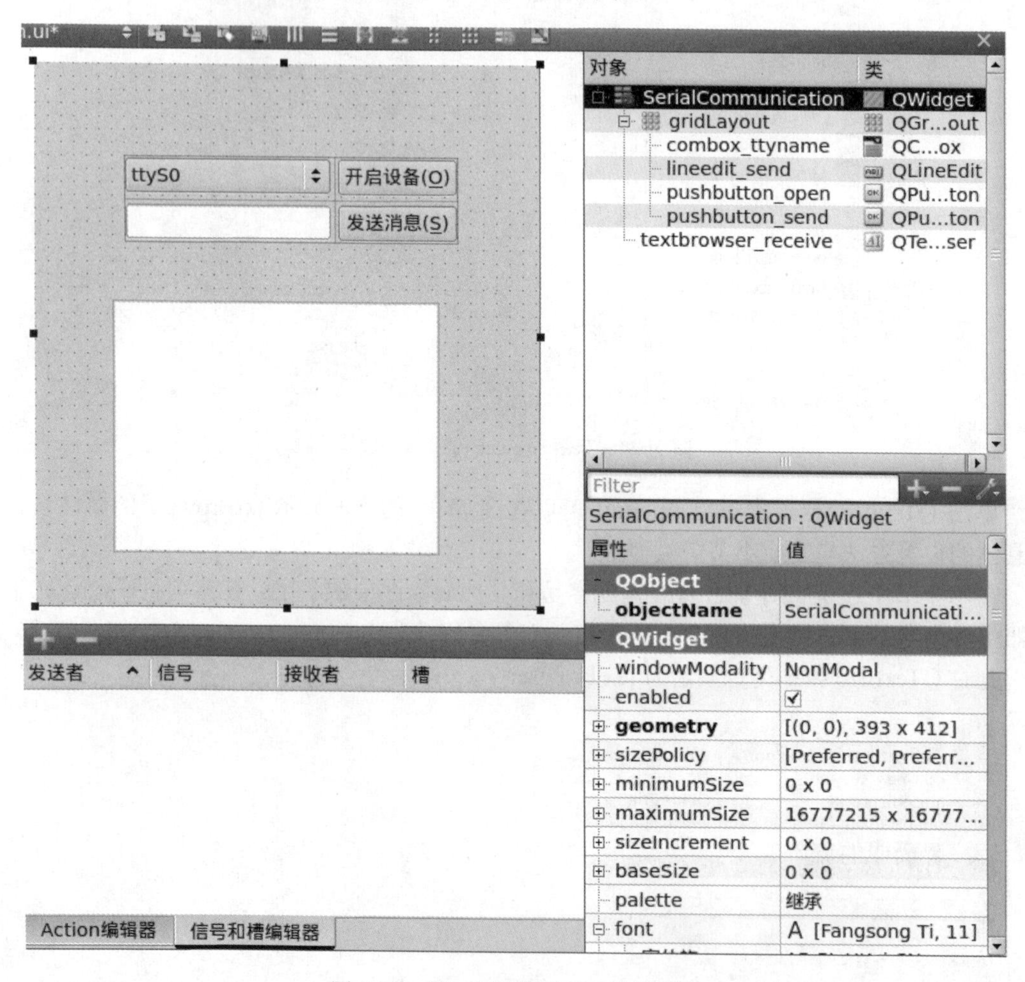

图 5-27　第一层栅格布局完成的窗口

单击 QGridLayout 类对象 gridLayout 可以在图 5-27 的下方显示 gridLayout 的属性设置。其具体的设置方法与之前小节中类似。

在本小节中还是将对象名修改为更容易和其他对象区分的名字，本项目中修改为 gridlayout_0，如图 5-28 所示。此时 QGridLayout 类对象名为 gridlayout_0。

（2）整体布局与调整

整体窗口布局依然采用栅格布局，具体的方法与之前小节中类似，布局完成的窗口如图 5-29 所示。

属性	值
Layout	
layoutName	gridlayout_0
layoutLeftMargin	0
layoutTopMargin	0
layoutRightMa...	0
layoutBottom...	0
layoutHorizont...	6
layoutVerticalS...	6
layoutRowStre...	0,0
layoutColumn...	0,0
layoutRowMini...	0,0
layoutColumn...	0,0
layoutSizeCon...	SetDefaultConstraint

图 5-28　修改 QGridLayout 类对象的 layoutName

图 5-29　布局完成的窗口

6. 修改 QWidget 类对象 SerialCommunication 的属性

修改 QWidget 对象 SerialCommunication 的属性的方法与之前小节中类似。

在本项目中将 windowsTitle 修改为“串口通信”，如图 5-30 所示。

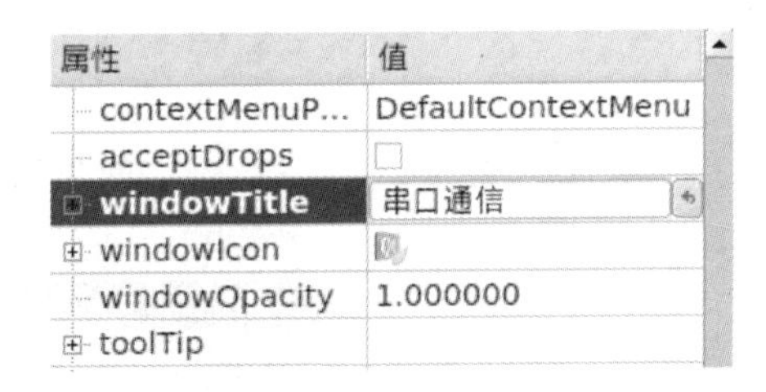

属性	值
contextMenuP...	DefaultContextMenu
acceptDrops	
windowTitle	串口通信
windowIcon	
windowOpacity	1.000000
toolTip	

图 5-30　SerialCommunication 的 QWidget 类属性

同时将 Layout 名修改为更容易和其他 Layout 区分的名字，在本项目中将 layoutName 修改为“gridlayout_main”。

7. 界面运行效果

当布局完成后，可以查看一下界面的运行效果，如图 5-31 所示。在实际使用中可以发现，程序界面中的窗口部件除了下拉列表目前都没有响应。

图 5-31　程序界面运行效果

5.4 初始化串口

在图 5-31 所示的界面中，使用开启设备按钮来初始化下拉列表中指定的串口。

5.4.1 转到自定义槽函数

在图 5-29 所示的界面中选择“开启设备”按钮，单击右键，会出现图 5-32 所示的控件右键选项。

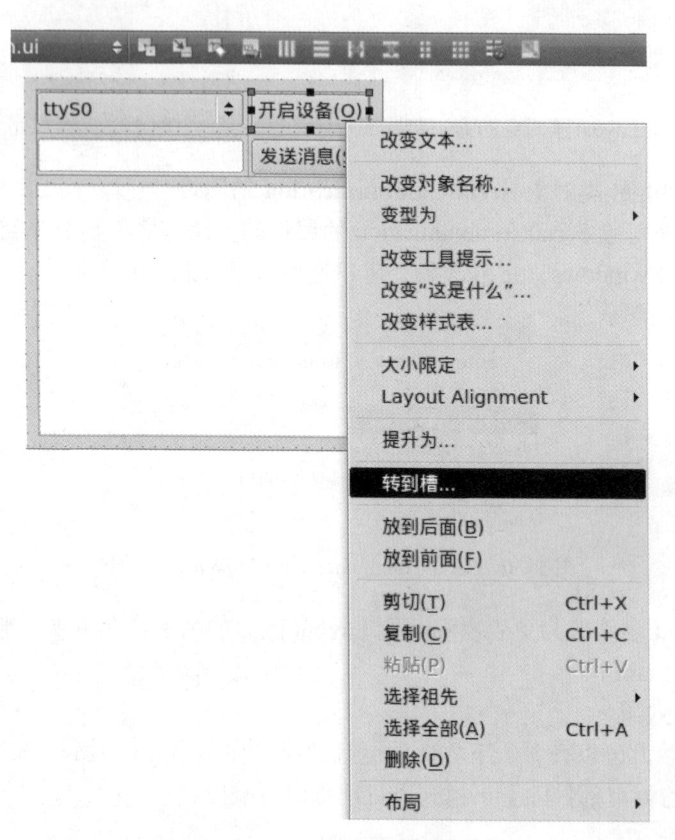

图 5-32 控件右键选项

单击“转到槽”选项，会出现图 5-33 所示的信号选择列表。

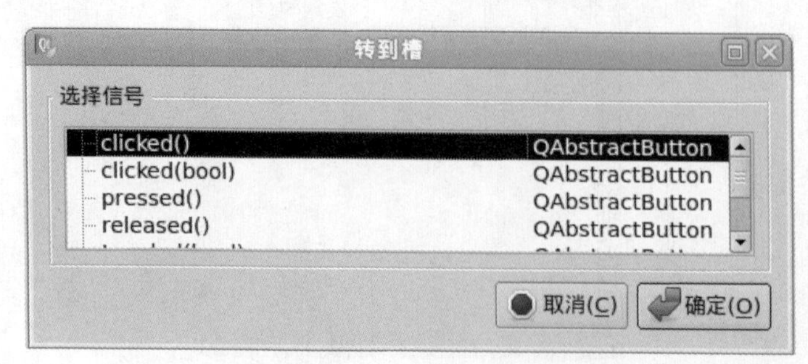

图 5-33 信号选择列表

选择“clicked()”信号，单击“确定”按钮，则会跳转至“serialcommunication.cpp”文件编辑界面，具体位置在槽函数 on_pushbutton_open_clicked 处，如图 5-34 所示。

```
serialcommunication.cpp    SerialCommunication::on_pushbutton_open_clicked()
1   #include "serialcommunication.h"
2   #include "ui_serialcommunication.h"
3
4   SerialCommunication::SerialCommunication(QWidget *parent) :
5   QWidget(parent),
6   ui(new Ui::SerialCommunication)
7   {
8    ui->setupUi(this);
9   }
10
11  SerialCommunication::~SerialCommunication()
12  {
13   delete ui;
14  }
15
16  void SerialCommunication::on_pushbutton_open_clicked()
17  {
18
19  }
20
```

图 5-34 “serialcommunication.cpp”文件编辑界面

此时在“serialcommunication.h”文件中可以看到槽函数 on_pushbutton_open_clicked 的声明，“serialcommunication.h”文件编辑界面如图 5-35 所示。

```
serialcommunication.h*    on_pushbutton_open_clicked()
1   #ifndef SERIALCOMMUNICATION_H
2   #define SERIALCOMMUNICATION_H
3
4   #include <QWidget>
5
6   namespace Ui {
7   class SerialCommunication;
8   }
9
10  class SerialCommunication : public QWidget
11  {
12  Q_OBJECT
13
14  public:
15  explicit SerialCommunication(QWidget *parent = 0);
16  ~SerialCommunication();
17
18  private slots:
19  void on_pushbutton_open_clicked();
20
21  private:
22  Ui::SerialCommunication *ui;
23  };
24
25  #endif // SERIALCOMMUNICATION_H
26
```

图 5-35 “serialcommunication.h”文件编辑界面

5.4.2 串口初始化代码

```
220   /*********************************************************************
```

```
221 *作    者：604Brother
222 *功    能：SerialCommunication 类 on_pushbutton_open_clicked Slot
223 *入口参数：无
224 *返 回 值：无
225 ***********************************************************************/
226 void SerialCommunication::on_pushbutton_open_clicked()
227 {
228  Serial_Initial();
229 }
```

在 on_pushbutton_open_clicked 槽函数中调用了 Serial_Initial 函数来初始化串口。

```
62  /***********************************************************************
63  *作    者：604Brother
64  *功    能：SerialCommunication 类串口初始化函数
65  *入口参数：无
66  *返 回 值：无
67  ***********************************************************************/
68  void SerialCommunication::Serial_Initial()
69  {
70   //串口的设置主要是设置 termios 结构体的各成员值
71   struct termios tty_setarr;
72
73   QString ttyname_head="/dev/";
74   //获取下拉框中的字符串，选取要打开的端口
75   QString ttyname_last=ui_serialcommunication->combox_ttyname->currentText();
76
77   //open 函数为全局函数
78   fd_tty=::open(ttyname_head.append(ttyname_last).toAscii(),O_RDWR|O_NONBLOCK);
79
80   //此处为调试打印输出，注意观察 Application Output
81   #ifndef Embedded_Linux
82   qDebug()<<"当前文件描述符为"<<fd_tty;
83   #endif
84
85   if(fd_tty<0)
86   {
87    //打开一个消息框
88    QMessageBox::information(this,"错误",ttyname_last.toAscii().append("打开失败！"));
89   }
90   else
91   {
92    //打开一个消息框
93    QMessageBox::information(this,"正确",ttyname_last.toAscii().append("打开成功！"));
94   }
95
96   if(fd_tty>0)
```

```
97    {
98     //tty_setarr 数据清 0
99     memset(&tty_setarr,0,sizeof(tty_setarr));
100    //波特率 19200、8 bit 数据、允许接收、忽略 Modem 控制线
101    tty_setarr.c_cflag=B19200|CS8|CREAD|CLOCAL;
102    //1 位停止位
103    tty_setarr.c_cflag&=~CSTOPB;
104    //不使用硬件流控制
105    tty_setarr.c_cflag&=~CRTSCTS;
106
107    serial_status=1;
108    if(tcsetattr(fd_tty,TCSANOW,&tty_setarr)!=0)
109    {
110     perror("tcsetattr");
111     serial_status=0;
112    }
113
114    /*使用 QSocketNotifier 类来监听串口是否有数据可读，当串口上有数据可读时读取串口数据*/
115    //在堆中创建 QSocketNotifier 类对象并赋值，将其地址赋给指向 QSocketNotifier 类对象的
   指针变量
116    serial_notifier=new QSocketNotifier(fd_tty,QSocketNotifier::Read,this);
117    //Qt 窗口部件通过发射信号（singal）来表明一个动作已经发生了或一个状态已经改变了
118    //信号可以和函数（在这里称为槽，slot）相连接，以便在发射信号时，槽可以得到自动
   执行
119    //宏 SIGNAL()和 SLOT()是 Qt 语法的一部分
120    //将 serial_notifier 的 activated(int)信号与 this 的 Serial_Read()槽连接起来
121    connect(serial_notifier,SIGNAL(activated(int)),this,SLOT(Serial_Read()));
122   }
123  }
```

5.4.3 串口初始化代码解读

1. termios 结构体

第 71 行代码的作用为声明了 termios 型结构体变量 tty_setarr。

```
70   //串口的设置主要是设置 termios 结构体的各成员值
71   struct termios tty_setarr;
```

最基本的串口设置包括波特率设置、校验位和停止位设置。在 Linux 中，串口的设置主要是设置 termios 结构体的各成员值。

一般来说 termios 结构体包含了下列成员：

```
struct termios
{
 tcflag_t   c_iflag;          //输入模式标志
 tcflag_t   c_oflag;          //输出模式标志
 tcflag_t   c_cflag;          //控制模式标志
 tcflag_t   c_lflag;          //本地模式标志
```

```
    cc_t   c_line;              //行规程类型，一般应用程序不使用
    cc_t   c_cc[NCCS];          //特殊控制字符数组
    speed_t   c_ispeed;         //输入数据波特率
    speed_t   c_ospeed;         //输出数据波特率
}
```

在 termios 结构中的 4 个标志控制了输入、输出的几个不同部分：

- 输入模式标志 c_iflag：控制如何处理从串口或键盘的终端驱动程序所接收到的输入字符；
- 输出模式标志 c_oflag：控制如何处理传递给串口或显示器的输出字符；
- 控制模式标志 c_cflag：这一标志只对物理设备有效，控制终端设备的硬件设置；
- 本地模式标志 c_lflag：控制字符在输出之前是如何处理的；
- 特殊控制字符数组 c_cc[]：提供给使用者设定一些特殊的功能。

设置串口属性不能直接赋值，要通过对 termios 结构体不同成员进行“与”和“或”操作来实现。

在 termios.h 文件中定义了各种常量，这些常量的值是掩码，通过把这些常量与 termios 结构体成员进行逻辑操作就可实现串口属性的设置：

- 使用“|（或）”运算符来启用属性；
- 使用“&（与）”运算符和“～（按位取反）”运算符的组合来取消属性。

具体的常量与功能如表 5-4～表 5-8 所示。

表 5-4　输入模式标志 c_iflag 常量

常量名	功　能
IGNBRK	忽略输入中的 BREAK 状态（忽略命令行中的中断）
BRKINT	如果设置了 IGNBRK，将忽略 BREAK 如果没有设置 IGNBRK，但是设置了 BRKINT，那么 BREAK 状态将使得输入和输出队列被刷新（清空输入、输出队列中所有的数据）。如果终端是一个前台进程组的控制终端，这个进程组中的所有进程将收到 SIGINT 信号 如果既未设置 IGNBRK 也未设置 BRKINT，BREAK 状态将视为与 NUL 字符（'\0'）同义。此时，如果设置了 PARMRK，这种情况下它被视为序列'\377'，'\0'，'\0'
IGNPAR	忽略接收到的数据的帧错误和奇偶校验错误
PARMRK	如果没有设置 IGNPAR 而设置了 PARMRK，当接收到的字节存在奇偶检验错误或帧错误时，在有奇偶校验错误或帧错误的字节前插入'\377'，'\0'，形成序列'\377'，'\0'，'\n'错误报告（其中 n 表示所接收到的字节） 如果既未设置 IGNPAR 也未设置 PARMRK，当接收到的字节存在奇偶检验错误或帧错误时，视为'\0'
INPCK	如果设置，则进行奇偶校验。如果不进行奇偶检验，PARMRK 和 IGNPAR 将对存在的奇偶校验错误不产生任何的影响
ISTRIP	如果设置，所接收到的所有字节的高位将会被去除，保证它们是一个 7 位的字符
ICRNL	如果设置，但 IGNCR 没有设置，接收到的回车符（'\r'）在发送时会转换成换行符（'\n'）
IUCLC	（POSIX 中没有定义该标记）将接收到的所有大写字母转换成小写字母
IXOFF	启用输入的软件流控制：通过发送停止符^S（Ctrl+S）和开始符^Q（Ctrl+Q），要求终端停止或重新开始发送数据
IXON	启用输出的软件流控制：接收到^S（Ctrl+S）后会停止输出数据，接收到^Q（Ctrl+Q）后会恢复输出数据
IXANY	如果设置，则接到任何字符都会重新开始输出，而不仅仅是^Q（Ctrl+Q）
IMAXBEL	（POSIX 中没有定义该标记）如果设置，当输入缓冲区空间满时，再接收到的任何字符就会发出警报符'\a'

表 5-5 输出模式标志 c_oflag 常量

常量名	功 能
OPOST	开启该标记，后面的输出标记才会生效。否则，不会对输出数据进行处理
OLCUC	（POSIX 中没有定义该标记）如果设置，小写字母被转换成大写字母输出
ONLCR	如果设置，在发送换行符（'\n'）前先发送回车符（'\r'）
ONOCR	如果设置，当 current column 为 0 时，回车符不会被发送也不会被处理（不在第 0 列输出回车）
OCRNL	如果设置，回车符（'\r'）会被转换成换行符（'\n'）。另外，如果设置了 ONLRET，则当前列会被设为 0
ONLRET	如果设置，当一个换行符或回车符被发送的时候，当前列会被设置为 0。
OXTABS	如果设置，制表符会被转换成空格符
OFILL	发送填充字符作为延时，而不是使用定时来延时
TABDLY	水平制表符输出延迟，取值范围为 TAB0、TAB1、TAB2 和 TAB3
BSDLY	空格输出延迟，取值范围为 BS0 或 BS1
VTDLY	垂直制表符输出延迟，取值范围为 VT0 或 VT1
FFDLY	换页延迟，取值范围为 FF0 或 FF1

表 5-6 控制模式标志 c_cflag 常量

常量名	功 能
CBAUD	（POSIX 中没有定义该标记）波特率掩码（4+1 位） POSIX 规定波特率存储在 termios 结构中，并未精确指定它的位置，而是提供了函数 cfgetispeed 和 cfsetispeed 来存取它 一些系统使用 c_cflag 中 CBAUD 选择的位，其他系统使用单独的变量，例如 sg_ispeed 和 sg_ospeed CBAUD 取值必须是以下常量之一： B0、B50、B75、B110、B134、B150、B200、B300、B600、B1200、B1800、B2400、B4800、B9600、B19200、B38400、B57600、B115200 和 B230400。其中，零值 B0 用来中断连接
CBAUDEX	（POSIX 中没有定义该标记）扩展的波特率掩码（1 位），包含在 CBAUD 中
CSIZE	设置传输字符的位数。CS5 表示每个字符 5 位，CS6 表示每个字符 6 位，CS7 表示每个字符 7 位，CS8 表示每个字符 8 位
CSTOPB	如果设置，使用两个停止位；如果不设置，使用一个停止位
CREAD	只有设置该位才能接收字符
PARENB	如果设置，允许奇偶校验；如果不设置，不允许奇偶校验
PARODD	如果设置，采用奇校验；如果不设置，采用偶校验 如果没有设置 PARENB，则 PARODD 的设置会被忽略
HUPCL	如果设置，当设备最后打开的文件描述符关闭时，串口上的 DTR 和 RTS 线会减弱信号，通知 Modem 挂断。也就是说，当一个用户通过 Modem 拨号登录系统，然后注销，这时 Modem 会自动挂断
CLOCAL	如果设置，忽略 Modem 控制线。如果没有设置，则 open 函数会阻塞直到载波检测线宣告 Modem 处于摘机状态为止
LOBLK	（POSIX 中没有定义该标记）从非当前 shell 层阻塞输出
CIBAUD	（POSIX 中没有定义该标记）输入波特率掩码，CIBAUD 各位的值与 CBAUD 各位相同，左移了 IBSHIFT 位
CRTSCTS	（POSIX 中没有定义该标记）如果设置，使用 RTS/CTS（硬件）流控制；如果不设置，不使用 RTS/CTS（硬件）流控制

表 5-7 本地模式标志 c_lflag 常量

常量名	功能
ISIG	当接收到字符 INTR、QUIT、SUSP 或 DSUSP 时，产生相应的信号
ICANON	如果设置，则启动标准模式，允许使用特殊字符 EOF、EOL、EOL2、ERASE、KILL、LNEXT、REPRINT、STATUS 和 WERASE 以及按行的缓冲；如果没有设置，则启动原始模式
XCASE	（POSIX 中没有定义该标记）如果设置 XCASE 的同时设置了 ICANON，终端只有大写。输入被转换为小写，除了有前缀'\'的字符。输出时，大写字符被前缀'\'，小写字符被转换成大写
ECHO	如果设置，启动本地回显；如果没有设置，则除了 ECHONL 之外，其他以 ECHO 开头的标记都会失效
ECHOE	如果设置 ECHOE 的同时设置了 ICANON，字符 ERASE 擦除前一个输入字符，WERASE 擦除前一个词
ECHOK	如果设置 ECHOK 的同时设置了 ICANON，字符 KILL 删除当前行
ECHONL	如果设置 ECHONL 的同时设置了 ICANON，即使没有设置 ECHO 也回显换行符（NL 或 LF）
ECHOCTL	（POSIX 中没有定义该标记）如果设置 ECHOCTL 的同时设置了 ECHO，除了 TAB、NL、START 和 STOP 之外的 ASCII 控制信号被回显为^X，这里 X 是比控制信号大 0x40 的 ASCII 码，例如，字符 0x08（BS）被回显为^H
ECHOPRT	（POSIX 中没有定义该标记）如果设置 ECHOPRT 的同时设置了 ICANON 和 ECHO，字符在删除的同时被打印
DEFECHO	（POSIX 中没有定义该标记）如果设置，只在一个进程读的时候回显
NOFLSH	如果设置，禁止在产生 SIGINT、SIGQUIT 和 SIGSUSP 信号时刷新输入和输出队列，即关闭 queue 中的 flush
TOSTOP	如果设置，向试图写控制终端的后台进程组发送 SIGTTOU 信号（传送欲写入的信息到后台处理）
IEXTEN	如果设置，启用实现自定义的输入处理。这个标志必须与 ICANON 同时使用，才能解释特殊字符 EOL2、LNEXT、REPRINT 和 WERASE。输入模式标志 c_iflag 的 IUCLC 标志才有效

表 5-8 特殊控制字符数组 c_cc[]常量

常量名	功能
VINTR	中断字符（默认 Ctrl+C）。发出 SIGINT 信号。当本地模式标志 c_lflag 中设置 ISIG 时可被识别，不再作为输入传递
VQUIT	退出字符（默认 Ctrl+\）。发出 SIGQUIT 信号。当本地模式标志 c_lflag 中设置 ISIG 时可被识别，不再作为输入传递
VERASE	删除字符（默认 Ctrl+H 或 Ctrl+?）。删除上一个还没有删掉的字符，但不删除上一个 EOF 或行首。当本地模式标志 c_lflag 中设置 ICANON 时可被识别，不再作为输入传递
VKILL	终止字符（默认 Ctrl+U）。删除自上一个 EOF 或行首以来的输入。当本地模式标志 c_lflag 中设置 ICANON 时可被识别，不再作为输入传递
VEOF	文件尾字符（默认 Ctrl+D）。更精确地说，这个字符使得缓冲中的内容被送到等待输入的用户程序中，而不必等到 EOL。如果它是一行的第一个字符，那么用户程序的 read 将返回 0，指示读到了 EOF。当本地模式标志 c_lflag 中设置 ICANON 时可被识别，不再作为输入传递
VMIN	非标准模式读的最小字符数（MIN 主要是表示能满足 read 的最小字符数）
VEOL	附加的行尾字符，在行的末尾加上一个换行符（'\n'），标志一个行的结束。当本地模式标志 c_lflag 中设置 ICANON 时可被识别，不再作为输入传递
VTIME	非标准模式读时的延时，以 1/10s 为单位
VEOL2	（POSIX 中没有定义该字符）附加的行尾字符，在行的末尾加上一个换行符（'\n'），标志一个行的结束。当本地模式标志 c_lflag 中设置 ICANON 时可被识别，不再作为输入传递
VSTART	开始字符（默认 Ctrl+Q）。重新开始被 Stop 字符中止的输出。当输入模式标志 c_iflag 中设置 IXON 时可被识别，不再作为输入传递
VSTOP	停止字符（默认 Ctrl+S）。停止输出，直到键入 Start 字符。当输入模式标志 c_iflag 中设置 IXON 时可被识别，不再作为输入传递
VSUSP	挂起字符（默认 Ctrl+Z）。发送 SIGTSTP 信号。当本地模式标志 c_lflag 中设置 ISIG 时可被识别，不再作为输入传递
VLNEXT	（POSIX 中没有定义该字符）引用下一个输入字符（默认 Ctrl+V），取消它的任何特殊含义。当本地模式标志 c_lflag 中设置 IEXTEN 时可被识别，不再作为输入传递
VWERASE	（POSIX 中没有定义该字符）删除词（默认 Ctrl+W）。当本地模式标志 c_lflag 中设置 ICANON 和 IEXTEN 时可被识别，不再作为输入传递
VREPRINT	（POSIX 中没有定义该字符）重新输出未读的字符（默认 Ctrl+R）。当本地模式标志 c_lflag 中设置 ICANON 和 IEXTEN 时可被识别，不再作为输入传递

可移植操作系统接口（Portable Operating System Interface，POSIX）标准定义了操作系统应该为应用程序提供的接口标准，是 IEEE 为要在各种 UNIX 操作系统上运行的软件而定义的一系列 API 标准的总称，其正式称呼为 IEEE 1003，而国际标准名称为 ISO/IEC 9945。

POSIX 标准意在期望获得源代码级别的软件可移植性，即为一个 POSIX 兼容的操作系统编写的程序，应该可以在任何其他的 POSIX 操作系统（即使是来自另一个厂商）上编译执行。

在计算机科学中，shell 俗称壳（用来区别于核），是指“提供使用者使用界面”的软件（命令解析器）。它接收用户命令，然后调用相应的应用程序。

基本上 shell 分两大类：图形界面 shell（Graphical User Interface shell，GUI shell）和命令行式 shell（Command Line Interface shell，CLI shell），传统意义上的 shell 指的是命令行式的 shell。

2．串口设备文件

根据之前小节的介绍，串口设备完整的路径由两部分构成：

第一部分为共性的目录路径：“/dev/”，如第 73 行代码所示。

```
73      QString ttyname_head="/dev/";
```

第二部分为下拉框中选择的字符串，如第 75 行代码所示。

```
74      //获取下拉框中的字符串，选取要打开的端口
75      QString ttyname_last=ui_serialcommunication->combox_ttyname->currentText();
```

3．open 函数

如之前小节介绍，Linux 下的串口访问是以设备文件形式进行的，所以打开串口即是打开文件的操作。在 C 语言中，打开/创建文件使用 open 函数。

（1）函数原型

```
int open(const char * pathname, int flags);
int open(const char * pathname, int flags, mode_t mode);
```

（2）参数说明

1）pathname。pathname 是待打开/创建文件的 POSIX 路径名，例如：

```
"/home/user/a.cpp"
```

对于串口等设备来说，例如，要打开串口 0，pathname 即为：

```
"/dev/ttyS0"
```

要打开串口 1，pathname 即为：

```
"/dev/ttyS1"
```

2）flags。flags 用于指定文件的打开/创建模式，这些模式由在 fcntl.h 文件中定义的各种常量通过“|（或）”运算符构成。

具体的常量与功能如表 5-9 和表 5-10 所示。

表 5-9　文件打开方式（一）

常 量 名	功　能
O_RDONLY	以只读方式打开文件
O_WRONLY	以只写方式打开文件
O_RDWR	以可读写方式打开文件

表 5-10　文件打开方式（二）

常 量 名	功　能
O_CREAT	如果指定文件不存在，则创建这个文件
O_EXCL	如果要创建的文件已存在，则返回-1
O_NOCTTY	如果路径名指向终端设备，不要把这个设备用作控制终端
O_TRUNC	如果文件存在，并且以只写/读写方式打开，则清空文件全部内容（即将其长度截短为 0）
O_APPEND	每次写操作都写入文件的末尾
O_NONBLOCK	如果路径名指向 FIFO/块文件/字符文件，则把文件的打开和后继 I/O 设置为非阻塞模式
O_NDELAY	基本同 O_NONBLOCK
O_SYNC	等待物理 I/O 结束后再 write，包括更新文件属性的 I/O
O_DSYNC	等待物理 I/O 结束后再 write，在不影响读取新写入的数据的前提下，不等待文件属性更新
O_RSYNCread	等待所有写入同一区域的写操作完成后再进行

上述 3 种 flag 是互斥的（不可同时使用），但可与表 5-10 的 flag 利用“|（或）”运算符组合。

在 flags 所有的常量中间，使用 O_NONBLOCK 与 O_NDELAY 所产生的结果都是使 I/O 变成非阻塞模式（non-blocking），在读取不到数据或是写入缓冲区已满会马上 return，而不会搁置程序动作直到有数据或写入完成。

它们的差别在于设立 O_NDELAY 会使 I/O 函式马上回传 0，但是又衍生出一个问题，因为读取到文件结尾时所回传的也是 0，这样无法得知是哪种情况；因此，O_NONBLOCK 就产生出来，它在读取不到数据时会回传-1。

3）mode。参数 mode 只有在建立新文件时（即使用了 O_CREAT 时）才使用，用于指定文件的访问权限位（access permission bits）。

（3）返回值

- 打开/创建成功则返回文件描述符，否则返回-1；
- open 返回的文件描述符一定是最小的未被使用的文件描述符。

4．文件描述符

文件描述符这一概念往往只适用于 UNIX、Linux 这样的操作系统。文件描述符在形式上是一个非负整数。实际上，它是一个索引值，指向内核为每一个进程所维护的该进程打开文件的记录表。当程序打开一个现有文件或者创建一个新文件时，内核向进程返回一个文件描述符。在程序设计中，一些涉及底层的程序编写往往会围绕着文件描述符展开。

5．打开串口设备

在第 78 行代码中：

- 使用 append 函数将 ttyname_head（具体为"/dev/"）和 ttyname_last（具体为组合框下

拉列表当前选择值）组合成一个 QString 字符串并保存在 ttyname_head 中；

➢ 使用 toAscii 函数将 ttyname_head 从 QString 字符串转变为 C 语言函数能识别的 ASCII 字符串；
➢ flag 标志使用 O_RDWR|O_NONBLOCK；
➢ 使用 open 函数打开串口并将返回值赋给 fd_tty。

```
77    //open 函数为全局函数
78    fd_tty=::open(ttyname_head.append(ttyname_last).toAscii(),O_RDWR|O_NONBLOCK);
```

在 2.1.3 小节："::" 运算符是运算符中等级最高的，它分为 3 种：全局作用域符、类作用域符和命名空间作用域符。在第 78 行中的作用是全局作用域符。

6．打印输出串口打开情况

第 81 至 83 行代码的作用为在进行 x86 Linux 调试时把字符串"当前文件描述符为"和 fd_tty 的值输出到 qDebug，这样就可以在"3 应用程序输出窗口"实时观察串口设备的打开情况。

```
80    //此处为调试打印输出，注意观察 Application Output
81    #ifndef Embedded_Linux
82    qDebug()<<"当前文件描述符为"<<fd_tty;
83    #endif
```

第 82 行代码中出现了 qDebug，其主要用于调试代码，类似于标准 C++中的 std::cout，但是 qDebug 支持了 Qt 的数据类型。而"<<"也不再是左移运算符，而是进行了运算符重载，重载为"流"的输出操作符。

➢ 当打开串口成功的时候，fd_tty 的值为文件描述符的值，如图 5-36 所示；
➢ 当打开串口失败的时候，fd_tty 的值为-1，如图 5-37 所示。

7．消息框提示串口打开情况

QMessageBox 类提供了一个模式对话框用于向使用者提供情报信息或向使用者问一个问题并接收答案。

QMessageBox 类 Public 静态成员函数 information 的声明如下所示：

static StandardButton information (QWidget * parent, const QString & title, const QString & text, StandardButtons buttons = Ok, StandardButton defaultButton = NoButton);

其功能为显示一个标题为 title、文本为 text 的消息框，其默认的按钮显示字符串为"OK"，默认按钮为"NoButton"，此时 QMessageBox 类会自动选择一个默认按钮。

当选中按钮按下时会返回对应的键值，这些键值是由 QMessageBox 类规定好的。如果使用了键盘上的〈Esc〉键，将会返回〈Esc〉对应的键值。

第 85 至 94 行代码的作用为：

➢ 当 fd_tty 的值为-1，即小于 0 的时候，串口的开启是失败的；
➢ 当 fd_tty 的值大于 0 的时候，串口的开启是成功的；
➢ 当打开串口成功的时候，消息框的标题为"正确"，文本内容为组合框下拉列表当前选择值加上"打开成功！"，如图 5-36 所示；
➢ 当打开串口失败的时候，消息框的标题为"错误"，文本内容为组合框下拉列表当前选择值加上"打开失败！"，如图 5-37 所示。

```
85    if(fd_tty<0)
86    {
87      //打开一个消息框
88      QMessageBox::information(this,"错误",ttyname_last.toAscii().append("打开失败！"));
89    }
90    else
91    {
92      //打开一个消息框
93      QMessageBox::information(this,"正确",ttyname_last.toAscii().append("打开成功！"));
94    }
```

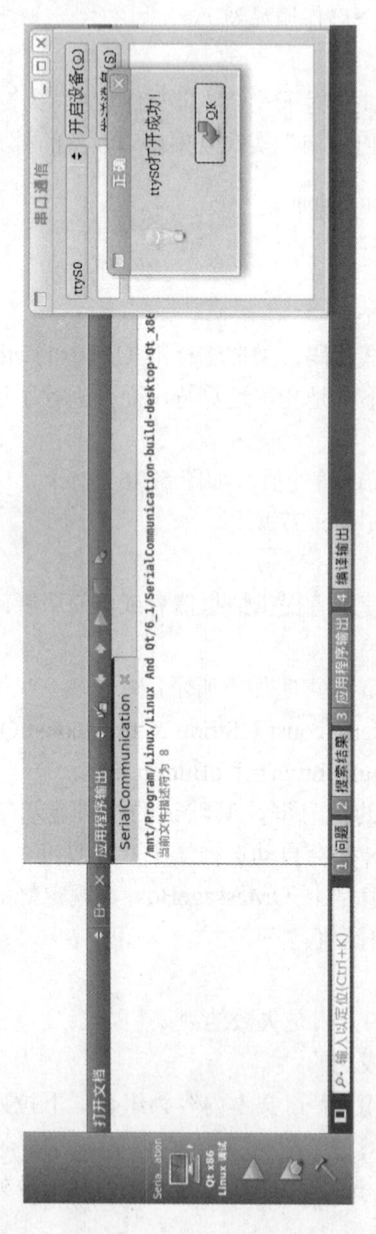

图 5-36　打开串口成功

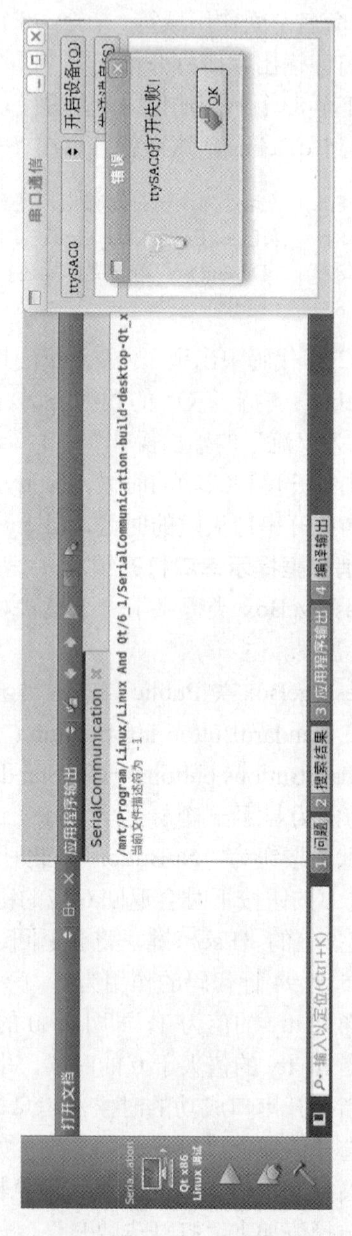

图 5-37　打开串口失败

8．设置串口工作模式和监听串口

第 96 至 123 行代码的作用为当串口打开成功后：

- 将 termios 型结构体变量 tty_setarr 的所有数据清 0；
- 设置 tty_setarr 的值为 19200 波特率、8 bit 数据、允许接收、忽略 Modem 控制线、1 位停止位、不使用硬件流控制；
- 将 serial_status 设置为 1，即设置成功；
- 用 tty_setarr 的值立即设置串口工作模式；如果设置失败，将 serial_status 设置为 0；
- 在堆中创建 QSocketNotifier 类对象并赋值，将其地址赋给指向 QSocketNotifier 类对象的指针变量，用来监听串口是否有数据可读；
- 将 serial_notifier 的 activated(int)信号与 this 的 Serial_Read()槽连接起来，当串口上有数据可读时读取串口数据。

```
96    if(fd_tty>0)
97    {
98     //tty_setarr 数据清 0
99     memset(&tty_setarr,0,sizeof(tty_setarr));
100    //波特率 19200、8 bit 数据、允许接收、忽略 Modem 控制线
101    tty_setarr.c_cflag=B19200|CS8|CREAD|CLOCAL;
102    //1 位停止位
103    tty_setarr.c_cflag&=~CSTOPB;
104    //不使用硬件流控制
105    tty_setarr.c_cflag&=~CRTSCTS;
106
107    serial_status=1;
108    if(tcsetattr(fd_tty,TCSANOW,&tty_setarr)!=0)
109    {
110     perror("tcsetattr");
111     serial_status=0;
112    }
113
114    /*使用 QSocketNotifier 类来监听串口是否有数据可读，当串口上有数据可读时读取串口数据*/
115    //在堆中创建 QSocketNotifier 类对象并赋值，将其地址赋给指向 QSocketNotifier 类对象的
    指针变量
116    serial_notifier=new QSocketNotifier(fd_tty,QSocketNotifier::Read,this);
117    //Qt 窗口部件通过发射信号（singal）来表明一个动作已经发生了或一个状态已经改变了
118    //信号可以和函数（在这里称为槽，slot）相连接，以便在发射信号时，槽可以得到自动
    执行
119    //宏 SIGNAL()和 SLOT()是 Qt 语法的一部分
120    //将 serial_notifier 的 activated(int)信号与 this 的 Serial_Read()槽连接起来
121    connect(serial_notifier,SIGNAL(activated(int)),this,SLOT(Serial_Read()));
122   }
123   }
```

9．tcsetattr 函数

tcsetattr 函数用于设置终端（串口）参数。

（1）函数原型

```
int tcsetattr(int fd, int optional_actions, const struct termios *termios_p);
```

（2）参数说明

1）fd。参数 fd 为终端（串口）的文件描述符。

2）optional_actions。参数 optional_actions 用于控制修改起作用的时间，可以取表 5-11 所示的值。

表 5-11　optional_actions 参数

参　数	功　能
TCSANOW	不等数据传输完毕就立即改变属性
TCSADRAIN	等待所有数据传输结束才改变属性
TCSAFLUSH	清空输入、输出缓冲区才改变属性

3）termios_p。termios_p 中保存了用于设置终端（串口）的 termios 型结构体变量的指针。

（3）返回值

当终端（串口）参数设置成功的时候返回 0，失败的时候返回-1。

10．QSocketNotifier 类

QSocketNotifier 类可以用来监听文件描述符上所发生的事件，只要使用者打开一个设备，就可以创建一个 QSocketNotifier 类对象来监听文件描述符上对应的事件，使用者可以将 activated()信号和希望调用的自定义槽函数连接起来。

QSocketNotifier 类构造函数的声明如下所示：

```
QSocketNotifier::QSocketNotifier ( int socket, Type type, QObject * parent = 0 );
```

每个 QSocketNotifier 类对象只能监听一个事件，如果要同时监听两个以上事件必须创建两个以上的监听对象。

QSocketNotifier 类可以监听 3 类事件：read、write 和 exception，其定义如表 5-12 所示。

表 5-12　QSocketNotifier 事件

常　数	值	描　述
QSocketNotifier::Read	0	有数据传输进来，可以读数据了
QSocketNotifier::Write	1	可以写入数据了
QSocketNotifier::Exception	2	发生了一个异常

需要注意的是：QTcpSocket 类和 QUdpSocket 类已经定义了相关信号，所以不再需要使用 QSocketNotifier 类。

5.5　接收并显示串口消息

5.5.1　接收并显示串口消息代码

```
127    /*************************************************************************
```

```
128 *作    者：604Brother
129 *功    能：SerialCommunication 类 Serial_Read Slot
130 *入口参数：无
131 *返 回 值：无
132 ****************************************************************/
133 void SerialCommunication::Serial_Read()
134 {
135   unsigned char read_temp;
136   //静态局部变量保存在全局数据区，每次的值保持到下一次调用，直到重新赋值
137   static int cnt_temp;
138 
139   if(serial_status)
140   {
141     //read 函数为全局函数
142     cnt_temp+=::read(fd_tty,&read_temp,sizeof(read_temp));
143 
144     //此处为调试打印输出，注意观察 Application Output
145     #ifndef Embedded_Linux
146     qDebug()<<"串口读取"<<cnt_temp<<"个字节";
147     #endif
148 
149     if(cnt_temp)
150     {
151       if(serial_string.size()>=0)
152       {
153         serial_string.append(read_temp);
154       }
155       if(cnt_temp==32)
156       {
157         ui_serialcommunication->textbrowser_receive->setText(serial_string);
158         //serial_string.clear();
159         cnt_temp=0;
160       }
161     }
162   }
163 }
```

根据第 121 行代码就可以得知：Serial_Read 是一个槽函数。

5.5.2 接收并显示串口消息代码解读

1. 接收数据字符计数

第 136 行代码的作用为声明了一个变量，用来统计从串口接收到的字符数。

```
136   //静态局部变量保存在全局数据区，每次的值保持到下一次调用，直到重新赋值
137   static int cnt_temp;
```

这个变量是一个静态局部变量，它的值保持到下一次调用，直到重新赋值。

2．判断串口设置状态

第139行代码的作用是只有串口设置成功（serial_status=1），才会进行接收与显示的操作。

```
139    if(serial_status)
140    {
           //代码
           ……
162    }
```

3．read函数

如之前小节介绍，读取串口也就是读取文件的操作。在C语言中，读取文件使用read函数。

（1）函数原型

```
int read(int fd, void *buf, int count);
```

（2）参数说明

1）fd。参数fd为终端（串口）的文件描述符。

2）buf。

参数buf为缓冲区的地址。

3）count。

- 参数count是请求读取的字节数；
- 读出来的数据保存在buf所指示的缓冲区中，文件的当前读写位置向后移。

（3）返回值

- 读取成功返回读取的字节数，当有错误发生时则返回-1；
- 在有些情况下，实际读取的字节数（返回值）会小于请求读取的字节数count。

4．读取串口设备

在第142行代码中：

- 将使用read函数读取fd_tty所代表的串口；
- 数据将保存在变量read_temp中；
- 每次请求读取1B，因为read_temp是无符号字符型变量；
- 使用cnt_temp累加返回值，即累加每次读取成功的字节数。

```
141    //read函数为全局函数
142    cnt_temp+=::read(fd_tty,&read_temp,sizeof(read_temp));
```

5．打印输出接收消息字符数

第145至147行代码的作用为在进行x86 Linux调试时将字符串“串口读取”、cnt_temp的值和字符串“个字节”输出到qDebug，这样就可以在“3 应用程序输出窗口”实时观察串口接收消息字符数，如图5-38所示。

```
144    //此处为调试打印输出，注意观察Application Output
145    #ifndef Embedded_Linux
146    qDebug()<<"串口读取"<<cnt_temp<<"个字节";
147    #endif
```

6. 显示串口消息

第 149 至 161 行代码的作用为如果正确地接收到消息数据就将数据添加到 serial_string 的尾部，同时当接收到 32B 的时候就把消息在文本浏览器 textbrowser_receive 中显示出来，如图 5-38 所示。

```
149     if(cnt_temp)
150     {
151       if(serial_string.size()>=0)
152       {
153         serial_string.append(read_temp);
154       }
155       if(cnt_temp==32)
156       {
157         ui_serialcommunication->textbrowser_receive->setText(serial_string);
158         //serial_string.clear();
159         cnt_temp=0;
160       }
161     }
```

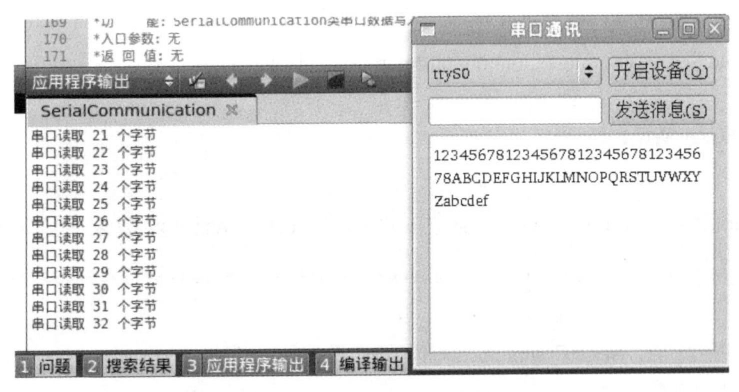

图 5-38 串口接收并显示消息（一）

可以看出第 158 行被注释掉了。

如果第 158 行有效，在接收相同消息的时候，如图 5-39 所示。

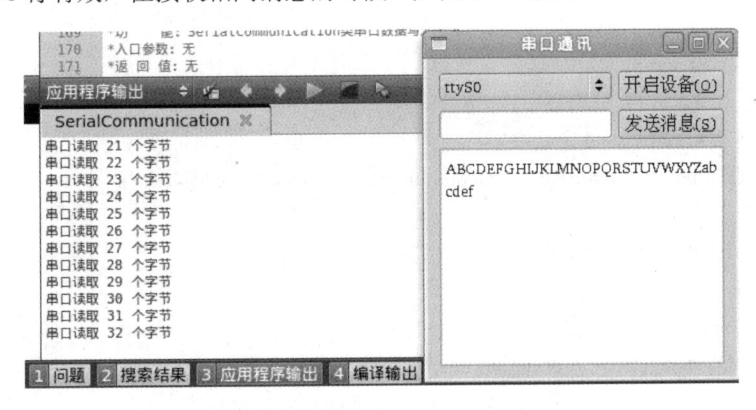

图 5-39 串口接收并显示消息（二）

其原因非常简单，当第 158 行有效时，每当接收了 32B 的时候，serial_string 会被清空，因此程序只能显示最后接收到的 32B 的消息。

5.6 从串口发送消息

5.6.1 转到自定义槽函数与发送消息代码

1. 转到自定义槽函数

在图 5-29 所示的界面中选择“发送消息”按钮，按照之前小节的介绍使用“clicked()”信号转到自定义槽 on_pushbutton_send_clicked 处。

2. 发送消息代码

```
238  /*********************************************************************
239  *作     者：604Brother
240  *功     能：SerialCommunication 类 on_pushbutton_send_clicked Slot
241  *入口参数：无
242  *返 回 值：无
243  *********************************************************************/
244  void SerialCommunication::on_pushbutton_send_clicked()
245  {
246   Serial_Write();
247  }
```

在 on_pushbutton_send_clicked 槽函数中调用了 Serial_Write 函数来发送消息。

```
167  /*********************************************************************
168  *作     者：604Brother
169  *功     能：SerialCommunication 类串口数据写入函数
170  *入口参数：无
171  *返 回 值：无
172  *********************************************************************/
173  void SerialCommunication::Serial_Write()
174  {
175   int cnt_temp;
176
177   //从 lineedit_send 中获取字符
178   QString send_temp=ui_serialcommunication->lineedit_send->text();
179
180   if(send_temp.isEmpty())
181   {
182    //打开一个消息盒子
183    QMessageBox::information(this,"数据空","请输入数据！");
184    //此处为调试打印输出，注意观察 Application Output
185    #ifndef Embedded_Linux
```

```
186     qDebug()<<"数据空，请输入数据！";
187     #endif
188    }
189    else
190    {
191     if(serial_status)
192     {
193      //此处为调试打印输出，注意观察 Application Output
194      #ifndef Embedded_Linux
195      qDebug()<<send_temp.toAscii();
196      #endif
197      //write 函数为全局函数
198      cnt_temp=::write(fd_tty,send_temp.toAscii(),send_temp.length());
199      //此处为调试打印输出，注意观察 Application Output
200      #ifndef Embedded_Linux
201      qDebug()<<"共"<<cnt_temp<<"个字节";
202      #endif
203      if(cnt_temp==send_temp.length())
204      {
205       //可以加入其他操作
206       //此处为调试打印输出，注意观察 Application Output
207       #ifndef Embedded_Linux
208       qDebug()<<"串口写入成功";
209       #endif
210      }
211      else
212      {
213       //可以加入其他操作
214       //此处为调试打印输出，注意观察 Application Output
215       #ifndef Embedded_Linux
216       qDebug()<<"串口写入失败";
217       #endif
218      }
219     }
220    }
221   }
```

5.6.2 发送消息代码解读

1. 获取消息字符

第 178 行代码的作用为获取文本框中当前字符串。

```
177   //从 lineedit_send 中获取字符
178   QString send_temp=ui_serialcommunication->lineedit_send->text();
```

2．禁止发送空消息

第 180 至 188 行代码的作用为：

➢ 当文本框中没有字符（即字符串为空）的时候，给出一个提示消息框，标题为“数据空”，文本内容为“请输入数据！”，如图 5-40 所示；

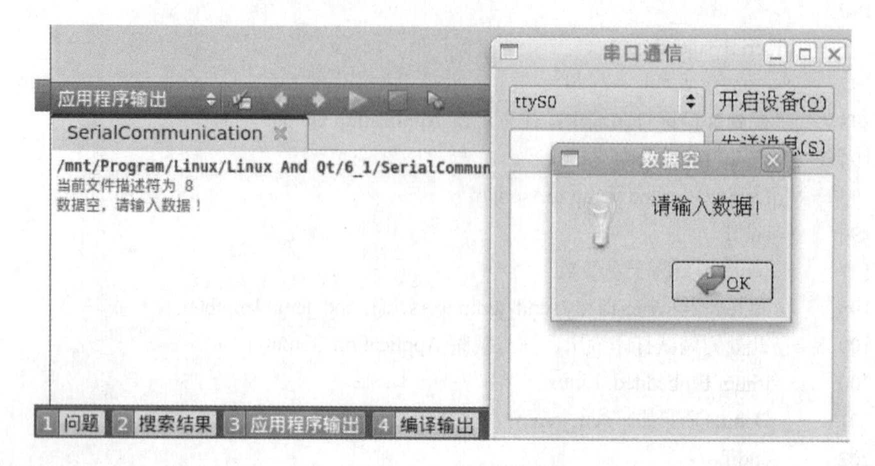

图 5-40　禁止发送空消息

➢ 在进行 x86 Linux 调试时把字符串“数据空，请输入数据！”输出到 qDebug，这样就可以在“3 应用程序输出窗口”进行提示，禁止发送空消息如图 5-40 所示。

```
180   if(send_temp.isEmpty())
181   {
182    //打开一个消息盒子
183    QMessageBox::information(this,tr("数据空"),tr("请输入数据！"));
184    //此处为调试打印输出，注意观察 Application Output
185    #ifndef Embedded_Linux
186    qDebug()<<"数据空，请输入数据！";
187    #endif
188   }
```

3．判断串口设置状态并发送消息

第 189 至 191 行代码的作用为文本框中有字符（即字符串不为空）的时候同时串口设置成功（serial_status=1）的时候才能通过串口发送消息。

```
189   else
190   {
191    if(serial_status)
192    {
           //代码
           ……
218    }
219   }
```

4．打印输出待发送消息字符串

第 194 至 196 行代码的作用为在进行 x86 Linux 调试时将文本框中的字符串转变成

ASCII 编码字符串输出到 qDebug，这样就可以在“3 应用程序输出窗口”实时观察待发送的消息，如图 5-41 所示。

```
193    //此处为调试打印输出，注意观察 Application Output
194    #ifndef Embedded_Linux
195    qDebug()<<send_temp.toAscii();
196    #endif
```

5．write 函数

如之前小节介绍，写入串口也就是写入文件的操作。在 C 语言中，写入文件使用 write 函数。

（1）函数原型

```
int write(int fd, void *buf, int nbyte);
```

（2）参数说明

1）fd。参数 fd 为终端（串口）的文件描述符。

2）buf。参数 buf 为缓冲区的地址。

3）count。

➢ 参数 count 是请求写入的字节数；

➢ 从 buf 指示的缓冲区中写入 count 个字符到文件中，文件的当前读写位置向后移。

（3）返回值

如果写入成功返回实际写入的字节数，当有错误发生时则返回-1。

6．写入串口设备

在第 198 行代码中：

➢ 将 send_temp 字符串转换成为 ASCII 编码字符串；

➢ 获取 send_temp 字符串的长度（字节数）；

➢ 使用 write 函数将字符串写入 fd_tty 所代表的串口；

➢ 使用 cnt_temp 获取写入成功的字节数。

```
197    //write 函数为全局函数
198    cnt_temp=::write(fd_tty,send_temp.toAscii(),send_temp.length());
```

7．打印输出发送消息字符数

第 200 至 202 行代码的作用为在进行 x86 Linux 调试时将字符“共”、cnt_temp 的值和字符串“个字节”输出到 qDebug，这样就可以在“3 应用程序输出窗口”实时观察串口发送消息字符数，如图 5-41 所示。

```
199    //此处为调试打印输出，注意观察 Application Output
200    #ifndef Embedded_Linux
201    qDebug()<<"共"<<cnt_temp<<"个字节";
202    #endif
```

8．打印输出发送消息状态提示

第 203 至 218 行代码的作用为在进行 x86 Linux 调试时将自定义的消息发送状态（成功

或失败）输出到 qDebug，这样就可以在“3 应用程序输出窗口”实时观察串口消息发送状态，发送消息字符串如图 5-41 所示。

```
203        if(cnt_temp==send_temp.length())
204        {
205         //可以加入其他操作
206         //此处为调试打印输出，注意观察 Application Output
207         #ifndef Embedded_Linux
208         qDebug()<<"串口写入成功";
209         #endif
210        }
211        else
212        {
213         //可以加入其他操作
214         //此处为调试打印输出，注意观察 Application Output
215         #ifndef Embedded_Linux
216         qDebug()<<"串口写入失败";
217         #endif
218        }
```

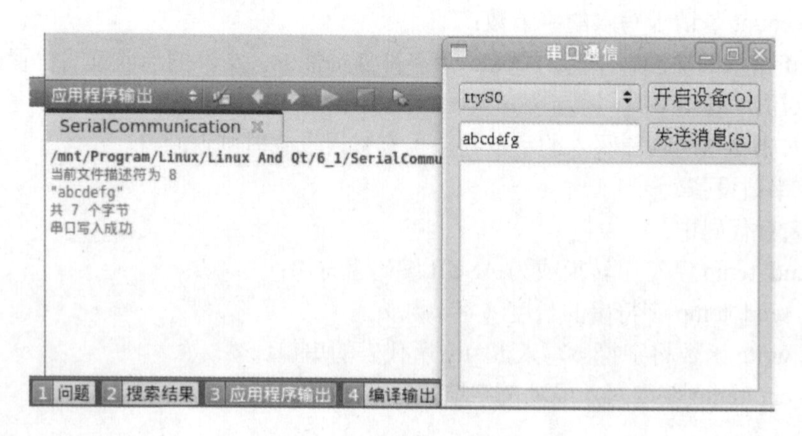

图 5-41 发送消息字符串

5.7 x86 Linux 编译、调试与发布

当代码编写完成后，就可以对工程开始编译、调试与运行了，这些方法、步骤和之前小节介绍的一致。

5.7.1 虚拟串口

1．虚拟串口的安装

在 x86 Linux 的环境下，为了调试的方便，建议使用 Virtual Serial Ports Driver（虚拟串口）软件。安装完成后，Virtual Serial Ports Driver 界面如图 5-42 所示。

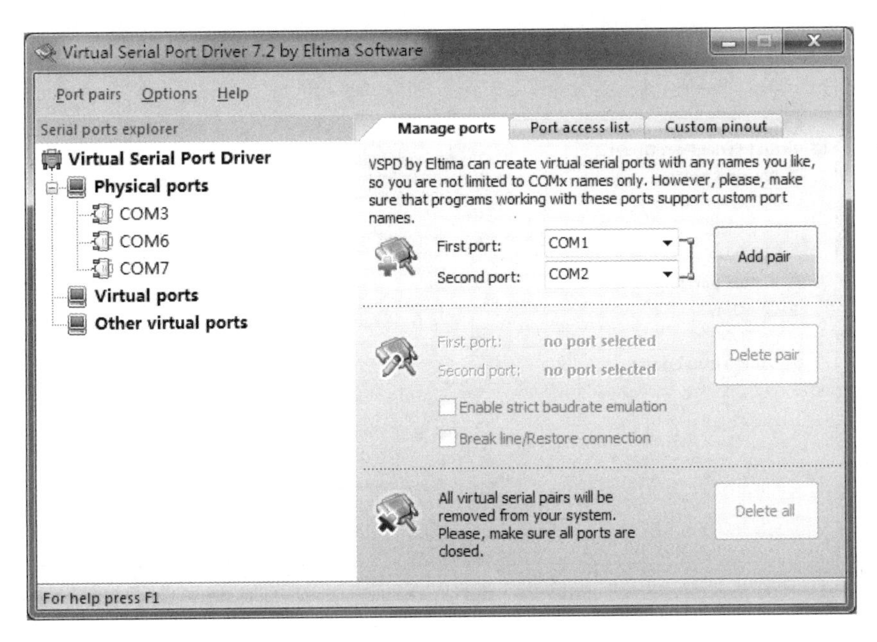

图 5-42　Virtual Serial Ports Driver 界面

在左侧可以看出目前 PC 中存在 3 个 Physical ports（物理串口）。

此时在“Manage ports”选项卡可以进行添加虚拟串口的操作。

➢ 在“First port：”下拉框中根据需要选择串口号，如图 5-43 所示；

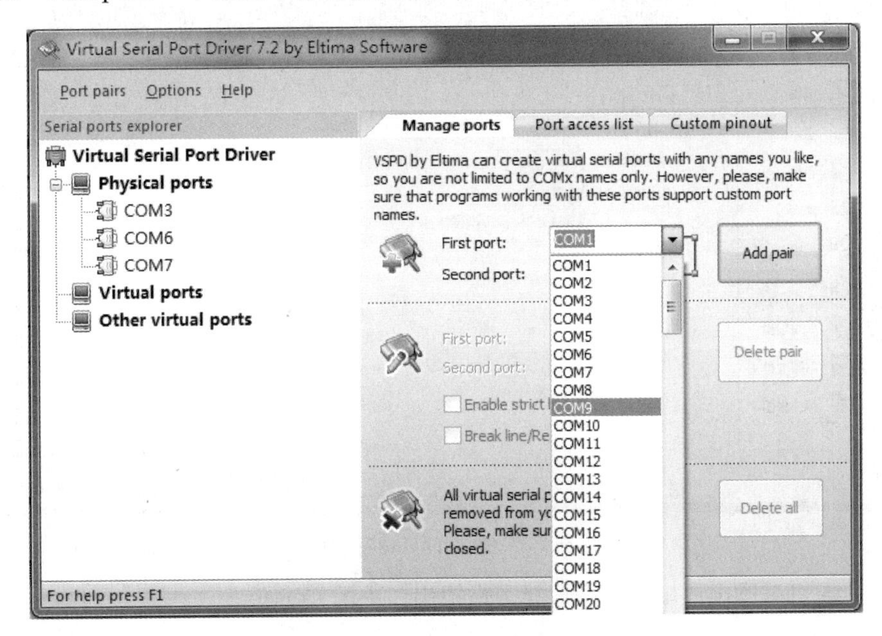

图 5-43　选择 First port 串口号

➢ 在“Second port：”下拉框中根据需要选择串口号；

➢ 单击“Add pair”按钮添加一对虚拟串口，如图 5-44 所示；

➢ 这一对串口的 TXD 和 RXD 是相互交叉的。

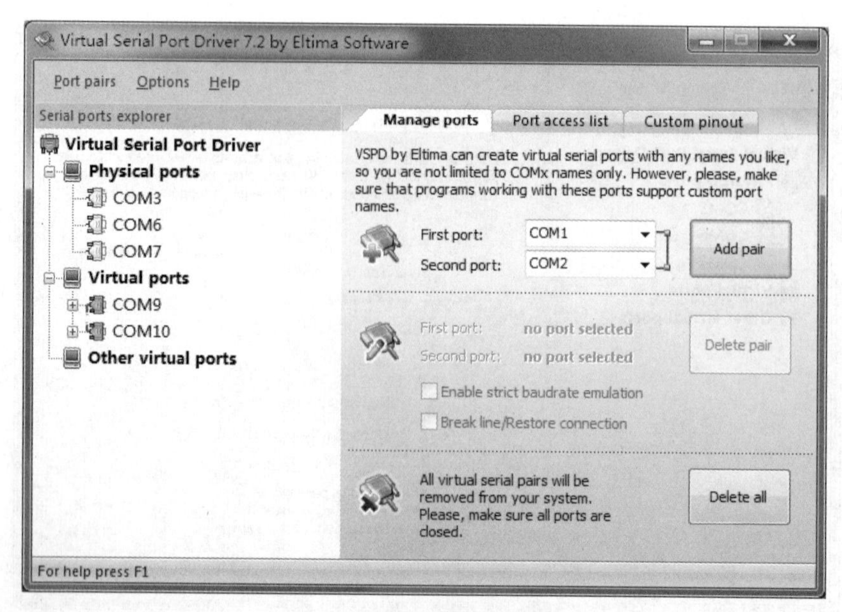

图 5-44　添加一对虚拟串口

以后就可以像使用物理串口一样使用这一对虚拟串口了。

2．设置虚拟机的串口

在调试程序之前，必须设置好虚拟机的串口路径，如图 5-45 所示。

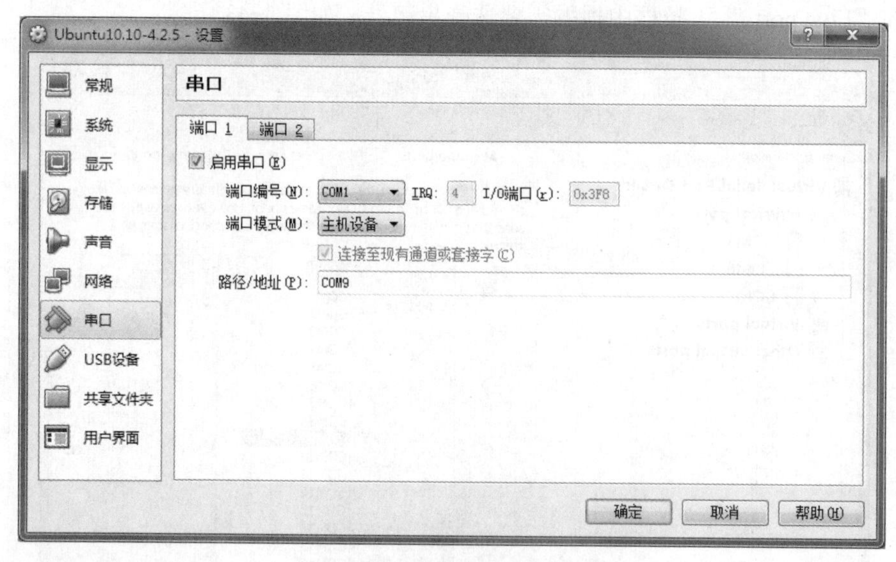

图 5-45　虚拟机串口路径设置

从图 5-45 可以看出：串口路径选择了虚拟串口中的 COM9。

5.7.2　串口通信程序调试

1．串口调试工具的设置

串口调试工具可以根据个人习惯，在本项目中选择使用了 SSCOM。由于虚拟串口必须成对使用，虚拟机使用了 COM9，所以 SSCOM 必须使用 COM10，串口调试工具 SSCOM

如图 5-46 所示。具体的参数要参照嵌入式串口通信程序中的设置：

- 19200 波特率；
- 8 bit 数据；
- 1 位停止位；
- 不使用校验；
- 不使用硬件流控制。

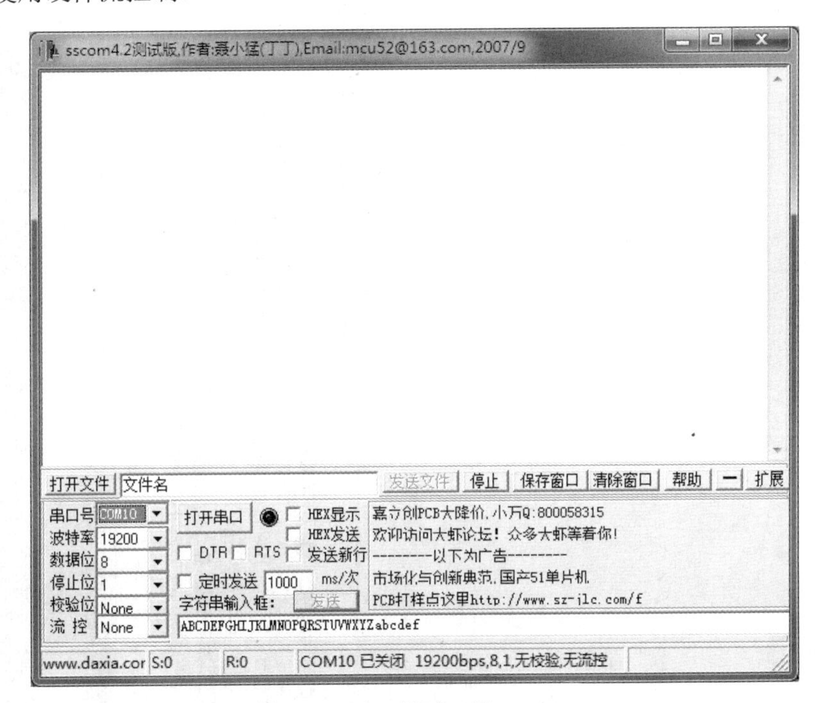

图 5-46　串口调试工具 SSCOM

单击“打开串口”按钮开启串口。

2．串口通信程序调试

（1）初始化串口

在虚拟机中运行程序，在下拉框中选择“ttyS0”后单击“开启设备”按钮完成串口的初始化。

（2）发送消息功能测试

首先测试消息发送功能。在串口通信程序的文本框中输入任意消息，例如：1234567890ABCDEFG，单击“发送消息”按钮，发送消息。

观察 SSCOM 的接收区域，发送消息功能测试（x86 Linux）如图 5-47 所示。

如果在 SSCOM 中能接收到正确的消息，证明程序在发送消息上满足了功能。

（3）接收消息功能测试

由于程序的设置，当串口通信程序接收的字符满 32B 才会在文本浏览器中显示出来。

在 SSCOM 的字符串发送框输入待发送的消息为 12345678，需要连续单击“发送”按钮 4 次，才会在串口通信程序的文本浏览器显示消息，接收消息功能测试（x86 Linux）如图 5-48 所示。

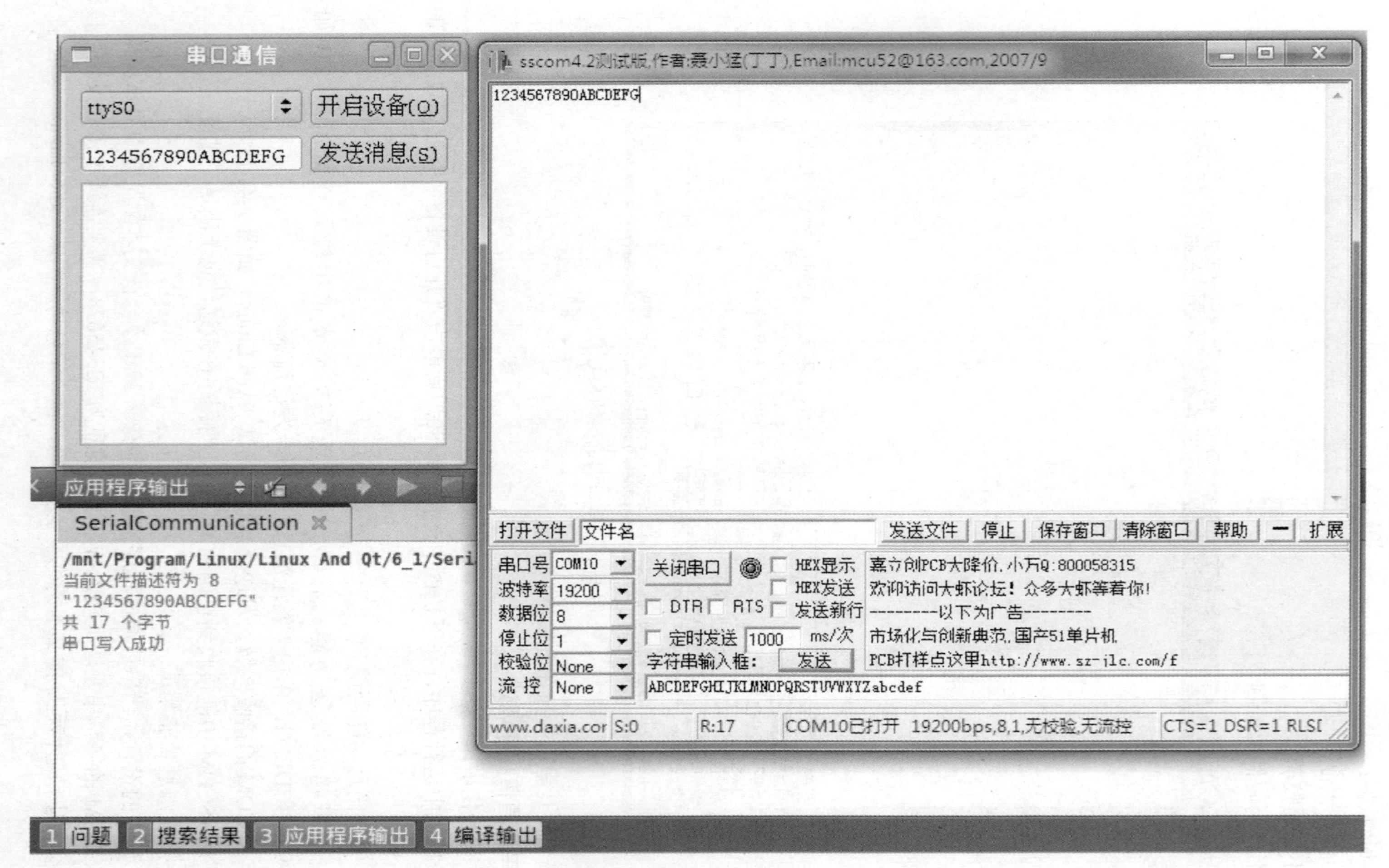

图 5-47　发送消息功能测试（x86 Linux）

串口通信

ttyS0 开启设备(O)

1234567890ABCDEFG 发送消息(S)

12345678123456781234567812345678

应用程序输出

SerialCommunication

串口读取 21 个字节
串口读取 22 个字节
串口读取 23 个字节
串口读取 24 个字节
串口读取 25 个字节
串口读取 26 个字节
串口读取 27 个字节
串口读取 28 个字节
串口读取 29 个字节
串口读取 30 个字节
串口读取 31 个字节
串口读取 32 个字节

1 问题 2 搜索结果 3 应用程序输出 4 编译输出

sscom4.2测试版,作者:聂小猛(丁丁),Email:mcu52@163.com,2007/9

1234567890ABCDEFG

打开文件 文件名 发送文件 停止 保存窗口 清除窗口 帮助 一 扩展

串口号 COM10 关闭串口 HEX显示 嘉立创PCB大降价,小万Q:800058315
波特率 19200 HEX发送 欢迎访问大虾论坛！众多大虾等着你!
数据位 8 DTR RTS 发送新行 ---------以下为广告--------
停止位 1 定时发送 1000 ms/次 市场化与创新典范,国产51单片机
校验位 None 字符串输入框: 发送 PCB打样点这里http://www.sz-jlc.com/f
流 控 None 12345678

www.daxia.cor S:32 R:17 COM10已打开 19200bps,8,1,无校验,无流控 CTS=1 DSR=1 RLSD

图 5-48 接收消息功能测试（x86 Linux）

如果在串口通信程序中能接收到正确的消息，证明程序在接收消息上满足了功能。

5.8 Embedded Linux 编译、发布与运行

在进行 Embedded Linux 编译与发布之前，需要将嵌入式系统和 PC 按照之前的介绍进行连接。具体的操作方法和之前小节介绍的相同，在这里就不赘言了。在本小节中，可能需要一个 PC 键盘。

1．串口调试工具的设置

串口调试工具依然使用 SSCOM。在 Embedded Linux 调试中必须使用物理串口，所以 SSCOM 的串口号需要根据实际情况选取，本项目中选择了 COM4，其他设置参考图 5-46。

2．串口通信程序调试

（1）初始化串口

在虚拟机中运行程序，在下拉框中根据实际连接情况选择“ttySAC1”或“ttySAC2”后单击“开启设备”按钮完成串口的初始化。

（2）发送消息功能测试

首先测试消息发送功能。在串口通信程序的文本框中输入任意消息，例如：ABCDEFG1234567890，单击“发送消息”按钮，发送消息，如图 5-49 所示。

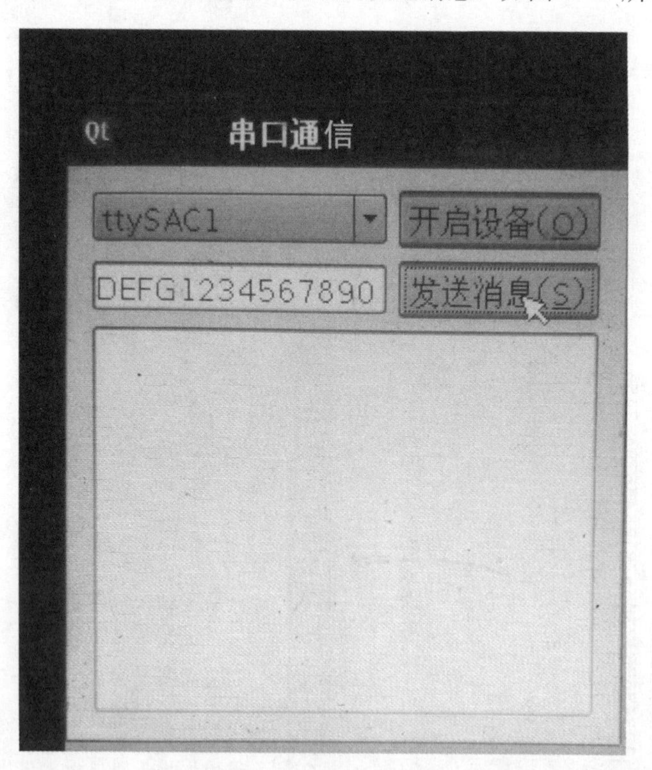

图 5-49　发送消息功能测试（Embedded Linux）

观察 SSCOM 的接收区域，发送消息功能测试（SSCOM 接收）如图 5-50 所示。

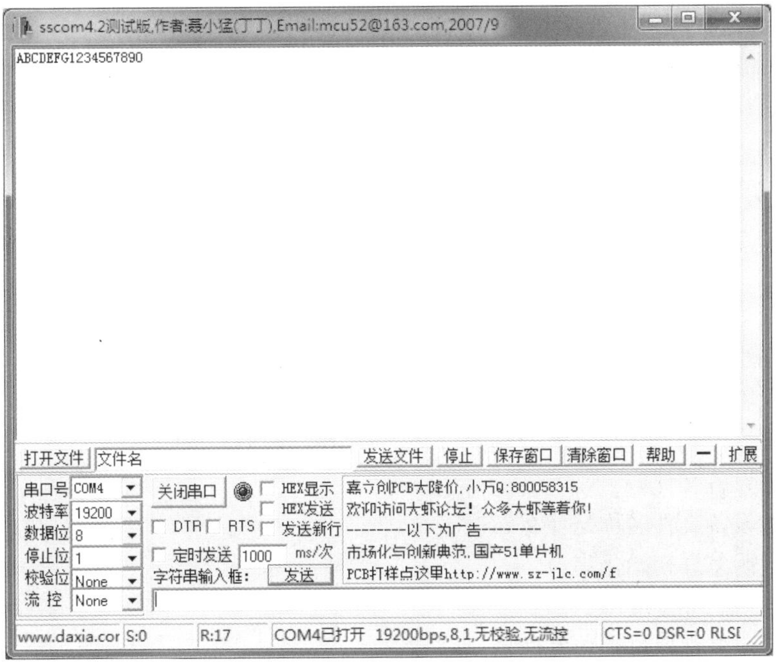

图 5-50　发送消息功能测试（SSCOM 接收）

如果在 SSCOM 中能接收到正确的消息，证明程序在发送消息上满足了功能。

（3）接收消息功能测试

在 SSCOM 的字符串发送框输入待发送的消息为 87654321，需要连续单击“发送”按钮 4 次，才会在串口通信程序的文本浏览器显示消息，发送消息功能测试（Embedded Linux）如图 5-51 所示。

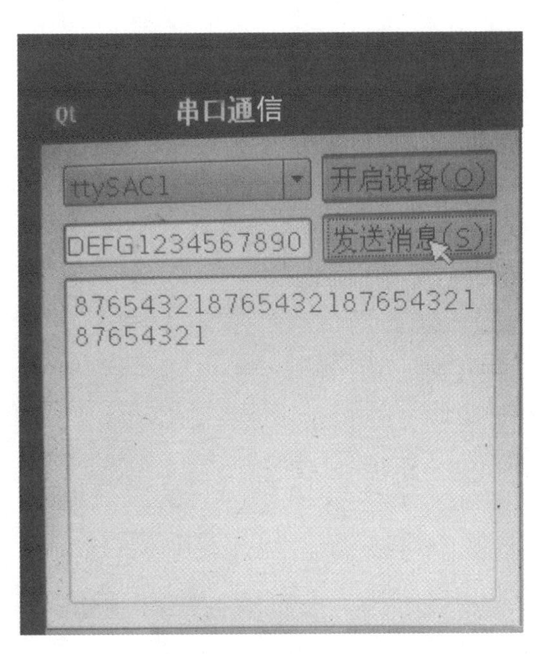

图 5-51　发送消息功能测试（Embedded Linux）

如果在串口通信程序中能接收到正确的消息，证明程序在接收消息上满足了功能。

5.9 实训

根据现有功能代码，完成嵌入式串口通信程序。

5.10 习题

1．举例说明什么是单工、半双工和全双工通信。
2．奇偶校验的特点是什么？举例说明其工作原理。
3．什么是流控制？有几种流控制的方法，其特点分别是什么？
4．什么是设备文件？
5．串口的设备文件名称是什么？
6．举例说明怎样初始化串口。
7．举例说明怎样读取串口消息。
8．举例说明怎样通过串口发送消息。
9．举例说明怎样监听串口。

第 6 章　嵌入式网络通信程序

6.1　网络通信概述

6.1.1　网络发展概述

在世界上各地，各种各样的计算机运行着各自不同的操作系统为大家服务，这些计算机在表达同一种信息的时候所使用的方法是千差万别的。计算机使用者意识到，计算机只是单兵作战并不会发挥太大的作用。只有把它们联合起来，计算机才会发挥出它最大的潜力。于是人们就想方设法用电线把计算机连接到了一起。

但是简单的连到一起是远远不够的，就好像语言不同的两个人互相见了面，完全不能交流信息。因而它们需要定义一些共通的东西来进行交流，各种通信协议由此而产生。

1．OSI/RM 模型

（1）OSI/RM 的层次

开放系统互连参考模型（Open System Interconnection/Reference Model，OSI/RM）是最早提出的网络体系结构标准，由 ISO 于 1983 年颁布。

OSI/RM 从低到高分七层：物理层、数据链路层、网络层、传输层、会话层、表示层和应用层。各层之间相对独立，第 *N* 层向 *N*+1 层提供服务。OSI/RM 数据交换流程如图 6-1 所示。

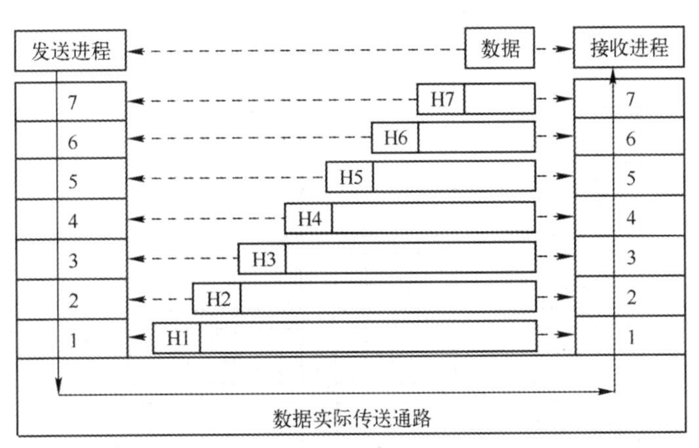

图 6-1　OSI/RM 数据交换流程

- 物理层：利用物理传输介质为数据链路层提供物理连接，物理层定义了为建立、维护和释放物理链路所需的机械的、电气的、功能的和规程的特性，设备包括连接器、传输介质；

➢ 数据链路层：以帧为单位进行传输，帧中包含地址、控制、数据及校验码等信息，设备主要为网络接口（物理地址）；
➢ 网络层：网络层的主要功能是实现路由选择、拥塞控制和网络互联，设备主要为路由器、网关等（逻辑地址）；
➢ 传输层：提供的端到端的透明数据传输服务，通过“端口号”实现各种通信进程的区分，范围 0 到 65535；
➢ 会话层：主要功能是组织和同步不同主机上各种进程间的通信（即会话，也称为对话）；
➢ 表示层：编码、压缩、加密；
➢ 应用层：各种应用程序。

（2）OSI/RM 模型的主要缺点

OSI/RM 模型的主要缺点在于：层次数量与内容不是最佳的，会话层和表示层这两层几乎是空的，而数据链路层和网络层包含内容太多，有很多的子层插入，每个子层都有不同的功能。OSI 模型以及相应的服务定义和协议极其复杂，它们很难实现有些功能，如流量控制和差错控制，都会在每一层上重复出现，降低了系统的效率。

2．TCP/IP 协议

（1）TCP/IP 的简介

由于 OSI/RM 分层过于烦琐，在实际当中往往使用 TCP/IP 协议。

TCP/IP 协议不是传输控制协议（Transmission Control Protocol，TCP）和网际协议（Internet Protocol，IP）这两个协议的合称，而是指互联网整个 TCP/IP 协议簇。

TCP/IP 协议并不完全符合 OSI 的七层参考模型，而是采用了四层的层级结构，每一层都呼叫它的下一层所提供的网络来完成自己的需求。由于 ARPNET 的设计者注重的是网络互联，允许通信子网（网络接口层）采用已有的或是将来有的各种协议，所以这个层次中没有提供专门的协议。实际上，TCP/IP 协议可以通过网络接口层连接到任何网络上。

TCP/IP 协议簇以及与 OSI 的层次对应关系如图 6-2 所示。

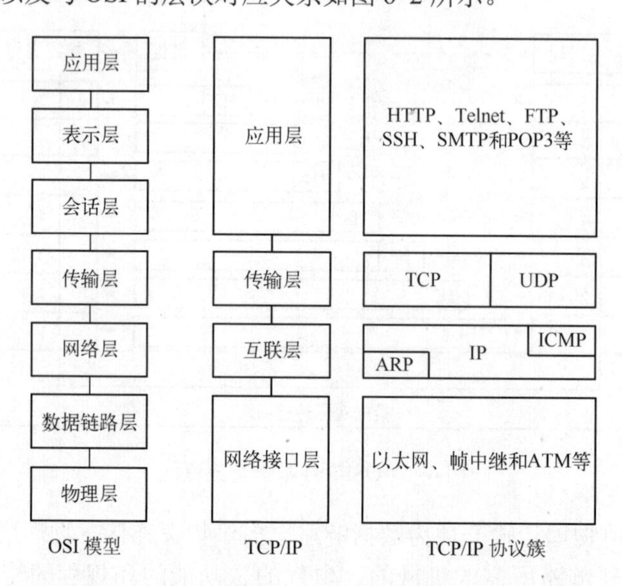

图 6-2　TCP/IP 协议簇以及与 OSI 的层次对应关系

（2）TCP/IP 的层次

1）网络接口层，又称为链路层，负责接收 IP 数据包并通过网络发送，或者从网络上接收物理帧，抽出 IP 数据包，交给 IP 层。常见的接口层协议有 Ethernet 802.3、Token Ring 802.5.X.25、Frame relay、HDLC 和 PPP ATM 等。

2）网络（IP）层，又称为互联层，负责相邻计算机之间的通信。其功能包括三方面：

- 处理来自传输层的分组发送请求，收到请求后，将分组装入 IP 数据报，填充报头，选择去往信宿机的路径，然后将数据报发往适当的网络接口；
- 处理输入数据报：首先检查其合法性，然后进行寻径，假如该数据报已到达信宿机，则去掉报头，将剩下部分交给适当的传输协议;假如该数据报尚未到达信宿，则转发该数据报；
- 处理路径、流控、拥塞等问题。

网络层协议主要有：

- IP（Internet Protocol），网络层的核心，通过路由选择将下一条 IP 封装后交给接口层。IP 数据报是无连接服务；
- 控制报文协议（Internet Control Message Protocol，ICMP）是网络层的补充，可以回送报文；用来检测网络是否通畅；Ping 命令就是发送 ICMP 的 echo 包，通过回送的 echo relay 进行网络测试；
- 地址转换协议（Address Resolution Protocol，ARP）是正向地址解析协议，通过已知的 IP，寻找对应主机的 MAC 地址；
- 反向地址转换协议（Reverse ARP，RARP）是反向地址解析协议，通过 MAC 地址确定 IP 地址。

3）传输层提供应用程序间的通信。其功能包括：

- 格式化信息流；
- 提供可靠传输。

为实现后者，传输层协议规定接收端必须发回确认，并且假如分组丢失，必须重新发送，即耳熟能详的“三次握手”过程，从而提供可靠的数据传输。

传输层协议主要有传输控制协议（Transmission Control Protocol，TCP）和用户数据报协议（User Datagram Protocol，UDP）。

4）应用层用于向用户提供一组常用的应用程序，例如电子邮件、文件传输访问和远程登录等。应用层协议主要有：

- 文件传输协议（File Transfer Protocol，FTP），一般上传下载用 FTP 服务，数据端口是 20H，控制端口是 21H；
- Telnet 服务是用户远程登录服务，使用 23H 端口，使用明码传送，保密性差、简单方便；
- 域名解析服务（Domain Name Service，DNS），提供域名到 IP 地址之间的转换；
- 简单邮件传输协议（Simple Mail Transfer Protocol，SMTP），用来控制信件的发送、中转；
- 路由信息协议（Router Information Protocol，RIP），用于网络设备之间交换路由信息；

➢ 网络文件系统（Network File System，NFS），用于网络中不同主机间的文件共享；
➢ 超文本传输协议（Hypertext Transfer Protocol，HTTP），用于实现互联网中的 WWW 服务。

（3）TCP/IP 协议的主要缺点

OSI/RM 模型的主要缺点在于：

➢ 它在服务、接口与协议的区别上不是很清楚。一个好的软件工程应该将功能与实现方法区分开来，TCP/IP 恰恰没有很好地做到这点，就使得 TCP/IP 参考模型对于使用新的技术的指导意义是不够的。TCP/IP 参考模型不适合于其他非 TCP/IP 协议簇。
➢ 主机-网络层本身并不是实际的一层，它定义了网络层与数据链路层的接口。物理层与数据链路层的划分是必要和合理的，一个好的参考模型应该将它们区分开，而 TCP/IP 参考模型却没有做到这点。

6.1.2 TCP/IP 组网

1．IP 协议版本

传统的 TCP/IP 协议基于 IPv4 属于第二代互联网技术，核心技术属于美国。它的最大问题是网络地址资源有限，从理论上讲可以编址 1600 万个网络、40 亿台主机。但采用 A、B、C 三类编址方式后，可用的网络地址和主机地址的数目大打折扣，以至目前的 IP 地址已经枯竭。其中北美占有 3/4，约 30 亿个，而人口最多的亚洲只有不到 4 亿个，中国截至 2010 年 6 月 IPv4 地址数量达到 2.5 亿，落后于 4.2 亿网民的需求。虽然用动态 IP 及 NAT 地址转换等技术实现了一些缓冲，但 IPv4 地址枯竭已经成为不争的事实。为此，专家提出 IPv6 的互联网技术，也正在推行，但是需要很长的一段过渡期。

IPv6 是互联网工程任务组（Internet Engineering Task Force，IETF）设计的用于替代现行版本 IP 协议的下一代 IP 协议。

与 IPv4 相比，IPv6 具有以下几个优势：

➢ IPv6 具有更大的地址空间。IPv4 中规定 IP 地址长度为 32，而 IPv6 中 IP 地址的长度为 128。
➢ IPv6 使用更小的路由表。IPv6 的地址分配一开始就遵循聚类（Aggregation）的原则，这使得路由器能在路由表中用一条记录（Entry）表示一片子网，大大减小了路由器中路由表的长度，提高了路由器转发数据包的速度。
➢ IPv6 增加了增强的组播（Multicast）支持以及对流的支持（Flow Control），这使得网络上的多媒体应用有了长足发展的机会，为服务质量（Quality of Service，QoS）控制提供了良好的网络平台。
➢ IPv6 加入了对自动配置（Auto Configuration）的支持。这是对 DHCP 协议的改进和扩展，使得网络（尤其是局域网）的管理更加方便和快捷。
➢ IPv6 具有更高的安全性。在使用 IPv6 网络中用户可以对网络层的数据进行加密并对 IP 报文进行校验，极大地增强了网络的安全性。

2．IP 地址

（1）IP 地址概述

在 Internet 上连接的所有计算机，从大型机到微型计算机都是以独立的身份出现，我们称它为主机。为了实现各主机间的通信，每台主机都必须有一个唯一的网络地址。就好像每一个住宅都有唯一的门牌一样，才不至于在传输资料时出现混乱。

这个网络地址就叫做 IP 地址，即用 Internet 协议语言表示的地址。目前，在 Internet 里，IP 地址是一个 32 位的二进制地址，为了便于记忆，将它们分为 4 组，每组 8 位，由小数点分开，用 4 个字节来表示，用点分开的每个字节的数值范围是 0～255，如 202.116.0.1，这种书写方法叫作点数表示法。

IP 地址由网络位和主机位组成，网络和主机位的区分通过子网掩码。IP 地址分为 5 类：

➢ A 类地址用第一组数字表示网络本身的地址，后面三组数字作为连接于网络上的主机地址，其表示范围为 1.0.0.1～126.255.255.255，默认子网掩码为 255.0.0.0。A 类地址分配给规模特别大的网络使用。
➢ B 类地址用第一、二组数字表示网络的地址，后面两组数字作为连接于网络上的主机地址，其表示范围为 128.0.0.1～191.255.255.255，默认子网掩码为 255.255.0.0。B 类地址分配给一般的中型网络。
➢ C 类地址用前三组数字表示网络的地址，最后一组数字作为连接于网络上的主机地址，其表示范围为 192.0.0.1～223.255.255.255，默认子网掩码为 255.255.255.0。C 类地址分配给小型网络，如一般的局域网，它可连接的主机数量是最少的，采用把所属的用户分为若干的网段进行管理。
➢ D 类地址称为组播地址（或称为多播地址），供特殊协议向选定的节点发送信息时用，不分网络地址和主机地址，它的第 1B 的前四位固定为 1110。D 类地址范围 224.0.0.1～239.255.255.254。
➢ E 类地址保留给将来使用。

RFC 1918 留出了 3 块 IP 地址空间（1 个 A 类地址段，16 个 B 类地址段，256 个 C 类地址段）作为私有的内部使用的地址，如表 6-1 所示。在这个范围内的 IP 地址不能被路由到 Internet 骨干网上。

表 6-1　私有 IP 地址

IP 地址类别	RFC 1918 内部地址范围
A 类	10.0.0.0～10.255.255.255
B 类	172.16.0.0～172.31.255.255
C 类	192.168.0.0～192.168.255.255

使用私有地址将网络连至 Internet，需要将私有地址转换为公有地址。这个转换过程称为网络地址转换（Network Address Translation，NAT），通常使用路由器来执行 NAT 转换。

（2）IP 地址使用

➢ IP 地址使用时必须与子网掩码成对出现，例如：10.35.1.1 和 255.255.255.0。
➢ 判断两个 IP 地址是否在同一个网络，主要查看网络位是否一致。
➢ 终端设备配置 IP 信息时，有 3 个重要参数：IP 地址、子网掩码和网关。
➢ 网关设置与否看用户需求，网关设备处于网络边沿用于与其他网络的连接，用户设备网关后，网关设备帮助本地数据传输（路由）至其他网。

3．TCP 通信概述

TCP 处于传输层，主要进行可靠的端到端通信。TCP 在进行通信时分为 3 个阶段：建立连接、数据传输和连接终止；其通信过程较串口通信复杂，涉及点对多点的通信，在通信过程中通过 Socket（套接字，IP 地址：端口号）来识别不同的客户连接，TCP 通信示意图如图 6-3 所示。

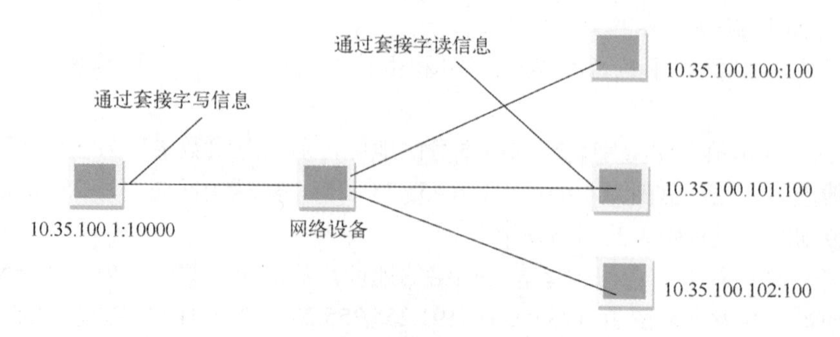

图 6-3　TCP 通信示意图

4．Qt TCP 编程

在 Linux 下进行网络编程，可以使用 Linux 提供的统一的套接字接口。但是这种方法牵涉太多的结构体，例如 IP 地址、端口转换等，不熟练的人往往容易犯错误。

Qt 中提供的 Socket 完全使用了类的封装机制，使用户不需要接触底层的各种结构体操作；同时，它采用了 Qt 本身的信号——槽机制，使编写的程序更容易理解。

Qt 中进行网络编程主要采用两个类：QTcpServer 和 QTcpSocket：

- QTcpServer 类负责 TCP 建立（监听端口）；
- QTcpSocket 负责 TCP 会话（管理客户通信数据）。

在 Qt 中使用 QTcpServer 和 QTcpSocket 将会使 TCP 网络编程变得简单。

6.1.3　网络程序结构

目前常用的网络程序架构有两种：C/S 和 B/S 结构。

1．C/S 结构

C/S 又称为 Client/Server 或客户/服务器模式。服务器通常采用高性能的 PC、工作站或小型机，并采用大型数据库系统，如 Oracle、Sybase、Informix 或 SQL Server。客户端需要安装专用的客户端软件。

C/S 的优点是能充分发挥客户端 PC 的处理能力，很多工作可以在客户端处理后再提交给服务器。对应的优点就是客户端响应速度快。

缺点主要有以下几个：

- 只适用于局域网。而随着互联网的飞速发展，移动办公和分布式办公越来越普及，这需要我们的系统具有扩展性。这种远程访问方式需要专门的技术，同时要对系统进行专门的设计来处理分布式的数据。
- 客户端需要安装专用的客户端软件。首先涉及安装的工作量，其次任何一台计算机出问题，如病毒、硬件损坏，都需要进行安装或维护。特别是有很多分部或专卖店的情况，不是工作量的问题，而是路程的问题。还有，系统软件升级时，每一台客户机需要重新安装，其维护和升级成本非常高。

➢ 对客户端的操作系统一般也会有限制。可能适应于 Windows 98，但不能用于 Windows 2000 或 Windows XP。或者不适用于微软新的操作系统等，更不用说 Linux、UNIX 等。

2．B/S 结构

B/S 是 Brower/Server 的缩写，客户机上只要安装一个浏览器（Browser），如 Netscape Navigator 或 Internet Explorer，服务器安装 Oracle、Sybase、Informix 或 SQL Server 等数据库。浏览器通过 Web Server 同数据库进行数据交互。

B/S 最大的优点就是可以在任何地方进行操作而不用安装任何专门的软件。只要有一台能上网的计算机就能使用，客户端零维护。系统的扩展非常容易，只要能上网，再由系统管理员分配一个用户名和密码，就可以使用了。甚至可以在线申请，通过公司内部的安全认证（如 CA 证书）后，不需要人的参与，系统可以自动分配给用户一个账号进入系统。

3．C/S 与 B/S 的区别

用一句话可以概括 C/S 与 B/S 的区别：Client/Server 是建立在局域网的基础上的；Browser/Server 是建立在广域网的基础上的。

6.2 嵌入式服务器端程序开发

6.2.1 新建工程

新建工程的方法与之前小节中的方法类似，不过需要将项目名称和存储位置进行修改，如图 6-4 所示。

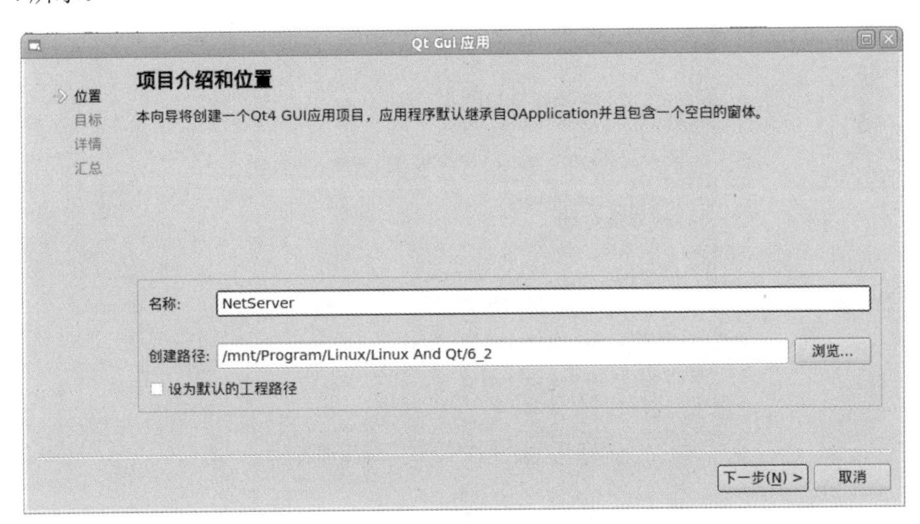

图 6-4　项目名称和位置

创建 UI 和源代码的方法与之前小节类似，就不多述了。在出现图 6-5 所示的类信息界面中。

图 6-5　类信息界面

➢ “类名（C）”为自定义的类名，本项目中设置为 NetServer；
➢ “基类（B）”为 NetServer 所继承的类，在本项目中通过下拉框选择为 QWidget 类；
➢ “头文件（H）”“源文件（S）”和“界面文件（F）”由系统指定，一般无须修改；
➢ “创建界面（G）”选项一定要选中。

此时需要注意的是：由于是使用 Qt 进行网络程序开发，一定要用鼠标双击打开 NetServer.pro 文件，添加如下代码，Qt 网络编程信息添加如图 6-6 所示。

```
QT          += network
```

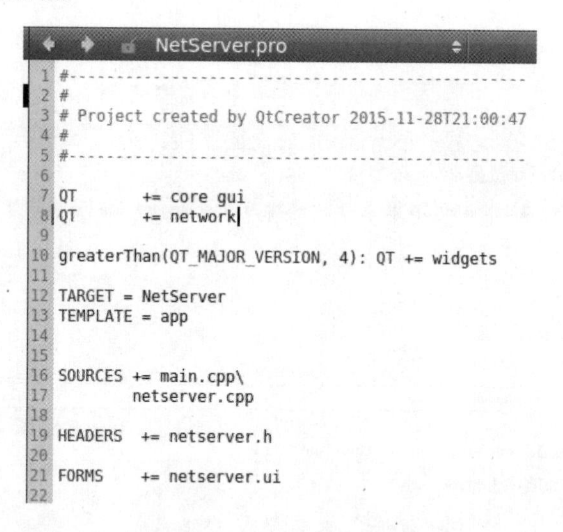

图 6-6　Qt 网络编程信息添加

6.2.2　编辑界面文件

1．放置 QLabel 类窗口部件并设置其属性

参照之前小节的内容，放置两个 QLabel 类窗口部件，其中：

➢ 一个 QLabel 类窗口部件的对象名修改为 label_server，显示内容修改为“服务器：”；

➢ 另一个 QLabel 类窗口部件的对象名修改为 label_port，显示内容修改为“端口：”。

放置 QLabel 类窗口部件如图 6-7 所示。

2．放置 QLineEdit 类窗口部件并设置其属性

参照之前小节的内容，放置两个 QLineEdit 类窗口部件，其中：

➢ 一个 QLineEdit 类窗口部件的对象名修改为 lineedit_server；

➢ 另一个 QLineEdit 类窗口部件的对象名修改为 lineedit_port。

放置 QLineEdit 类窗口部件如图 6-8 所示。

图 6-7　放置 QLabel 类窗口部件

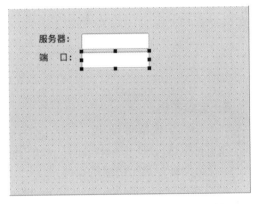

图 6-8　放置 QLineEdit 类窗口部件

3．放置 QTextBrowser 类窗口部件并设置其属性

参照之前小节的内容，放置一个 QTextBrowser 类窗口部件，将对象名修改为 textbrowser_message，放置 QTextBrowser 类窗口部件如图 6-9 所示。

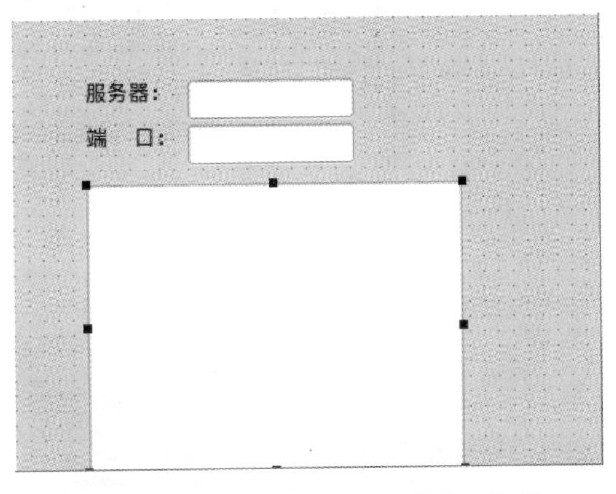

图 6-9　放置 QTextBrowser 类窗口部件

4．放置 QPushButton 类窗口部件并设置其属性

参照之前小节的内容，放置两个 QPushButton 类窗口部件，其中：

➢ 一个 QPushButton 类窗口部件的对象名修改为 pushbutton_start，显示内容修改为“开启服务(&S)”；

➢ 另一个 QPushButton 类窗口部件的对象名修改为 pushbutton_stop，显示内容修改为“关闭服务(&C)”。

放置 QPushButton 类窗口部件如图 6-10 所示。

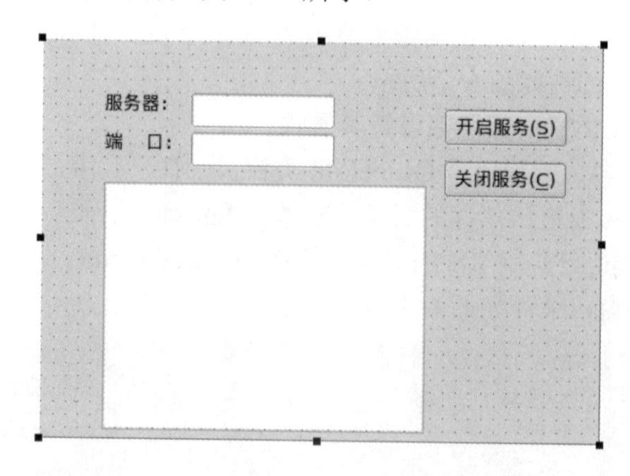

图 6-10　放置 QPushButton 类窗口部件

5. 窗口布局

（1）第一层栅格布局

用鼠标框选 label_server、label_port、lineedit_server、lineedit_port 和 textbrowser_message 这 5 个窗口部件进行第一次栅格布局。

用鼠标框选 pushbutton_start 和 pushbutton_stop 这两个窗口部件进行第二次栅格布局。

完成栅格布局后会在图 5-58 所示的 5 号区域中会出现布局对象及属性设置，第一层栅格布局完成的窗口如图 6-11 所示。

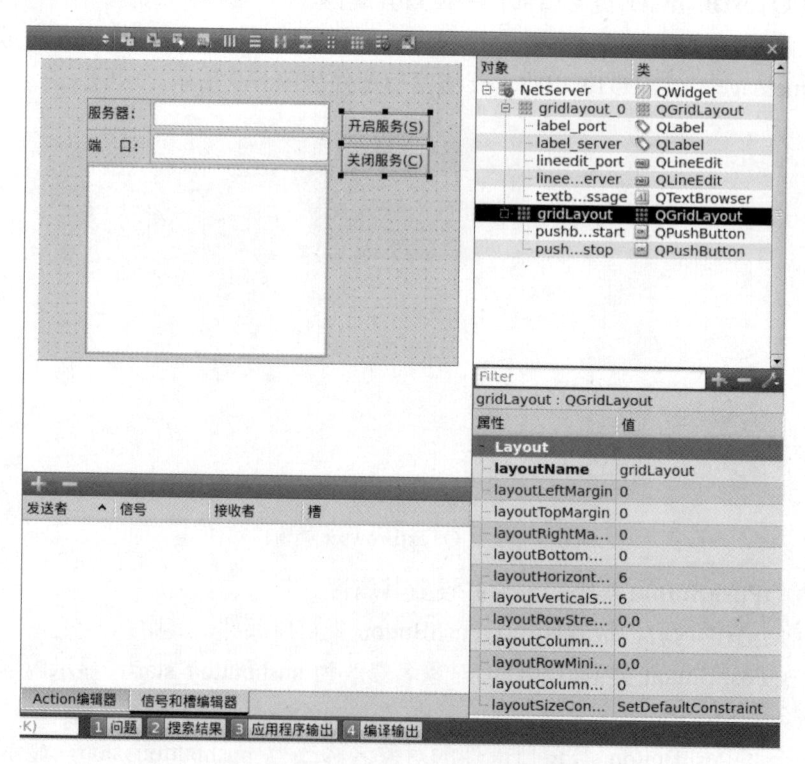

图 6-11　第一层栅格布局完成的窗口

单击 QGridLayout 类对象 gridLayout 和 gridLayout_2 可以在图 6-11 的下方显示属性设置。其具体的设置方法与之前小节中类似。

在本小节中还是将对象名修改为更容易和其他对象区分的名字：

- 将 gridLayout 修改为 gridlayout_0；
- 将 gridLayout_2 修改为 gridlayout_1。

（2）整体布局与调整

整体窗口布局依然采用栅格布局，具体的方法与之前小节中类似，布局完成的窗口如图 6-12 所示。

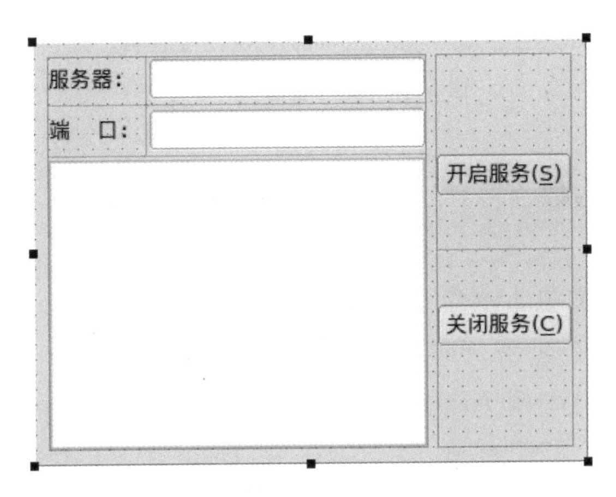

图 6-12　布局完成的窗口

6. 修改 QWidget 类对象 NetServer 的属性

修改 QWidget 对象 NetServer 的属性的方法与之前小节中类似。

在本项目中将 windowsTitle 修改为“服务器端”，NetServer 的 QWidget 类属性如图 6-13 所示。

属性	值
focusPolicy	NoFocus
contextMenuP...	DefaultContextMenu
acceptDrops	☐
windowTitle	服务器端
windowIcon	
windowOpacity	1.000000
toolTip	
statusTip	

图 6-13　NetServer 的 QWidget 类属性

同时将 Layout 名修改为更容易和其他 Layout 区分的名字，在本项目中将 layoutName 修改为“gridlayout_main”。

7. 界面运行效果

当布局完成后，可以查看一下界面的运行效果，如图 6-14 所示。在实际使用中可以发现，程序界面中的窗口部件都没有响应。

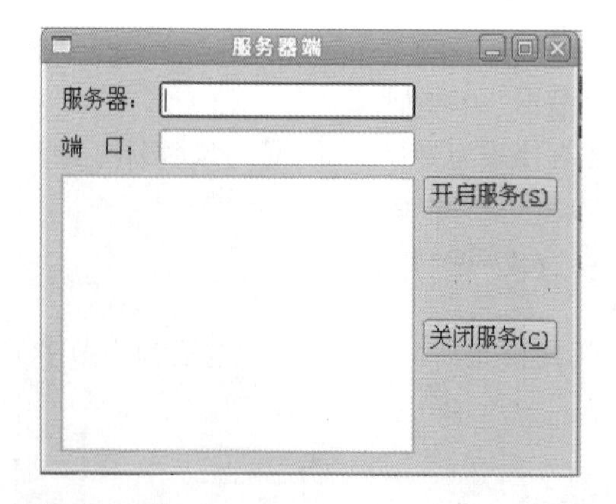

图 6-14　程序界面运行效果

6.2.3　转到自定义槽函数

1．开启服务

在图 6-12 所示的界面中选择“开启服务”按钮，按照之前小节的介绍使用“clicked()”信号转到自定义槽 on_pushbutton_start_clicked 处。

```
248  /*********************************************************************
249  *作    者：604Brother
250  *功    能：NetServer 类 on_pushbutton_start_clicked Slot
251  *入口参数：无
252  *返 回 值：无
253  *********************************************************************/
254  void NetServer::on_pushbutton_start_clicked()
255  {
256   //断开 Socket
257   Socket_Disconnect();
258   //关闭服务器
259   Server_Close();
260   //启动服务器
261   Server_Start();
262  }
```

这个槽函数的作用是断开现有的 Socket 连接，关闭现服务器，然后重新服务器。

2．关闭服务

在图 6-12 所示的界面中选择“关闭服务”按钮，按照之前小节的介绍使用“clicked()”信号转到自定义槽 on_pushbutton_stop_clicked 处。

```
242  /*********************************************************************
243  *作    者：604Brother
244  *功    能：NetServer 类 on_pushbutton_stop_clicked Slot
245  *入口参数：无
246  *返 回 值：无
247  *********************************************************************/
```

```
248  void NetServer::on_pushbutton_stop_clicked()
249  {
250   //断开 Socket
251   Socket_Disconnect();
252   //关闭服务器
253   Server_Close();
254  }
```

这个槽函数的作用是断开现有的 Socket 连接，关闭现服务器。

6.2.4 构造与析构函数

NetServer 类构造与析构函数的代码如下所示。

```
24   /************************************************************************
25   *作    者：604Brother
26   *功    能：NetServer 类构造函数
27   *入口参数：parent 窗口部件
28   *返 回 值：无
29   *注意事项：1.成员变量初始化
30   *      构造函数(参数):成员变量名 1(值或表达式),成员变量名 2(值或表达式),…
31   ************************************************************************/
32   NetServer::NetServer(QWidget *parent):QWidget(parent),ui_netserver(new Ui::NetServer)
33   {
34    //调用 setupUi()函数来初始化窗体
35    //setupUi()函数还会自动将那些符合 on_objectName_signalName()命名惯例的任意槽与相应
     的 objectName 的 signalName()信号连接在一起
36    ui_netserver->setupUi(this);
37
38    //获取服务器的 IP
39    server_ip=Get_ServerIP();
40    //设置服务器默认端口
41    server_port=10000;
42    //显示服务器 IP
43    ui_netserver->lineedit_server->setText((&server_ip)->toString());
44
45    //服务器打开状态标志为 0
46    server_status=0;
47    //socket 连接状态标志为 0
48    socket_status=0;
49   }
```

从构造函数的代码中可以看出：

- 使用 Get_ServerIP()函数来获取服务器 IP 地址。
- 设置服务器默认打开的端口号为 10000。
- 设置了相关状态标志。

```
53   /************************************************************************
```

```
54  *作    者：604Brother
55  *功    能：NetServer 类析构函数
56  *入口参数：无
57  *返 回 值：无
58  ***************************************************************************/
59  NetServer::～NetServer()
60  {
61   delete ui_netserver;
62  }
```

6.2.5 网络函数

1．获取服务器 IP 地址

```
66  /***************************************************************************
67  *作    者：604Brother
68  *功    能：NetServer 类获取服务器的 IP 地址函数
69  *入口参数：无
70  *返 回 值：QHostAddress
71  ***************************************************************************/
72  QHostAddress NetServer::Get_ServerIP()
73  {
74   //获取服务器的所有 IP
75   QList<QHostAddress> ip_list=QNetworkInterface::allAddresses();
76   QHostAddress ip_find,ip_server;
77
78   //循环访问 ip_list 以获取所需服务器的可用 IP
79   foreach(ip_find,ip_list)
80   {
81    if((!ip_find.isNull())&&(ip_find.protocol()==QAbstractSocket::IPv4Protocol)
82    {
83     if(ip_find.toString().contains("127.0."))
84     {
85      continue;
86     }
87     ip_server=ip_find;
88     break;
89    }
90   }
91   //返回服务器 IP
92   return ip_server;
93  }
```

在获取服务器 IP 地址函数中：

- 用 QNetworkInterface 类的静态方法 allAddresses()获取服务器的所有 IP，将其保存到 QList 型链表 ip_list 中；
- 用 foreach 遍历 ip_list，排除以“127.0.”开头的 IP 地址；

➢ 返回最先找到的 IP 地址。

2．服务器启动

```
97   /****************************************************************************
98   *作    者：604Brother
99   *功    能：NetServer 类启动服务器函数
100  *入口参数：无
101  *返 回 值：无
102  ****************************************************************************/
103  void NetServer::Server_Start()
104  {
105    tcp_server=new QTcpServer(this);
106    //获取服务器端口字符串
107    QString port_value=ui_netserver->lineedit_port->text();
108
109    /*服务器端口字符串不为空才使用其值，否则使用默认值 10000*/
110    if(!(port_value.isEmpty()))
111    {
112      server_port=port_value.toInt();
113    }
114
115    //监听服务器的 server_port 端口
116    tcp_server->listen(server_ip,server_port);
117    server_status=1;
118    //显示服务器监听的端口
119    ui_netserver->lineedit_port->setText(QString("%1").arg(tcp_server->serverPort()));
120
121    /*使用 QTcpServer 类来监听端口，使用 QTcpSocket 类管理客户通信数据*/
122    //Qt 窗口部件通过发射信号（singal）来表明一个动作已经发生了或一个状态已经改变了
123    //信号可以和函数（在这里称为槽，slot）相连接，以便在发射信号时，槽可以得到自动执行
124    //宏 SIGNAL()和 SLOT()是 Qt 语法的一部分
125    //将 tcp_server 的 newConnection()信号与 this 的 Socket_New()槽连接起来
126    connect(tcp_server,SIGNAL(newConnection()),this,SLOT(Socket_New()));
127  }
```

在服务器启动函数中：

➢ 获取服务器端口字符串，如果为空，则使用默认值；如果不为空，则将 QString 类字符串用 toInt()函数转换称为 int 变量；
➢ 开始监听服务器指定的端口号，设置服务器状态标志，显示实际监听的端口号；
➢ 使用 QTcpServer 类来监听端口，当有新连接的时候使用 QTcpSocket 类管理客户通信数据。

3．关闭服务器

```
131  /****************************************************************************
132  *作    者：604Brother
133  *功    能：NetServer 类关闭服务器函数
```

```
134 *入口参数：无
135 *返 回 值：无
136 ************************************************************************/
137 void NetServer::Server_Close()
138 {
139  if(server_status)
140  {
141   tcp_server->close();
142   server_status=0;
143  }
144 }
```

在关闭服务器函数中只有服务器确实为打开的状态才关闭服务器，并设置服务器状态标志。

4．服务器监听

```
148 /************************************************************************
149 *作    者：604Brother
150 *功    能：NetServer 类 Socket_New Slot
151 *入口参数：无
152 *返 回 值：无
153 ************************************************************************/
154 void NetServer::Socket_New()
155 {
156  tcp_socket=new QTcpSocket(this);
157
158  //获取客户端套接字
159  tcp_socket=tcp_server->nextPendingConnection();
160  //在 textbrowser_message 中显示客户端地址
161  ui_netserver->textbrowser_message->setText(tcp_socket->peerAddress().toString());
162
163  socket_status=1;
164
165  //发送欢迎信息
166  QString message_back="Server Say:Welcome come....";
167  tcp_socket->write(message_back.toLatin1(),message_back.length());
168
169  /*根据信号读取 Socket（客户端）消息*/
170  //Qt 窗口部件通过发射信号（singal）来表明一个动作已经发生了或一个状态已经改变了
171  //信号可以和函数（在这里称为槽，slot）相连接，以便在发射信号时，槽可以得到自动执行
172  //宏 SIGNAL()和 SLOT()是 Qt 语法的一部分
173  //将 tcp_socket 的 readyRead()信号与 this 的 Socket_Read()槽连接起来
174  connect(tcp_socket,SIGNAL(readyRead()),this,SLOT(Socket_Read()));
175
176  /*根据信号断开 Socket（客户端）连接*/
177  //Qt 窗口部件通过发射信号（singal）来表明一个动作已经发生了或一个状态已经改变了
178  //信号可以和函数（在这里称为槽，slot）相连接，以便在发射信号时，槽可以得到自动执行
```

```
179  //宏 SIGNAL()和 SLOT()是 Qt 语法的一部分
180  //将 tcp_socket 的 disconnected()信号与 this 的 Socket_Disconnect()槽连接起来
181  connect(tcp_socket,SIGNAL(disconnected()),this,SLOT(Socket_Disconnect()));
182  }
```

在服务器监听函数中：

➢ 使用 QTcpServer 类成员函数 nextPendingConnection()获取客户端的套接字，并将客户端的 IP 地址在文本浏览器中显示出来，并设置 socket 连接状态标志。
➢ 向客户端发送欢迎信息："Server Say:Welcome come...."。
➢ 根据信号读取 Socket（客户端）消息。
➢ 根据信号断开 Socket（客户端）连接。

5．读取 Socket

```
186  /*********************************************************************
187  *作     者：604Brother
188  *功     能：NetServer 类读取 Socket Slot
189  *入口参数：无
190  *返 回 值：无
191  *********************************************************************/
192  void NetServer::Socket_Read()
193  {
194   QByteArray receive_data=tcp_socket->readAll();
195
196   //在 textbrowser_message 中显示字符
197   ui_netserver->textbrowser_message->setText(receive_data.data());
198
199   //回送数据
200   QString message_back="Server Back:";
201   tcp_socket->write(message_back.toLatin1(),message_back.length());
202   tcp_socket->write(receive_data,receive_data.size());
203  }
```

在读取 Socket 函数中：

➢ 使用 QTcpSocket 类成员函数 readAll()获取客户端的消息，并将消息在文本浏览器中显示出来。
➢ 回送消息。

6．断开 Socket

```
207  /*********************************************************************
208  *作     者：604Brother
209  *功     能：NetServer 类断开 Socket Slot
210  *入口参数：无
211  *返 回 值：无
212  *********************************************************************/
213  void NetServer::Socket_Disconnect()
214  {
```

```
215   if(socket_status)
216   {
217     tcp_socket->close();
218     socket_status=0;
219   }
220 }
```

在断开 Socket 函数中确实有客户端连接的时候才断开 Socket，并设置 Socket 连接状态标志。

6.3 嵌入式客户端程序开发

6.3.1 新建工程

新建工程的方法与之前小节中的方法类似，不过需要将项目名称和存储位置进行修改，如图 6-15 所示。

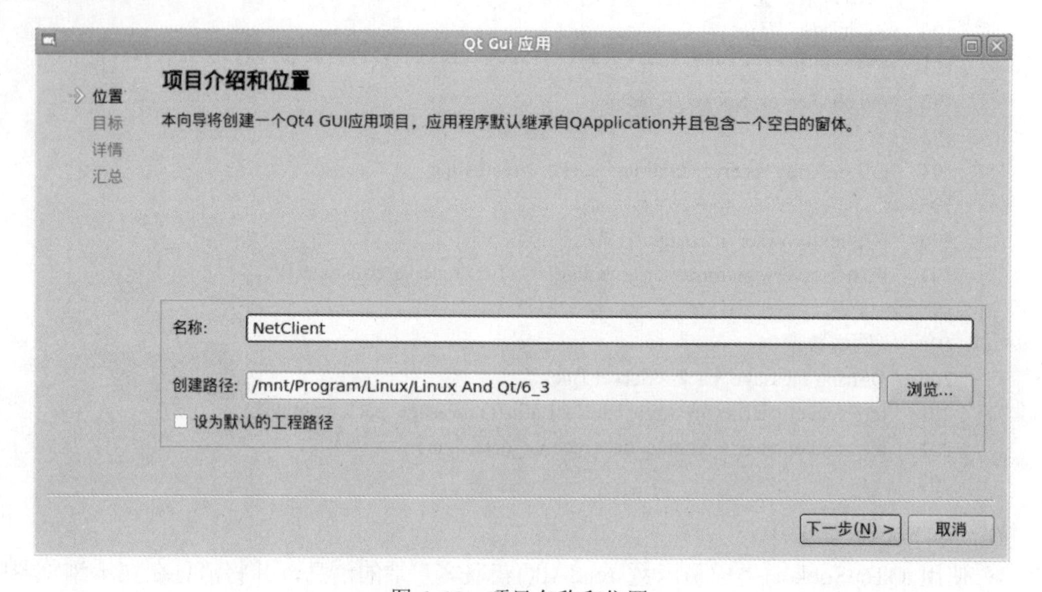

图 6-15　项目名称和位置

创建 UI 和源代码的方法与之前小节类似，就不多述了。在出现图 6-16 所示的类信息界面中。

- “类名（C）”为自定义的类名，本项目中设置为 NetClient；
- “基类（B）”为 NetClient 所继承的类，在本项目中通过下拉框选择为 QWidget 类；
- “头文件（H）”“源文件（S）”和“界面文件（F）”由系统指定，一般无须修改；
- “创建界面（G）”选项一定要选中。

此时需要注意的是：由于是使用 Qt 进行网络程序开发，一定要用鼠标双击打开 NetClient.pro 文件，添加如下代码，Qt 网络编程信息添加如图 6-17 所示。

```
QT          += network
```

Qt Gui 应用

类信息

指定你要创建的源码文件的基本类信息。

位置
目标
详情
汇总

类名(C): NetClient
基类(B): QWidget
头文件(H): netclient.h
源文件(S): netclient.cpp
创建界面(G): ☑
界面文件(F): netclient.ui

< 上一步(B)　下一步(N) >　取消

图 6-16　类信息界面

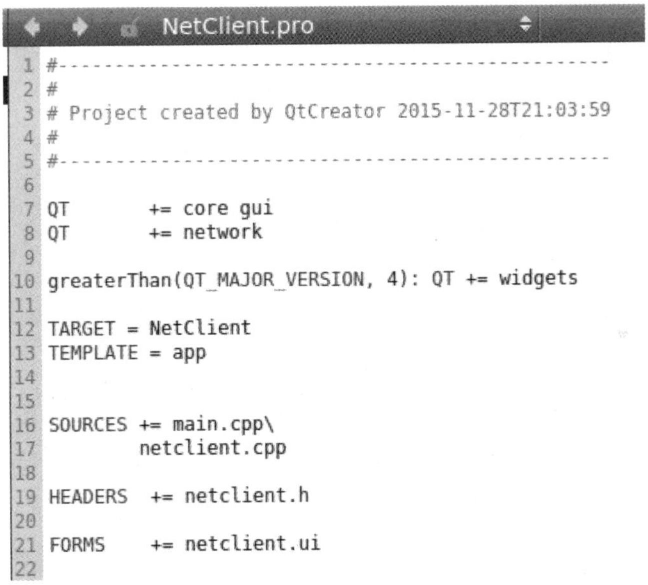

NetClient.pro

```
#-------------------------------------------------
#
# Project created by QtCreator 2015-11-28T21:03:59
#
#-------------------------------------------------

QT       += core gui
QT       += network

greaterThan(QT_MAJOR_VERSION, 4): QT += widgets

TARGET = NetClient
TEMPLATE = app


SOURCES += main.cpp\
        netclient.cpp

HEADERS  += netclient.h

FORMS    += netclient.ui

```

图 6-17　Qt 网络编程信息添加

6.3.2　编辑界面文件

1．放置 QLabel 类窗口部件并设置其属性

参照之前小节的内容，放置 3 个 QLabel 类窗口部件，其中：

- 一个 QLabel 类窗口部件的对象名修改为 label_ip，显示内容修改为“服务器 IP：”。
- 一个 QLabel 类窗口部件的对象名修改为 label_port，显示内容修改为“服务器端口：”。

➢ 最后一个 QLabel 类窗口部件的对象名修改为 label_input，显示内容修改为“请输入：”。

放置 QLabel 类窗口部件如图 6-18 所示。

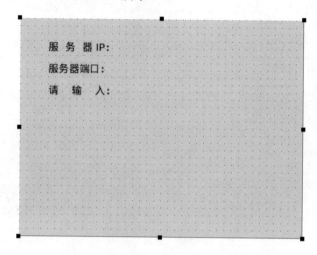

图 6-18　放置 QLabel 类窗口部件

2．放置 QLineEdit 类窗口部件并设置其属性

参照之前小节的内容，放置 3 个 QLineEdit 类窗口部件，其中：

➢ 一个 QLineEdit 类窗口部件的对象名修改为 lineedit_ip。
➢ 一个 QLineEdit 类窗口部件的对象名修改为 lineedit_port。
➢ 最后一个 QLineEdit 类窗口部件的对象名修改为 lineedit_ input。

放置 QLineEdit 类窗口部件如图 6-19 所示。

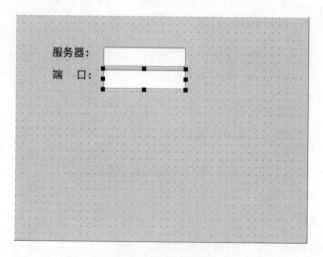

图 6-19　放置 QLineEdit 类窗口部件

3．放置 QTextBrowser 类窗口部件并设置其属性

参照之前小节的内容，放置一个 QTextBrowser 类窗口部件，将对象名修改为 textbrowser_message，放置 QTextBrowser 类窗口部件如图 6-20 所示。

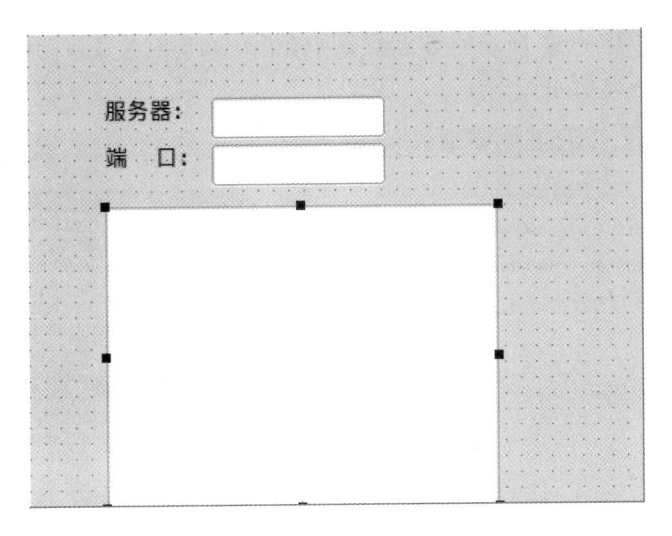

图 6-20 放置 QTextBrowser 类窗口部件

4. 放置 QPushButton 类窗口部件并设置其属性

参照之前小节的内容，放置两个 QPushButton 类窗口部件，其中：

➢ 一个 QPushButton 类窗口部件的对象名修改为 pushbutton_connect，显示内容修改为“连接(&C)”；

➢ 另一个 QPushButton 类窗口部件的对象名修改为 pushbutton_send，显示内容修改为“发送(&S)”。

放置 QPushButton 类窗口部件如图 6-21 所示。

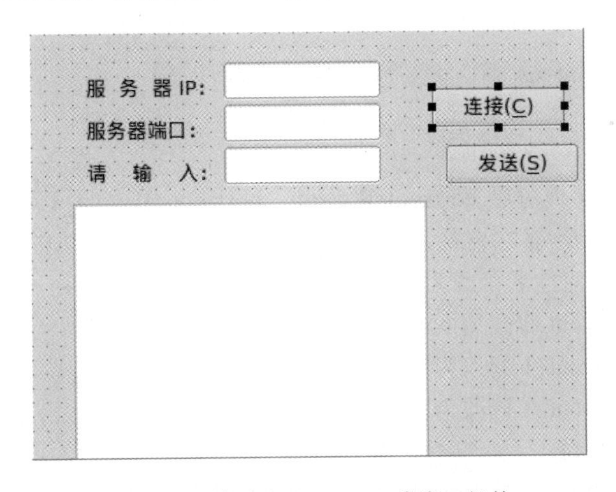

图 6-21 放置 QPushButton 类窗口部件

5. 窗口布局

（1）第一层水平布局

➢ 用鼠标框选 label_ip 和 lineedit_ip 进行第一次水平布局；

➢ 用鼠标框选 label_port 和 lineedit_port 进行第二次水平布局；

➢ 用鼠标框选 label_input、lineedit_input 和 pushbutton_sen 进行第三次水平布局。

完成布局后会在图 5-58 所示的 5 号区域中会出现布局对象及属性设置，第一层水平布局完成的窗口如图 6-22 所示。

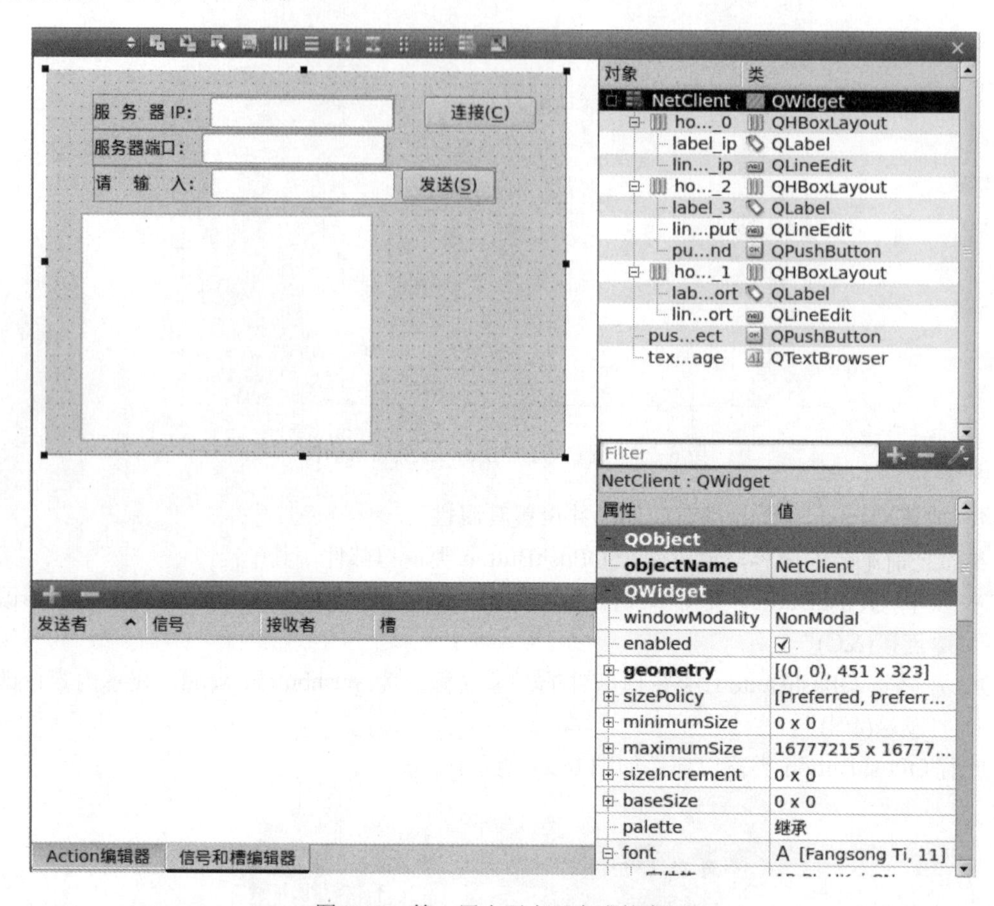

图 6-22　第一层水平布局完成的窗口

单击 QHBoxLayout 类对象 horizontalLayout、horizontalLayout_1 和 horizontalLayout_2，可以在图 6-22 的下方显示属性设置。其具体的设置方法与之前小节中类似。

在本小节中还是将对象名修改为更容易和其他对象区分的名字：

- 将 horizontalLayout 修改为 horizontallayout_0；
- 将 horizontalLayout_1 修改为 horizontallayout_1；
- 将 horizontalLayout_1 修改为 horizontallayout_2。

（2）第二层栅格布局

将第一层的 3 个水平布局、pushbutton_connect 和 textbrowser_message 进行第二层栅格布局。完成布局后会在图 5-58 所示的 5 号区域中会出现布局对象及属性设置，第二层栅格布局完成的窗口如图 6-23 所示。

单击 QGridLayout 类对象 gridLayout 可以在图 6-23 的下方显示属性设置。其具体的设置方法与之前小节中类似。

在本小节中还是将对象名修改为更容易和其他对象区分的名字：将 gridLayout 修改为 gridlayout_0。

图 6-23　第二层栅格布局完成的窗口

（3）整体布局与调整

整体窗口布局依然采用栅格布局，具体的方法与之前小节中类似，布局完成的窗口如图 6-24 所示。

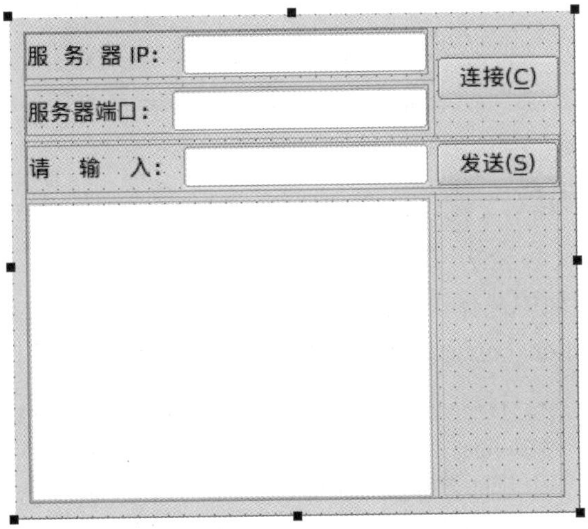

图 6-24　布局完成的窗口

6．修改 QWidget 类对象 NetServer 的属性

修改 QWidget 对象 NetClient 的属性的方法与之前小节中类似。

在本项目中将 windowsTitle 修改为“客户端”，NetClient 的 QWidget 类属性如图 6-25 所示。

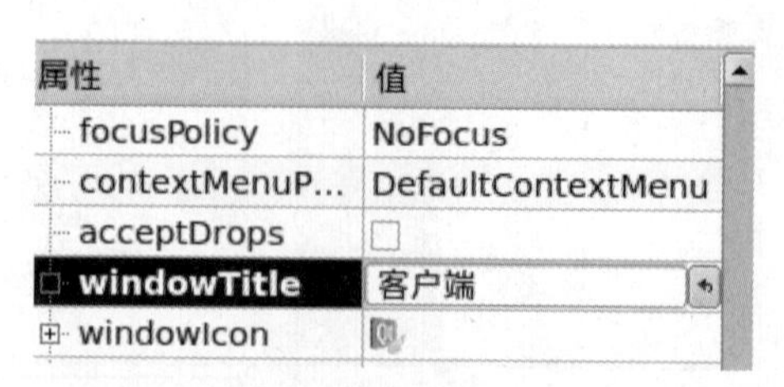

图 6-25　NetClient 的 QWidget 类属性

同时将 Layout 名修改为更容易和其他 Layout 区分的名字，在本项目中将 layoutName 修改为“gridlayout_main”。

7．界面运行效果

当布局完成后，可以查看一下程序界面的运行效果，如图 6-26 所示。在实际使用中可以发现，程序界面中的窗口部件都没有响应。

图 6-26　程序界面运行效果

6.3.3　转到自定义槽函数

1．连接服务器

在图 6-24 所示的界面中选择“连接”按钮，按照之前小节的介绍使用“clicked()”信号转到自定义槽 on_pushbutton_connect_clicked 处。

```
70    /**********************************************************************
71    *作　　者：604Brother
72    *功　　能：NetClient 类 on_pushbutton_connect_clicked Slot
73    *入口参数：无
74    *返 回 值：无
75    **********************************************************************/
```

```
76    void NetClient::on_pushbutton_connect_clicked()
77    {
78     //获取服务器 IP 地址
79     QString server_ip=ui_netclient->lineedit_ip->text();
80     //获取服务器端口字符串
81     QString port_string=ui_netclient->lineedit_port->text();
82     //获取服务器端口
83     int server_port=port_string.toInt();
84
85     if(server_ip.isEmpty()||port_string.isEmpty())
86     {
87      //打开一个消息框
88      QMessageBox::information(this,"错误","请输入服务器 IP 或端口号！");
89     }
90     else
91     {
92      tcp_socket=new QTcpSocket(this);
93
94      //关闭当前连接，复位 Socket
95      tcp_socket->abort();
96      socket_status=0;
97      //连接到服务器
98      tcp_socket->connectToHost(server_ip,server_port);
99      socket_status=1;
100
101        /*根据信号读取 Socket（服务器端）消息*/
102        //Qt 窗口部件通过发射信号（singal）来表明一个动作已经发生了或一个状态已经改变了
103        //信号可以和函数（在这里称为槽，slot）相连接，以便在发射信号时，槽可以得到自
      动执行
104        //宏 SIGNAL()和 SLOT()是 Qt 语法的一部分
105        //将 tcp_socket 的 readyRead()信号与 this 的 Socket_Read()槽连接起来
106        connect(tcp_socket,SIGNAL(readyRead()),this,SLOT(Socket_Read()));
107     }
108   }
```

这个槽函数的作用是：

- 根据填写的字符串获取服务器 IP 地址和端口号；
- 如果服务器 IP 或端口号为空则用一个消息框进行提示；
- 如果服务器 IP 和端口号设置符合要求则复位 Socket 连接并设置 socket 连接状态标志同时根据信号读取 Socket（服务器端）消息。

2．发送消息

在图 6-24 所示的界面中选择“关闭服务”按钮，按照之前小节的介绍使用“clicked()”信号转到自定义槽 on_pushbutton_send_clicked 处。

```
112   /**********************************************************************
113   *作      者：604Brother
```

```
114  *功      能：NetClient 类 on_pushbutton_send_clicked Slot
115  *入口参数：无
116  *返 回 值：无
117  ************************************************************************/
118  void NetClient::on_pushbutton_send_clicked()
119  {
120   if(socket_status)
121   {
122    QString send_data=ui_netclient->lineedit_input->text();
123    //发送信息
124    tcp_socket->write(send_data.toLatin1(),send_data.length());
125   }
126  }
```

这个槽函数的作用是有客户端确实有连接的时候才能发送消息。

6.3.4 构造与析构函数

NetClient 类构造与析构函数的代码如下所示。

```
24   /************************************************************************
25   *作      者：604Brother
26   *功      能：NetClient 类构造函数
27   *入口参数：parent 窗口部件
28   *返 回 值：无
29   *注意事项：1.成员变量初始化
30   *     构造函数(参数):成员变量名 1(值或表达式),成员变量名 2(值或表达式),...
31   ************************************************************************/
32   NetClient::NetClient(QWidget *parent):QWidget(parent),ui_netclient(new Ui::NetClient)
33   {
34    //调用 setupUi()函数来初始化窗体
35    //setupUi()函数还会自动将那些符合 on_objectName_signalName()命名惯例的任意槽与相应
     的 objectName 的 signalName()信号连接在一起
36    ui_netclient->setupUi(this);
37
38    socket_status=0;
39   }
```

在构造函数中设置了相关状态标志。

```
41   /************************************************************************
42   *作      者：604Brother
43   *功      能：NetClient 类析构函数
44   *入口参数：无
45   *返 回 值：无
46   ************************************************************************/
47   NetClient::～NetClient()
48   {
49    delete ui_netclient;
```

```
50    }
```

6.3.5　读取 Socket

NetClient 类构造与析构函数的代码如下所示。

```
54    /**************************************************************************
55    *作        者：604Brother
56    *功        能：NetClient 类读取 Socket Slot
57    *入口参数：无
58    *返 回 值：无
59    **************************************************************************/
60    void NetClient::Socket_Read()
61    {
62      QByteArray receive_data=tcp_socket->readAll();
63
64      //在 textbrowser_message 中显示字符
65      ui_netclient->textbrowser_message->setText(QVariant(receive_data).toString());
66    }
```

在读取 Socket 函数中，使用 QTcpSocket 类成员函数 readAll()获取客户端的消息，并将消息在文本浏览器中显示出来。

6.4　编译、调试与发布

当代码编写完成后，就可以对工程开始编译、调试与运行了，这些方法、步骤和之前小节介绍的一致。

6.4.1　x86 Linux 编译、调试与发布

1．程序连接

开启服务器端程序，如图 6-27 所示。

可以看出，虚拟机的 IP 地址为 192.168.0.135。此时，直接单击“开启服务”按钮会开始监听默认的 10000 号端口，如图 6-28 所示。

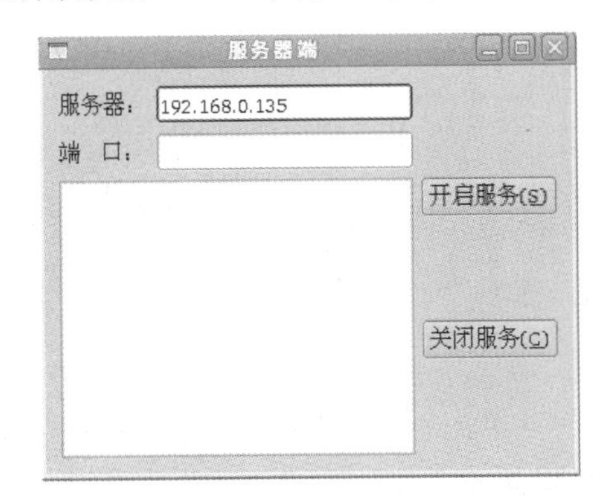

图 6-27　开启服务器端程序

图 6-28　开启服务

开启客户端程序，如图 6-29 所示。

如果此时不填写服务器 IP 或端口或两者都不填写，单击“连接”按钮将会出现消息提示，如图 6-30 所示。

图 6-29 开启客户端程序

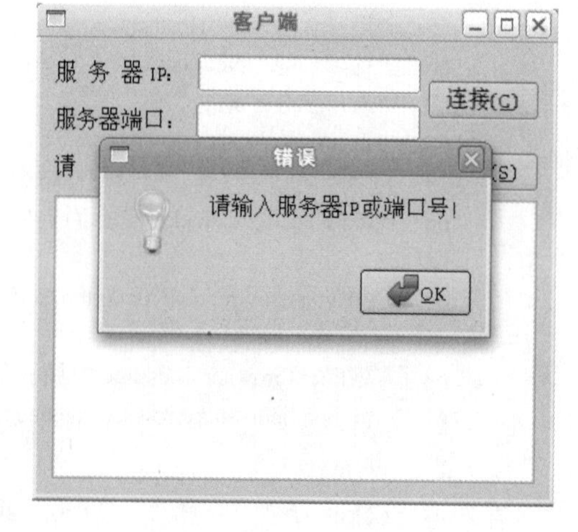

图 6-30 消息提示

正确填写服务器 IP 和端口后单击“连接”按钮将会在两个程序的文本浏览器中显示连接的提示信息，如图 6-31 所示。

可以看出：由于服务器端和客户端程序都在同一台 PC 中，所以服务器端显示的客户端 IP 地址和其本身的 IP 地址是一样的。

图 6-31 连接提示信息

2. 发送消息

在客户端的输入框中输入消息，例如“HCIT”，单击“发送”按钮，服务器端将接收到消息，并将消息返回给客户端，发送消息如图 6-32 所示。

图 6-32　发送消息

3．断开连接

在服务器端单击“关闭服务”按钮，此时服务器关闭，客户端向服务器端发送消息是无效的（没有消息回复），断开连接如图 6-33 所示。

图 6-33　断开连接

6.4.2　Embedded Linux 编译、发布与运行

在进行 Embedded Linux 编译与发布之前，需要将嵌入式系统和 PC 按照之前的介绍进行连接。具体的操作方法和之前小节介绍的相同，在这里就不多述了。

需要注意的是：一定要保证嵌入式系统和 PC 在同一网段内。

1．程序连接

开启服务器端程序，如图 6-34 所示。

直接单击“开启服务”按钮会开始监听默认的 10000 号端口，如图 6-35 所示。

运行客户端程序，正确填写服务器 IP 和端口后单击“连接”按钮将会在两个程序的文本浏览器中显示连接的提示信息，如图 6-36 和图 6-37 所示。

图 6-34　开启服务器端程序

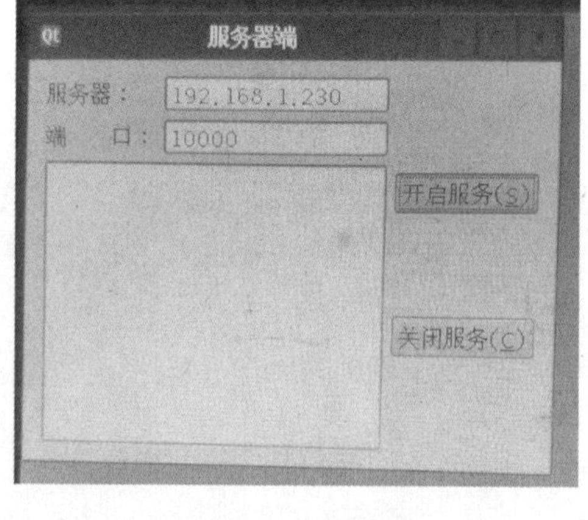

图 6-35　开启服务

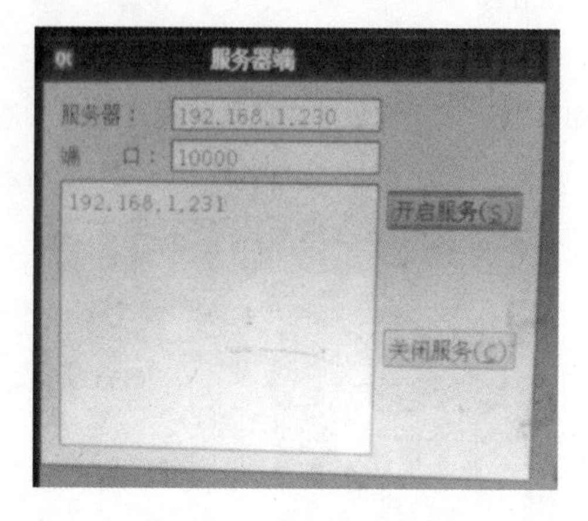

图 6-36　服务器端连接信息

图 6-37　客户端连接信息

2．发送消息

在客户端的输入框中输入消息，例如“HCIT”，单击“发送”按钮，服务器端将接收到消息，并将消息返回给客户端，如图 6-38 和图 6-39 所示。

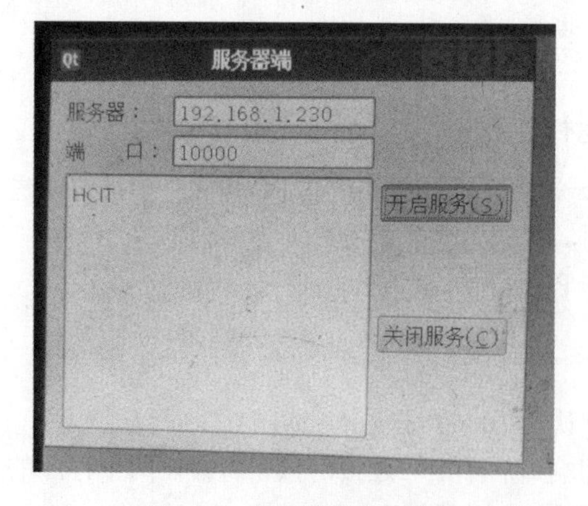

图 6-38　服务器端显示消息

图 6-39　客户端显示回送消息

6.5 实训

1. 根据现有功能代码，完成嵌入式服务器端程序。
2. 根据现有功能代码，完成嵌入式客户端程序。

6.6 习题

1. 简述 OSI/RM 的特点。
2. 简述 TCP/IP 的特点。
3. 网络程序架构有几种？举例说明其差别。
4. 在 Qt 中网络编程有什么注意事项？
5. 在 Qt 中怎样实现 TCP 建立？
6. 在 Qt 中怎样管理 TCP 会话？

参 考 文 献

[1] 童永清．Linux C 编程实战[M]．北京：人民邮电出版社，2008.

[2] 吴军，周转运．嵌入式 Linux 系统应用基础与开发范例[M]．北京：人民邮电出版社，2007.

[3] 谭浩强．C 程序设计[M]．北京：清华大学出版社，1991.

[4] 罗苑棠．嵌入式 Linux 驱动程序与系统开发实例精讲[M]．北京：电子工业出版社，2009.

[5] 范磊．零起点学通 C 语言[M]．北京：科学出版社，2013.

[6] 范磊．零起点学通 C++[M]．北京：科学出版社，2010.

[7] 魏洪兴，胡亮．嵌入式系统设计与实例开发实验教材[M]．北京：清华大学出版社，2005.

[8] 李善平，刘文峰，王焕龙．Linux 与嵌入式系统[M]．北京：清华大学出版社，2006.

[9] 蒋建春．嵌入式系统原理与设计[M]．北京：机械工业出版社，2010.

[10] Jasmine Blanchette，Mark SummerField．C++ GUI Qt 4 编程[M]．2 版．北京：电子工业出版社，2010.